自动控制原理

主　编　李　冰　孙凤玲　李焕然
副主编　周玲玲　张仁丹　吴彩红

哈尔滨工程大学出版社
Harbin Engineering University Press

内 容 简 介

本书全面系统地介绍了经典控制理论的基础知识和基本技术,将基础理论与应用紧密结合,并加入了仿真的内容,注重体现知识的实用性和前沿性。

全书共分9章,主要包括经典控制理论、现代控制理论、非线性控制、MATLAB 应用四部分,主要内容包括自动控制系统的基本概念,线性系统的数学模型、时域分析、根轨迹法、频域分析、设计与校正,非线性控制系统分析、现代控制理论基础、MATLAB 在控制理论中的应用等。

本书既可以作为应用型本科院校、高等职业院校自动化专业(少学时)"自动控制原理"课程的教学用书,又可以作为其他本科非自动化专业,如测控技术、电气工程、计算机、机械、化工等专业及其他相关的工科专业的本科生"自动控制原理"课程的教学用书,也可以作为高职高专、成人高校电类相关专业的教学用书,还可供相关专业从事自动化技术工作的人员参考。

图书在版编目(CIP)数据

自动控制原理 / 李冰, 孙凤玲, 李焕然主编. — 哈尔滨 : 哈尔滨工程大学出版社, 2022.8
ISBN 978-7-5661-3156-0

Ⅰ. ①自… Ⅱ. ①李… ②孙… ③李… Ⅲ. ①自动控制理论-高等学校-教材 Ⅳ. ①TP13

中国版本图书馆 CIP 数据核字(2022)第 217274 号

自动控制原理
ZIDONG KONGZHI YUANLI

选题策划	石 岭
责任编辑	唐欢欢
封面设计	李海波

出版发行	哈尔滨工程大学出版社
社　　址	哈尔滨市南岗区南通大街 145 号
邮政编码	150001
发行电话	0451-82519328
传　　真	0451-82519699
经　　销	新华书店
印　　刷	黑龙江天宇印务有限公司
开　　本	787 mm×1 092 mm　1/16
印　　张	16.75
字　　数	442 千字
版　　次	2022 年 8 月第 1 版
印　　次	2022 年 8 月第 1 次印刷
定　　价	49.80 元

http://www.hrbeupress.com
E-mail:heupress@hrbeu.edu.cn

前　言

　　自动控制原理是高等院校自动化类专业的核心课程之一,也是其他理工科专业必修的课程。

　　本书中介绍的知识主要以线性连续控制为主,非线性部分为选学内容。线性连续控制的主要内容包括经典控制理论、现代控制理论概论,阐述了自动控制理论的基本概念、原理和自动控制系统的各种分析方法,包括线性连续系统的时域和频域理论,如系统的动态性能、静态性能、稳定性的分析和各种设计方法的运用等,并加入了 MATLAB 在控制理论中应用的内容。

　　本书在编写过程中力求做到在理论清晰的同时,注重与实际的联系,从基本概念、基本分析方法入手,结合生产和生活中的实例,以线性连续控制为主线,在严谨的数学推导的基础上,利用直观的物理概念,引出系统参数与系统指标之间的内在联系。本书结构层次分明、内容重点突出、语言精炼、易于理解。

　　本书主要是针对应用型本科院校和高等职业院校自动化、测控技术、电气工程及其自动化专业(少学时)和计算机、机械、材料、化工等其他相关的工科专业的本科生而编写的,也可供相关专业从事自动化技术工作的人员参考。

　　本书由李冰负责统稿,由李冰、孙凤玲、李焕然任主编。全书共分 9 章,第 1 章的第 4～5 节由吴彩红编写,第 2 章、第 5 章、第 6 章的第 1 节由李焕然编写,第 3 章、第 4 章由孙凤玲编写,第 6 章的第 2～5 节、第 9 章由李冰编写,第 7 章、第 8 章的第 1 节由张仁丹编写,第 1 章的第 1～3 节、第 8 章的第 2～4 节及附录由周玲玲编写。

　　本书在编写的过程中得到了学校和院系的各级领导的大力支持和帮助,以及兄弟院校相关教师的鼎力支持,在此对所有人员表示衷心的感谢。

　　由于编者水平有限,书中难免存在错误和不妥之处,恳请读者批评指正。

编　者

2022 年 7 月

目　　录

第1章　自动控制概述

在现代科学技术的众多领域中,自动控制技术起着越来越重要的作用。现在,自动控制技术已经广泛应用于石油化工、冶金、电力系统、机械制造、汽车制造、造纸、航空航天、军事、交通、市政(供水调度、污水处理)等领域,使生产过程实现自动化操作、稳定产品质量、提高劳动效率、降低能源和原材料消耗、改善操作人员劳动条件、保证生产安全、减少对环境的污染,从而取得明显的社会效益和经济效益。

自动控制原理用于研究自动控制的共同规律,是自动控制技术的理论基础,是一门理论性较强的工程科学。自动控制除在工程领域广泛应用外,还被用于社会、经济和人文管理等各个领域。因此,大多数工程技术人员和科学工作者现在都必须具备一定的自动控制知识。

1.1　自动控制的基本概念

1.1.1　自动控制系统的概念

所谓控制,原意是指掌握住使对象不任意活动或超出范围,有操纵的意思。在控制理论中,控制主要是指为了改善系统性能或达到某个特定的目的,通过信息的采集和加工,施加到系统的作用。其本质并不是深究一个对象"是什么",而是研究该对象"是做什么的"。控制又可以分为手动(人工)控制和自动控制。

自动控制是指在没有人直接参与的情况下,利用外加的设备或装置使机器、设备或生产过程的某个工作状态或参数自动地按照预定的规律运行。

自动控制系统是为了实现某一控制目标,将所需要的所有物理部件按照一定的方式连接起来组成一个有机总体。

在自动控制系统中,被控制的机器、设备或生产过程称为被控对象;被控制的工作状态或参数等物理量称为被控量;决定被控量的物理量称为给定量;妨碍给定量对被控量进行正常控制的所有因素称为扰动量。给定量和扰动量都是自动控制系统的输入量,被控量是自动控制系统的输出量。自动控制系统的任务实际上就是克服扰动量的影响,使系统按照给定量所设定的规律运行。

1.1.2　自动控制系统的基本形式

自动控制系统有两种最基本的形式,即开环控制系统和闭环控制系统。

1. 开环控制系统

开环控制是指自动控制系统的输出量对系统的控制作用无任何影响的控制过程。开环控制是一种最简单的控制方式。开环控制系统组成如图1-1所示。

图1-1 开环控制系统组成框图

某液位开环控制系统组成如图1-2所示。在此系统中,液位高度 H 为输出量(被控量),若想让液位高度 H 保持不变,需要有人随时观察液位,并及时调整控制阀,以便让输入液流 Q_i 流入水罐。

图1-2 液位开环控制系统

若将上述液位开环控制系统用框图表示出来,则如图1-3所示。在本系统中,水罐是被控对象,水罐的液位高度 H 是输出量(被控量),液位设定是输入量,输出液流 Q_o 是扰动量。

图1-3 液位开环控制系统框图

由图1-3中的信号传递方向可知,只有输入量 Q_i 对输出量(被控量)H 的单向控制作用,而输出量(被控量)H 对输入量 Q_i 却没有任何影响和联系,因此上述系统是开环控制系统。

开环控制系统的精度主要取决于它的标定精度以及组成系统元部件特性的稳定程度。由于开环控制系统没有抵抗干扰的能力,故控制精度较低。但是,开环控制系统结构简单、成本低、稳定性好,也容易实现,在某些自动控制设备中仍被大量采用。

2. 闭环控制系统

闭环控制是指自动控制系统的输出量对系统的控制作用有影响的控制过程。由于闭环控制系统是根据负反馈原理按偏差进行控制的,因此也称为反馈控制系统。所谓负反馈原理是指在自动控制系统中,控制装置对被控对象施加的控制作用是取自被控量的反馈信息,用来不断修正被控量与输入量之间的偏差,从而实现对被控对象进行控制的任务。

图 1-4 闭环系统组成框图

液位闭环控制系统如图 1-5 所示,在原液位开环控制系统的基础上,加入一个控制器和一个液位检测装置(浮子),并对系统稍作改变,便构成了液位闭环控制系统。这里,液位检测装置的作用是将当前的实际液位测量出来,并反馈给控制器,与给定的液位进行比较,从而得出两者的偏差值。由于该偏差值能够间接地反映出误差的性质(即大小和正负方向),通常称之为偏差信号,简称偏差。偏差经功率放大后作为电动阀门的控制信号,用以控制输入液流的流量,进而控制水罐里的液位高度 H。

图 1-5 液位闭环控制系统

液位闭环控制系统的框图如图 1-6 所示,通常把从系统输入量到输出量之间的通道称为前向通道,从系统输出量到反馈信号之间的通道称为反馈通道。框图中用符号"○"或"⊗"表示代数和运算,各输入量均需用正负号表明其极性。由图 1-6 的信号传递方向可知,由于采用了反馈回路,致使信号的传输路径形成闭合回路,使输出量反过来直接影响控制作用,因此是闭环控制系统。在闭环控制系统中,只有采用负反馈才能达到控制目的,若采用正反馈,将使偏差越来越大,导致系统无法工作。

由于闭环控制系统中采用了负反馈,控制系统对外部或内部干扰的影响都不甚敏感。这样就可以选用不太精密的元部件构成较为精确的控制系统。闭环控制系统采用反馈装置需要添加元部件,造价较高,同时也增加了系统的复杂性。如果系统的结构参数选择不当,控制过程可能变得更差,甚至出现振荡或发散等不稳定的情况。

闭环控制是最常用的控制方式,我们所说的控制系统一般都是指闭环控制系统,闭环控制系统也是本书讨论的重点。

图 1-6　液位闭环控制系统框图

1.2　自动控制系统的基本构成和分类

1.2.1　自动控制系统的基本构成

一个自动控制系统主要由被控对象和各种结构不同的控制元件装置组成。自动控制系统根据被控对象和具体用途不同,可以有各种不同的结构形式,典型的闭环控制系统框图如图 1-7 所示。闭环控制系统中除被控对象外,控制元件装置通常是由测量元件、比较元件、放大元件、执行元件、校正元件以及给定元件组成的。这些控制元件分别承担相应的职能,共同完成控制任务。

图 1-7　典型的闭环控制系统框图

1. 被控对象

被控对象一般是指生产过程中需要进行控制的工作机械、装置或生产过程。描述被控对象工作状态的、需要进行控制的物理量就是被控量。

2. 给定元件

给定元件主要用于产生给定信号或控制输入信号,例如电位计、键盘或触摸屏等设备。

3. 测量元件

测量元件用于检测被控量或输出量,产生反馈信号。测量元件经常负责将非电量信号转化为电信号,并进行信号处理后产生标准信号,一般是传感器和变送器等。

4. 比较元件

比较元件用来比较输入信号和反馈信号之间的偏差。在模拟电路系统中可以采用运算放大器电路实现比较运算,在数字控制系统中常用计算机程序实现求偏差运算。

5. 放大元件

放大元件用来放大偏差信号的幅值和功率,使之能够推动执行机构调节被控对象,例如功率放大器、电液伺服阀等。

6. 执行元件

执行元件用于直接对被控对象进行操作,调节被控量,例如阀门、电动机等。

7. 校正元件

校正元件用来改善或提高系统的性能,常用串联或反馈的方式连接在系统中,例如 RC 网络、运算放大器电路、控制仪表、计算机等。

1.2.2 自动控制系统的分类

1. 按给定量信号类型

按给定量信号类型分类,自动控制系统可分为定值控制系统、随动控制系统和程序控制系统。

定值控制系统也称恒值控制系统,其给定量一般不变化或变化很缓慢,无论扰动量如何变化,都要求其被控量保持与给定量相对应的数值不变。定值控制系统在工业生产过程中应用非常多,例如冶金部门的恒温系统、石油部门的恒压系统等。

随动控制系统也称跟踪控制系统,其给定量变化规律是事先不能确定的任意时间函数,要求其被控量能以一定精度跟随给定量变化,例如火炮控制系统、卫星控制系统等。

程序控制系统的给定量按已知的规律(事先规定的程序)变化,要求其被控量也按相应的规律随给定量变化。例如,炼钢炉中的微机控制系统、洲际弹道导弹的程序控制系统、电梯升降控制系统、退火炉的炉温控制系统等。

2. 按系统数学模型的特性

按系统数学模型的特性分类,自动控制系统可分为线性控制系统和非线性控制系统。

如果自动控制系统的特性可用线性微分方程描述,即系统中各环节的特性都呈线性关系,则称此系统为线性控制系统。

线性控制系统的主要特征是满足叠加原理,即:当系统在输入信号 $r_1(t)$ 的作用下产生系统的输出为 $c_1(t)$,系统在输入信号 $r_2(t)$ 的作用下产生系统的输出为 $c_2(t)$,如果系统的输入信号为 $ar_1(t)+br_2(t)$,则系统的输出满足 $ac_1(t)+bc_2(t)$。

如果描述线性控制系统运动状态的微分方程的系数是常数且不随时间变化,则这种线性控制系统称为线性定常(或时不变)系统。如果描述线性控制系统运动状态的微分方程的系数是时间的函数,则这种线性控制系统称为线性时变系统。

当系统中存在非线性特性的组成环节或元件时,系统的特性就由非线性方程描述,这种系统即为非线性系统。非线性系统不具备叠加性。

3. 按系统信号流的形式

按系统信号流的形式分类,自动控制系统可以分为连续控制系统和离散控制系统。

连续控制系统中各部分的信号都是时间变量的连续函数。连续系统的运动状态或特性用微分方程描述。用模拟式仪表实现自动化的过程控制系统均属此类系统。

离散控制系统某处或多处的信号为时间上离散的脉冲序列或数码形式时,该系统为离散控制系统。离散控制系统用差分方程描述。

4. 按系统变量的多少

按系统变量的多少分类,自动控制系统可以分为单变量系统和多变量系统。

单变量系统也称作单输入单输出系统,其输入量和输出量都为 1 个,系统结构较为简单。

多变量系统也称作多输入多输出系统,其输入量和输出量多于 1 个,系统结构较为复杂。

1.3 对控制系统性能的基本要求和本课程的任务

1.3.1 对控制系统性能的基本要求

为了实现自动控制的基本任务,必须对系统在控制过程中表现出来的行为提出要求。对控制系统的基本要求,通常是通过系统对特定输入信号的响应来满足的。例如,用单位阶跃信号的过渡过程及稳态的一些特征值来表示。在确保稳定性的前提下,要求系统的动态性能和稳态性能好,即:动态过程要平稳(稳定性)、跟踪值要准确(准确性)、响应动作要快(快速性)。

1. 稳定性

稳定性是保证控制系统正常工作的先决条件。一个稳定的控制系统,其被控量偏离期望值的初始偏差应随时间的增长逐渐减小并趋于零。一个不稳定的控制系统,其被控量偏离期望值的初始偏差将随时间的增长而发散,因此无法实现预期的控制任务。

线性控制系统的稳定性是由系统本身的结构与参数所决定的,与外部条件和初始状态无关。控制系统中一般都含有储能元件或惯性元件,如电机绕组的电感、电机电枢的转动惯量、电炉的热容量等,因此,当控制系统受到扰动或有输入量时,控制过程不会立即完成,而是有一定的延缓,这就使得被控量恢复到期望值有一个时间过程,这个过程称为过渡过程。由于惯性问题的存在,被控量在过渡过程中常呈现出振荡形式。如果振荡过程是逐渐减弱的,控制系统最后可以达到平衡状态,控制目的得以实现,我们称该系统为稳定系统;反之,如果振荡过程逐步增强,系统被控量将失控,则称之为不稳定系统。

2. 准确性

理想情况下,当过渡过程结束后,被控量达到的稳态值(即平衡状态)应与期望值一致。但实际上,由于系统结构,外作用形式以及摩擦、间隙等非线性因素的影响,被控量的稳态值与期望值之间会有误差存在,这种误差称为稳态误差。稳态误差是衡量控制系统控制精度的重要指标,在技术指标中一般都有具体要求。

3. 快速性

为了很好地完成控制任务,控制系统仅仅满足稳定性要求是不够的,还必须对其过渡过程的形式和快慢提出要求,满足这些要求的性能一般称为动态性能。动态性能通常用最大超调量(σ)、调整时间(t_s)和振荡次数(N)等动态性能指标来衡量。动态性能指标的具体分析方法将在后续章节中介绍。

1.3.2 本课程的任务

自动控制系统虽然种类繁多、形式不同,但所研究的内容和方法却是类似的,本课程的任务主要分为系统分析和系统设计两个方面。

1. 系统建模

系统建模是指通过深入了解元件及系统的动态特性,准确建立它们的数学模型的过程,主要有分析法和实验法两种。

2. 系统分析

系统分析是指在控制系统结构参数一致、系统数学模型建立的条件下,判定系统的稳定性,计算系统的动、静态性能指标,研究系统性能与系统结构、参数之间的关系。

3. 系统设计(综合)

系统设计也可称为系统综合,是在给出被控对象及其技术指标要求的情况下,寻求一个能完成控制任务、满足技术指标要求的控制系统。在控制系统的主要元件和结构形式确定的前提下,设计任务往往是需要改变系统的某些参数,有时还要改变系统的结构,选择合适的校正装置,计算、确定其参数加入系统之中,使其满足预定的性能指标要求。

设计问题要比分析问题更为复杂。首先,设计问题的答案往往并不唯一,对系统提出的同样一组要求,往往可以采用不同的方案来满足;其次,在选择系统结构和参数时,往往会出现相互矛盾的情况,需要进行折中,同时必须考虑控制方案的可实现性和实现方法;最后,设计时还要通盘考虑经济性、可靠性、安装工艺、使用环境等各个方面的问题。

分析和设计是两个完全相反的命题。分析系统的目的在于了解和认识已有的系统。对于从事自动控制的工程技术人员而言,更重要的工作是设计系统,改造那些性能指标未达到要求的系统,使其能够完成确定的工作。

1.4 自动控制理论的发展历史

控制论一词 cybernetics 来自希腊语,原意为掌舵术,包含了调节、操纵、管理、指挥、监督等多方面的涵义。因此"控制"这一概念本身即反映了人们对征服自然与外在的渴望,控制理论与技术也自然而然地在人们认识自然与改造自然的历史中发展起来。

根据控制理论的理论基础及所能解决问题的难易程度,我们把控制理论大体分为三个不同的阶段。这种阶段性的发展过程是由简单到复杂、由量变到质变的辩证发展过程。

1. 经典控制理论阶段(20 世纪 50 年代末期以前)

经典控制理论,是以传递函数为基础,在频率域对单输入单输出控制系统进行分析与设计的理论。基于频率域内传递函数的"反馈"和"前馈"控制思想,运用频率特性分析法、根轨迹分析法、描述函数法、相平面法、波波夫法,解决稳定性问题。

经典控制理论阶段发展事件有很多,我国古人发明的指南车就应用了反馈的原理;1788 年 J. Watt 在发明蒸汽机的同时应用了反馈思想设计了离心式飞摆控速器,这是第一个反馈系统的方案。1868 年 J. C. Maxwell 为解决离心式飞摆控速器控制精度和稳定性之间的矛盾,发表了《论调速器》,提出了用基本系统的微分方正模型分析反馈系统的数学方法;1868 年,韦士乃格瑞斯克阐述了调节器的数学理论;1875 年,E. J. Routh 和 A. Hurwitz 提出了根据代数方程的系数判断线性系统稳定性方法;1876 年,俄国学者 N. A. 维什涅格拉诺基发表著作《论调速器的一般理论》,对调速器系统进行了全面的理论阐述;1895 年,劳斯与胡尔维茨分别提出了基于特征根和行列式的稳定性代数判别方法;1927 年,H. S. Black 发现了采用负反馈线路的放大器,引入负反馈后,放大器系统对扰动和放大器增益变化的敏感性大为降低;1932 年,H. Nyquist 采用频率特性表示系统,提出了频域稳定性判据,很好地解决了 Black 放大器的稳定性问题,而且可以分析系统的稳定裕度,奠定了频域法分析与综合的基础;1934 年,H. L. Hazen 发表了《关于伺服机构理论》;1938 年,A. B. 维哈伊洛夫发表了《频域法》,这标志着经典控制理论的诞生;1945 年,H. W. Bode 出版了著作《网络分析和反馈放大器设计》,完善了系统分析和设计的频域方法,并进一步研究,开发了伯德图;1948 年,N. Weiner 发表了《控制论——关于在动物和机器中控制和通讯的科学》一书,标志着控制论的诞生;1948 年,W. R. Evans 提出了系统的根轨迹分析法,这是一种易于工程应用的,求解闭环特征方程根的简单图解法,进一步完善了频域分析方法;1954 年,钱学森出版了《工程控制论》,全面总结了经典控制理论,标志着经典理论的成熟。

经典控制论阶段主要成果为 PID 控制规律的产生,PID 控制原理简单易于实现,具有一定的自适应性与鲁棒性,对于无时间延迟的单回路控制系统很有效,在工业过程控制中仍然被广泛应用。

2. 现代控制理论阶段(20 世纪 50 年代末期至 70 年代初期)

现代控制理论基于时域内的状态空间分析法,着重时间系统最优化控制的研究。控制系统的特点为多输入多输出系统,系统可以是线性或非线性的、定常或时变的、单变量或多变量的、连续或离散的。

现代控制理论的控制思路为基于时域内的状态方程与输出方程对系统内的状态变量

进行实时控制,运用极点配置、状态反馈、输出反馈的方法,解决最优化控制、随机控制、自适应控制问题。

现代控制理论发展事件主要有:1959 年,苏联学者庞德亚金(L. S. Pontryagin)等学者创立了极大值原理,并找出最优控制问题存在的必要条件,该理论为解决控制量有约束情况下的最短时间控制问题提供了方法;1953—1957 年,美国学者贝尔曼(R. Bellman)创立了解决最优控制问题的动态规律,并依据最优性原理,发展了变分学中的 Hamilton-Jaccobi 理论;1959 年,卡尔曼(R. E. Kalman)提出了滤波器理论,1960 年卡尔曼对系统采用状态方程的描述方法,提出了系统的能控性、能观测性,证明了二次型性能指标下线性系统最优控制的充分条件,进而提出了对于估计与预测有效的卡尔曼滤波,证明了对偶性;罗森布洛克(H. H. Rosenbrock)、欧文斯(D. H. Owens)和麦克法轮(G. J. MacFarlane)研究了用于计算机辅助控制系统设计的现代频域法理论,将经典控制理论传递函数的概念推广到多变量系统,并探讨了传递矩阵与状态方程之间的等价转换关系,为进一步建立统一的线性系统理论奠定了基础;20 世纪 70 年代,奥斯特隆姆(瑞典)和朗道(法国, L. D. Landau)在自适应控制理论和应用方面做出了贡献。

现代控制理论的提出,促进了非线性控制、预测控制、自适应控制、鲁棒性控制、智能控制等分支学科的发展,进而解决了因工业过程的复杂性而带来的困难。

3. 大系统理论阶段与智能控制理论阶段(20 世纪 70 年代初期至今)

大系统理论,是指规模庞大、结构复杂、变量众多、关联严重、信息不完备的信息与控制系统,如宏观经济系统、资源分配系统、生态和环境系统、能源系统等。智能控制系统是具有某些仿人智能的工程控制与信息处理系统,其中最典型的是智能机器人。

大系统理论阶段的控制思路以时域法为主,通过大系统的多级递阶控制、分解-协调原理、分散最优控制和大系统模型降阶理论,解决大系统的最优化。

大系统理论阶段与智能控制理论阶段发展事件主要有:20 世纪 60 年代初期,Smith 提出采用性能模式识别器来学习最优控制法以解决复杂系统的控制问题;1965 年,Zadeh 创立模糊集合论,为解决负载系统的控制问题提供了强有力的数学工具;1966 年,Mendel 提出了"人工智能控制"的概念;1967 年,Leondes 和 Mendel 正式使用"智能控制",标志着智能控制思路已经形成;70 年代初期,傅京孙、Gloriso 和 Saridis 提出分级递阶智能控制,并成功应用于核反应、城市交通控制领域;70 年代中期,Mamdani 创立基于模糊语言描述控制规则的模糊控制器,并成功用于工业控制;80 年代以来,专家系统、神经网络理论及应用对智能控制器起着促进作用。

1.5 自动控制系统的工程应用

1.5.1 电加热炉温度控制系统

电加热炉温度控制系统的控制任务是保持炉内温度恒定,其系统结构如图 1-8 所示。电加热炉内的温度要稳定在某个给定的温度 T_r 附近。T_r 是由给定的电压信号 u_r 决定的,热电偶作为温度测量元件,测出炉内实际温度 T_c,热电偶输出电压 u_r 与炉内实际温度 T_c 成比例。误差信号反映炉内期望的温度与实际温度的偏差,该偏差信号经电压放大和功率放大后驱动直流伺服电动机旋转以带动调压变压器的滑动触头,使炉内实际温度等于或接近预期的温度。

图 1-8　电加热炉温度控制系统

1.5.2　工作台位置控制系统

工作台位置控制系统的控制任务是控制工作台跟随给定量动作,其系统结构如图 1-9 所示。通过指令电位器 W_1 的滑动触点给出工作台的位置指令 x_r,并转换为控制电压 u_r。被控制工作台的位置 x_c 由反馈电位器 W_2 检测,并转换为反馈电压 u_c,两电位器接成桥式电路。当工作台位置 x_c 与给定位置 x_r 有偏差时,桥式电路的输出电压为 $\Delta u = u_r - u_c$。设开始时指令电位器和反馈电位器滑动触点都处于左端,即 $x_r = x_c = 0$,则 $\Delta u = u_r - u_c = 0$,此时,放大器无输出,直流伺服电动机不转,工作台静止不动,系统处于平衡状态。

图 1-9　工作台位置控制系统

当给出位置指令 x_r 时,在工作台改变位置之前的瞬间,$x_r=0$,$x_c=0$,则电桥输出为 $\Delta u = u_r - u_c = u_r - 0 = u_r$,该偏差电压经放大器放大后控制直流伺服电动机转动,直流伺服电动机通过齿轮减速器和丝杠副驱动工作台右移。随着工作台的移动,工作台实际位置与给定位置之间的偏差逐渐减小,即偏差电压 u 逐渐减小。当反馈电位器滑动触点的位置与指令电位器滑动触点的给定位置一致时,电桥平衡,偏差电压 $u=0$,伺服电动机停转,工作台停止在由指令电位器给定的位置上,系统进入新的平衡状态。当给出反向指令时,偏差电压极性相反,伺服电动机反转,工作台左移,当工作台移至给定位置时,系统再次进入平衡状态。如果指令电位器滑动触点的位置不断改变,则工作台位置也跟着不断变化。

1.5.3 飞机自动驾驶控制系统

飞机自动驾驶控制系统的任务是控制飞机能保持或改变飞行状态,稳定飞机的姿态、高度和航迹,操纵飞机爬高、下滑和转弯。如同飞行员操纵飞机一样,飞机自动驾驶控制系统也是通过控制飞机的三个操纵面(升降舵、方向舵、副翼)的偏转,改变舵面的空气动力特性,以形成围绕飞机质心的旋转力矩,从而改变飞机的飞行姿态和轨迹。现以比例式飞机俯仰角自动驾驶控制系统为例说明其工作原理,其系统结构示意图如图1-10所示。

图1-10 飞机自动驾驶控制系统

垂直陀螺仪作为测量元件用以测量飞机的俯仰角,当飞机以给定俯仰角水平飞行时,陀螺仪电位计没有电压输出;如果飞机受到扰动,使俯仰角向下偏离期望值,陀螺仪电位计输出与俯仰角偏差成正比的信号,经放大器放大后驱动舵机。一方面推动升降舵面向上偏转,产生使飞机抬头的转矩,以减小俯仰角误差;一方面带动反馈电位计滑臂,输出与舵偏角成正比的电压信号并反馈到输入端。随着俯仰角偏差的减小,陀螺仪电位计输出的信号越来越小,舵偏角也随之减小,直到俯仰角回到期望值,这时,舵面也恢复到原来的状态。

1.5.4 火炮方位角控制系统

采用自整角机作为角度测量元件的火炮方位角控制系统结构如图1-11所示。图中的自整角机工作在变压器状态,自整角发送机BD的转子与输入轴连接,转子绕组通入单相交流电;自整角接收机BS的转子则与输出轴(炮架的方位角轴)相连接。

图 1-11 火炮方位角控制系统

在转动瞄准时,输入一个角度 θ_i 的瞬间,由于火炮方位角 $\theta_o \neq \theta_i$,会出现角位置偏差 θ_e。这时,自整角接收机 BS 的转子输出一个相应的交流调制信号电压 u_e,其幅值与 θ_e 的大小成正比,相位则取决于 θ_e 的极性。当偏差角 $\theta_e > 0$ 时,交流调制信号呈正相位;当偏差角 $\theta_e < 0$ 时,交流调制信号呈反相位。该调制信号经相敏整流器解调后,变成一个与 θ_e 的大小和极性对应的直流电压,经校正装置、放大器处理后成为 u_a。u_a 驱动电动机带动炮架转动,同时带动自整角接收机的转子将火炮方位角反馈到输入端。显然,电动机的旋转方向必须是朝着减小或消除偏差角 θ_e 的方向转动,直到 $\theta_o = \theta_i$ 为止。这样,火炮就指向了手柄给定的方位角上。

1.5.5 水箱液位控制系统

水箱液位控制系统的控制任务是使水箱液位保持恒定,其系统结构如图 1-12 所示。假设经过事先设定,系统在开始工作时液位高度 h 正好等于设定高度 H,浮子带动连杆位于电位器 0 电位,故电动机、阀门 V_1 都静止不动,进水量保持不变,水面高度保持设定高度 H。如果阀门 V_2 突然开大,出水量增大,则水位开始下降,经过浮子测量,此时连杆上移,电动机得电正转,使阀门 V_1 开度增大,从而增加进水量,水位渐渐上升,直至重新等于设定高度 H。反之,如果阀门 V_2 突然关小,出水量减小,则水位开始上升,经过浮子测量,此时连杆下移,电动机得电反转,使阀门 V_1 开度减小,从而减小进水量,水位渐渐下降,直至重新等于设定高度 H。可见系统在此两种情况下都能保持期望的水箱液位高度。

图 1-12 水箱液位控制系统

习　　题

1. 试找出日常生活中见到过的开环和闭环控制系统,并说明它们的工作原理。

2. 说明负反馈的工作原理及其在自动控制系统中的应用。

3. 试画出 1.5.3 节和 1.5.4 节中两个系统的方框图。

4. 图 1-13 为工业炉温自动控制系统的工作原理图。分析系统的工作原理,指出被控对象、被控量和给定量,画出系统方框图。

图 1-13　工业炉温自动控制系统的工作原理图

5. 试画出汽车定速巡航系统的闭环调节框图。

6. 判断下列系统是线性定常系统、线性时变系统还是非线性系统,其中 $r(t)$ 和 $c(t)$ 分别为输入和输出。

（1）$c(t) = t \cdot r(t)$

（2）$c(t) = r(i)$

（3）$c(t) = 5 + r(t)\sin \omega t$

（4）$\dfrac{\mathrm{d}^{(3)}c(t)}{\mathrm{d}t^3} + 2\dfrac{\mathrm{d}^{(2)}c(t)}{\mathrm{d}t^2} + 5\dfrac{\mathrm{d}c(t)}{\mathrm{d}t} + c(t) = r(t)$

第2章 线性系统的数学模型

2.1 引　　言

控制系统的主要任务就是分析和设计系统,其前提是建立系统的数学模型。

自动控制系统的数学模型是描述系统输入变量、输出变量和内部变量之间关系的数学表达式。在静态条件下(即变量各阶导数为零),描述变量之间关系的代数方程叫作静态数学模型;在动态条件下,描述变量各阶导数之间关系的微分方程叫作动态数学模型。

自动控制系统的组成可以是电气的、机械的、液压的、气动的,等等,然而描述这些系统的数学模型却可以是相同的。因此,通过数学模型来研究自动控制系统,就摆脱了各种类型系统的外部关系而抓住这些系统的共同运动规律。

一般来说,建立控制系统的数学模型的方法有分析法和实验法。分析法是对系统各部分的运动机理进行分析,根据它们所依据的物理规律或化学规律分别列写相应的运动方程。例如,电学中有基尔霍夫定律,力学中有牛顿定律,热力学中有热力学定律等。实验法是人为地给系统施加某种测试信号,记录其输出响应,并用适当的数学模型去逼近,这种方法称为系统辨识。本章只研究用分析法建立数学模型。

如果描述系统的数学模型是线性的微分方程,则该系统为线性系统,若方程中的系数是常数,则称其为线性定常系统。本章主要讨论的是线性定常系统。我们可以对描述的线性定常微分方程进行积分变换,得出传递函数、方框图、信号流图、频率特性等数学描述。线性系统实际上是忽略了系统中某些次要因素,对数学模型进行近似而得到的。

在自动控制理论中,数学模型有多种形式,数学模型的主要形式如图 2-1 所示。

图 2-1　数学模型形的主要式

本章主要研究时域模型、复数域模型、框图和信号流图的建立和应用,状态空间模型将在本书第 7 章中介绍。

2.2 系统的时域数学模型

控制系统的时域模型是指微分方程。如何列写微分方程是建立时域模型的关键,下面举例说明控制系统中常用的电气元件、力学元件等微分方程的列写。

2.2.1 线性系统的微分方程

【**例2-1**】 图2-2是由电阻 R、电感 L 和电容 C 组成的无源串联网络,其中 $u_i(t)$ 是输入, $u_o(t)$ 是输出,试列写其微分方程。

图2-2 RLC 无源网络

解: 设回路的电流为 $i(t)$,由基尔霍夫电压定律可得

$$Ri(t) + L\frac{\mathrm{d}i(t)}{\mathrm{d}t} + u_o(t) = u_i(t) \tag{2-1}$$

$$u_o(t) = \frac{1}{C}\int i(t)\mathrm{d}t \tag{2-2}$$

消去中间变量 $i(t)$,得到输入输出关系的微分方程为

$$LC\frac{\mathrm{d}^2 u_o(t)}{\mathrm{d}t^2} + RC\frac{\mathrm{d}u_o(t)}{\mathrm{d}t} + u_o(t) = u_i(t) \tag{2-3}$$

这是一个二阶线性微分方程,也就是图2-1的时域数学模型。

【**例2-2**】 图2-3是由弹簧-质量-阻尼器组成的机械位移系统,试列写质量 m 在外力 $F(t)$ 作用下的位移 $y(t)$ 。其中, K 是弹簧的弹性系数, f 是阻尼器的黏性摩擦系数, m 为物体的质量。

解: 设质量 m 相对于初始状态的位移、速度、加速度分别为 $y(t)$、$\frac{\mathrm{d}y(t)}{\mathrm{d}t}$、$\frac{\mathrm{d}^2 y(t)}{\mathrm{d}t^2}$,由牛顿运动定律得

$$m\frac{\mathrm{d}^2 y(t)}{\mathrm{d}t^2} = F(t) - F_1(t) - F_2(t) \tag{2-4}$$

图2-3 弹簧-质量-阻尼器机械位移系统

$F_1(t) = f\frac{\mathrm{d}y(t)}{\mathrm{d}t}$ 是阻尼器的阻尼力,其方向与运动方向相反,大小与运动速度成正比; f 是阻尼系数; $F_2(t) = Ky(t)$ 是弹簧的弹力,其方向与运动方向相反,其大小与位移成正比, K 是弹性系数。

将 $F_1(t)$ 和 $F_2(t)$ 分别代入式(2-4)中,整理后得到系统的微分方程为

$$m\frac{\mathrm{d}^2 y(t)}{\mathrm{d}t^2} + f\frac{\mathrm{d}y(t)}{\mathrm{d}t} + Ky(t) = F(t) \tag{2-5}$$

这也是一个二阶线性微分方程。

【**例2-3**】 图2-4是他励直流电动机的原理图,试列写在电枢电压 u_d 作用下电机转速 ω 的微分方程。其中 R、L、i 分别为电枢回路的电阻、电感和电流, e、J 分别为反电动势和转

动部分折合到电动机上的总转动惯量。

图 2-4　他励直流电动机电枢回路

解: 根据基尔霍夫定律列写电枢回路的电压方程为

$$R + L\frac{\mathrm{d}i(t)}{\mathrm{d}t} + e = u_\mathrm{d}(t) \tag{2-6}$$

反电动势为

$$e = C_\mathrm{e}\omega(t) \tag{2-7}$$

电动机的电磁转矩为

$$T_\mathrm{e} = C_\mathrm{m}i(t) \tag{2-8}$$

电动机轴上的动力学方程, 在理想空载情况下, 有

$$T_\mathrm{e} = J\frac{\mathrm{d}\omega(t)}{\mathrm{d}t} \tag{2-9}$$

消去三个中间变量 e、i、T_e, 得输入量 $u_\mathrm{d}(t)$ 与输出量 $\omega(t)$ 之间的关系为

$$\frac{L}{R} \cdot \frac{JR}{C_\mathrm{e}C_\mathrm{m}} \cdot \frac{\mathrm{d}^2\omega(t)}{\mathrm{d}t^2} + \frac{JR}{C_\mathrm{e}C_\mathrm{m}}\frac{\mathrm{d}\omega(t)}{\mathrm{d}t} + \omega(t) = \frac{u_\mathrm{d}(t)}{C_\mathrm{e}} \tag{2-10}$$

令

$$T_\mathrm{a} = \frac{L}{R} T_\mathrm{m} = \frac{JR}{C_\mathrm{e}C_\mathrm{m}}$$

则式(2-10)可改写为

$$T_\mathrm{a} \cdot T_\mathrm{m} \cdot \frac{\mathrm{d}^2\omega(t)}{\mathrm{d}t^2} + T_\mathrm{m} \cdot \frac{\mathrm{d}\omega(t)}{\mathrm{d}t} + \omega(t) = \frac{u_\mathrm{d}(t)}{C_\mathrm{e}} \tag{2-11}$$

其中, T_a、T_m 分别为电动机电枢回路的电磁时间常数和机电时间常数。

由此可见, 这是一个二阶线性微分方程。

综上所述, 建立控制系统的微分方程式的步骤可归纳如下。

(1)根据系统的工作原理、结构组成, 确定其输入量和输出量;

(2)从系统的输入端开始, 根据元件或环节所遵循的物理规律或化学规律, 列写出相应的微分方程;

(3)消去中间变量, 得到只包含系统输出量与输入量的微分方程。

(4)一般情况下, 应将微分方程写为标准形式, 即把与输入量有关的各项放在方程的右边, 把与输出量有关的各项放在方程的左边, 各导数项均按降幂排列。

2.2.2 线性微分方程的求解

用线性微分方程描述的系统,称为线性系统。线性定常微分方程的求解方法有经典法和拉普拉斯变换(以下简称拉氏变换)法两种,也可借助电子计算机求解。在工程实践中,常常采用拉式变换的方法求解微分方程。用拉式变换求解微分方程的基本思路如下。

$$\text{线性微分方程(时域 }t\text{)} \xrightarrow{\text{拉式变换}} \text{代数方程(复数域 }s\text{)}$$

$$\downarrow \text{求解}$$

$$\text{微分方程的解(时域 }t\text{)} \xleftarrow{\text{拉式逆变换}} \text{代数方程的解(复数域 }s\text{)}$$

关于拉式变换和拉式逆变换的内容在附录有介绍。下面用一个例子对用拉式变换求解线性常系数微分方程加以说明。

【例 2-4】 设系统的微分方程为

$$\frac{d^2 c(t)}{dt^2} + 3\frac{dc(t)}{dt} + 2c(t) = 2\frac{dr(t)}{dt} + 3r(t)$$

已知 $r(t) = \delta(t)$,$c(0) = c'(0) = 0$。求系统的输出响应 $c(t)$。

解: 将方程两边进行拉式变换,并由初始条件为零得

$$s^2 C(s) + 3sC(s) + 2C(s) = 2sR(s) + 3R(s)$$

将 $R(s) = L[\delta(t)] = 1$ 代入上式,整理后得到输出的拉式变换为

$$C(s) = \frac{2s+3}{s^2+3s+2} = \frac{1}{s+1} + \frac{1}{s+2}$$

对上式进行拉式逆变换得

$$c(t) = e^{-t} + e^{-2t}$$

2.3 系统的复数域数学模型

在上一节介绍了系统的时域模型——微分方程,这一节介绍系统的复数域模型——传递函数。建立数学模型的目的是分析系统的性能,而分析系统性能最直接的方法就是求解微分方程,求得被控量在动态过程中的时间函数,然后根据时间函数的曲线对系统性能进行分析。求解微分方程的方法有经典法、拉普拉斯变换法等。拉普拉斯变换法是求解微分方程的简便方法,当采用这一方法时,微分方程的求解就成为象函数的代数方程和查表求解(见附录1),这样使计算大为简化。更重要的是,采用拉普拉斯变换法把以线性微分方程描述的数学模型转换成复数域中代数形式的数学模型——传递函数。传递函数不但可以表征系统的性能,而且可以用来分析系统的结构和参数变化对系统性能的影响。经典控制理论中应用最广泛的频率特性法和根轨迹法就是以传递函数为基础建立起来的。传递函数是经典控制理论中最基本、最重要的概念。

2.3.1 传递函数的定义

由【例 2-1】可知,图 2-2 中 RLC 无源网络的微分方程为

$$LC\frac{\mathrm{d}^2 u_\mathrm{o}(t)}{\mathrm{d}t^2} + RC\frac{\mathrm{d}u_\mathrm{o}(t)}{\mathrm{d}t} + u_\mathrm{o}(t) = u_\mathrm{i}(t) \tag{2-12}$$

在零初始条件下对其进行拉式变换,得

$$LCs^2 U_\mathrm{o}(s) + RCsU_\mathrm{o}(s) + U_\mathrm{o}(s) = U_\mathrm{i}(s) \tag{2-13}$$

比较式(2-12)和式(2-13)可以看出,只要将微分方程中的$\frac{\mathrm{d}^2}{\mathrm{d}t^2}$变为$s^2$,$\frac{\mathrm{d}}{\mathrm{d}t}$变为$s$,$u_\mathrm{o}(t)$变为$U_\mathrm{o}(s)$,$u_\mathrm{i}(t)$变为$U_\mathrm{i}(s)$,就可以得到象方程。两者的结构、项数、系数和阶次完全一致。

一般地,要由微分方程得到其拉普拉斯变换的象方程(零初始条件),只需将微分方程中的$\frac{\mathrm{d}}{\mathrm{d}t}$变为$s$,$\frac{\mathrm{d}^2}{\mathrm{d}t^2}$变为$s^2$,……,再将微分方程中的变量变为$s$域中的象函数即可。

整理式(2-12)可得:

$$\frac{U_\mathrm{o}(s)}{U_\mathrm{i}(s)} = \frac{1}{LCs^2 + RCs + 1} \tag{2-14}$$

式中,$U_\mathrm{o}(s)$、$U_\mathrm{i}(s)$分别为系统的输出量和输入量的象函数。

由式(2-14)可知,$U_\mathrm{o}(s)$、$U_\mathrm{i}(s)$的比值是s的有理分式函数,只与系统的结构和参数有关,而与输入信号无关。由于它包含了微分方程式(2-3)中的全部信息,故可以用它作为在复数域中描述 RLC 电路输入-输出关系的数学模型,可记为

$$G(s) = \frac{C(s)}{R(s)} = \frac{1}{LCs^2 + RCs + 1} \tag{2-15}$$

设线性定常系统微分方程一般形式为

$$a_n\frac{\mathrm{d}^{(n)}c(t)}{\mathrm{d}t^n} + a_{n-1}\frac{\mathrm{d}^{(n-1)}c(t)}{\mathrm{d}t^{n-1}} + \cdots + a_1\frac{\mathrm{d}c(t)}{\mathrm{d}t} + a_0 c(t)$$

$$= b_m\frac{\mathrm{d}^{(m)}r(t)}{\mathrm{d}t^m} + b_{m-1}\frac{\mathrm{d}^{(m-1)}r(t)}{\mathrm{d}t^{m-1}} + \cdots + b_1\frac{\mathrm{d}r(t)}{\mathrm{d}t} + b_0 r(t) \tag{2-16}$$

式中,$n \geqslant m$。等式左边是系统输出变量及其各阶导数,等式右边是系统输入变量及其各阶导数,且等式左右两边的系数均为实数。

设 $R(s) = L[r(t)]$,$C(s) = L[c(t)]$,在零初始条件下,对式(2-16)进行拉式变换可得

$$(a_n s^n + a_{n-1}s^{n-1} + \cdots + a_1 s + a_0)C(s) = (b_m s^m + b_{m-1}s^{m-1} + \cdots + b_1 s + b_0)R(s)$$

令

$$G(s) = \frac{C(s)}{R(s)} = \frac{b_m s^m + b_{m-1}s^{m-1} + \cdots + b_1 s + b_0}{a_n s^n + a_{n-1}s^{n-1} + \cdots + a_1 s + a_0} \tag{2-17}$$

称 $G(s)$ 为传递函数。

线性定常系统传递函数的定义为:在零初始条件下,系统输出变量的拉氏变换式与输入变量的拉氏变换式之比,记为

$$G(s) = \frac{C(s)}{R(s)}$$

传递函数是系统在复数域中的动态数学模型,是研究线性系统动态特性的重要工具。在不需要求解微分方程的情况下,直接根据系统传递函数的某些特征便可分析和研究系统的动态性能。

2.3.2 传递函数的性质

从线性定常系统的传递函数的定义式可知,传递函数具有如下性质。

(1)传递函数是将线性定常系统的微分方程经拉普拉斯变换后导出的,因此传递函数的概念只适用于线性定常系统。

(2)传递函数是复变量 s 的有理真分式,即 $m \leqslant n$,且所有系数均为实数,具有复变函数的所有性质。$m \leqslant n$,是因为系统必然具有惯性,且能源又有限;各系数均为实数,是因为它们都是系统元件参数的函数,而元件参数只能是实数。

(3)传递函数是一种用系统参数表示输出量与输入量之间关系的表达式,它只取决于系统或元件的结构和参数,而与输入量的形式无关,也不反映系统内部的任何信息。因此,可以用如图2-5所示的方框图来表示具有传递函数 $G(s)$ 的线性系统。图中表明,系统输入量与输出量的因果关系可以用传递函数联系起来。

图 2-5 传递函数图示

(4)传递函数的拉氏逆变换是系统的单位脉冲响应 $h(t)$。单位脉冲响应是系统在单位脉冲函数 $\delta(t)$ 输入时的输出响应,因为单位脉冲函数的拉氏变换为

$$R(s) = L[\delta(t)] = 1$$

因此,单位脉冲函数 $\delta(t)$ 输入时,系统的输出

$$C(s) = G(s)R(s) = G(s)$$

而 $C(s)$ 的拉氏逆变换即为脉冲响应 $h(t)$,正好等于传递函数的拉氏逆变换,即

$$h(t) = L^{-1}[C(s)] = L^{-1}[G(s)]$$

(5)传递函数的零点和极点。系统的传递函数 $G(s)$ 常可以表达成

$$G(s) = \frac{b_m s^m + b_{m-1} s^{m-1} + \cdots + b_1 s + b_0}{a_n s^n + a_{n-1} s^{n-1} + \cdots + a_1 s + a_0} = \frac{K \prod\limits_{i=1}^{m}(\tau_i s + 1)}{\prod\limits_{j=1}^{n}(T_j s + 1)} \tag{2-18}$$

$$G(s) = \frac{b_m s^m + b_{m-1} s^{m-1} + \cdots + b_1 s + b_0}{a_n s^n + a_{n-1} s^{n-1} + \cdots + a_1 s + a_0} = \frac{K^* \prod\limits_{i=1}^{m}(s + z_i)}{\prod\limits_{j=1}^{n}(s + p_j)} \tag{2-19}$$

式(2-18)为传递函数的时间常数表示法,式(2-19)为传递函数的零极点表示法。式中,$K = \dfrac{b_0}{a_0}$ 为系统的增益(或放大倍数);$\tau_i(i=1,2,\cdots,m)$ 为分子因式的时间常数;$T_j(j=1,2,\cdots,n)$ 为分母因式的时间常数;$K^* = \dfrac{b_m}{a_n}$ 为系统传递函数用零极点表示时的增益;$-z_i(i=1,2,\cdots,m)$ 为分子多项式的根,称为系统的零点;$-p_j(j=1,2,\cdots,n)$ 为分母多项式的根,称为系统的极点。

传递函数的分子多项式和分母多项式经因式分解后还可写成以下形式:

$$G(s) = \frac{(\tau_1 s + 1)(\tau_2^2 s^2 + 2\xi\tau_2 s + 1)\cdots(\tau_i s + 1)b_0}{(T_1 s + 1)(T_2^2 s^2 + 2\xi T_2 s + 1)\cdots(T_j s + 1)a_0} \tag{2-20}$$

式(2-20)中,一次因子对应于实数零极点,二次因子对应于共轭复数零极点,τ_i 和 T_j 称为

时间常数。传递函数的这种表达形式在频域法中应用较多。

2.3.3 传递函数的求法

1. 根据微分方程求传递函数

首先,列写出系统的微分方程或微分方程组,然后在零初始条件下求各微分方程的拉氏变换,将它们转换成 s 域的代数方程组,消去中间变量,得到系统的传递函数。

【例 2-5】 求解【例 2-1】RLC 无源网络的传递函数。

解: 设回路的电流为 $i(t)$,由基尔霍夫电压定律可得

$$Ri(t) + L\frac{\mathrm{d}i(t)}{\mathrm{d}t} + u_o(t) = u_i(t)$$

$$u_o(t) = \frac{1}{C}\int i(t)\,\mathrm{d}t$$

在零初始条件下,将上两式进行拉普拉斯变换得

$$RI(s) + LsI(s) + U_o(s) = U_i(s)$$

$$U_o(s) = \frac{1}{Cs}I(s)$$

消去中间变量 $I(s)$ 后,得 $(LCs^2 + RCs + 1)U_o(s) = U_i(s)$。

根据传递函数的定义,可得 RLC 电路的传递函数为

$$G(s) = \frac{U_o(s)}{U_i(s)} = \frac{1}{LCs^2 + RCs + 1}$$

2. 用复阻抗的概念求电路的传递函数

在电路中有 3 种基本的阻抗元件:电阻、电容和电感。流过这 3 种阻抗元件的电流 i 与电压 u 的关系如下。

电阻:

$$u = Ri \tag{2-21}$$

零初始条件对等式两边作拉氏变换,得

$$U(s) = RI(s) \tag{2-22}$$

可见,电阻 R 的复阻抗仍为 R。

电容:

$$\frac{\mathrm{d}u}{\mathrm{d}t} = \frac{1}{C}i \tag{2-23}$$

零初始条件下等式两边作拉氏变换,得

$$U(s) = \frac{1}{Cs}I(s) \tag{2-24}$$

可见,电容的复阻抗为 $\frac{1}{Cs}$。

电感:

$$u = L\frac{\mathrm{d}i}{\mathrm{d}t} \tag{2-25}$$

零初始条件对等式两边作拉氏变换,得

$$U(s) = LsI(s) \qquad (2-26)$$

可见,电感的复阻抗为 Ls。

【例2-6】 试用复阻抗的概念求解【例2-1】RLC 无源网络的传递函数。

解:根据基尔霍夫定律得

$$G(s) = \frac{U_o(s)}{U_i(s)} = \frac{\dfrac{1}{Cs}}{R+Ls+\dfrac{1}{Cs}} = \frac{1}{LCs^2+RCs+1}$$

2.3.4 典型环节的传递函数

不同的自动控制系统,它们的物理结构可能差别很大,但是若从系统的数学模型来看,一般可以将它们看成是由若干个典型环节组成的。掌握了这些典型环节的特性,对于整个系统的分析有很大的帮助。

1. 比例环节

比例环节的微分方程为

$$c(t) = Kr(t) \qquad (2-27)$$

式中,K 为放大倍数。

比例环节的传递函数是

$$G(s) = \frac{C(s)}{R(s)} = K \qquad (2-28)$$

这一环节的输入量和输出量的关系可以用图2-6(a)所示的方框图来表示。方框图两端的箭头表示输入量和输出量,方框中表明了该环节的传递函数 K。

比例环节的单位阶跃响应:

当 $r(t)=1(t)$ 时,$c(t)=K$,如图2-6(b)所示。

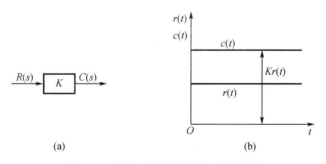

(a)　　　　　　　　　　　　(b)

图2-6　比例环节及单位阶跃响应曲线

比例环节的特点是:输出不失真、不延迟、成比例地复现输入信号的变化,即信号的传递没有惯性。

比例环节是自动控制系统中使用最多的一种,例如电子放大器、齿轮减速器、杠杆、弹簧、电阻、质量等,如图2-7所示。

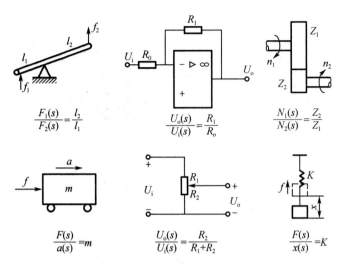

图 2-7 比例环节实例

2. 惯性环节

惯性环节的微分方程为

$$T \frac{\mathrm{d}c(t)}{\mathrm{d}t} + c(t) = r(t) \tag{2-29}$$

式中,T 为惯性时间常数。

惯性环节的传递函数是

$$G(s) = \frac{C(s)}{R(s)} = \frac{1}{Ts + 1} \tag{2-30}$$

这一环节的输入量和输出量的关系可以用图 2-8(a)所示的方框图来表示。

当 $r(t) = 1(t)$ 时,可得单位阶跃响应为 $c(t) = 1 - \mathrm{e}^{-\frac{T}{t}}$,其响应曲线如图 2-8(b)所示。惯性环节的特点是,输出量不能瞬时完成与输入量完全一致的变化。

如图 2-9 所示的 RC 电路就是惯性环节实例,由复阻抗的知识可知其传递函数为

$$G(s) = \frac{1}{RCs+1}$$

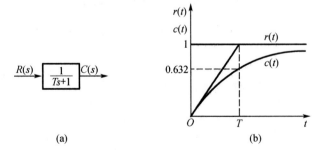

(a)

(b)

图 2-8 惯性环节及单位阶跃响应曲线

图 2-9 惯性环节实例

3. 积分环节

积分环节的微分方程为

$$c(t) = \frac{1}{T_i} \int r(t)\, dt \qquad (2-31)$$

积分环节的传递函数是

$$G(s) = \frac{C(s)}{R(s)} = \frac{1}{T_i s} \qquad (2-32)$$

式中，T_i 为积分时间常数。

这一环节的输入量和输出量的关系可以用图 2-10(a)所示的方框图来表示。

积分环节的单位阶跃响应：

当 $r(t) = 1(t)$ 时，$c(t) = \frac{1}{T_i} t$。

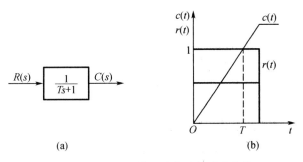

图 2-10 积分环节及单位阶跃响应曲线

积分环节的特点是：输出量与输入量对时间的积分成正比。若输入突变，输出值要等待时间 T_i 之后才能等于输入值，故有滞后作用，输出积累一段时间后，即使输入量为零，输出也将保持原值不变，即具有记忆功能，只有当输入反相时，输出才反相积分而下降。

由运算放大器组成的积分器电路如图 2-11 所示，根据运算放大器的特点和复阻抗的知识可知

$$G(s) = -\frac{1}{RCs}$$

其中 $T_i = RC$。

图 2-11 积分运算放大电路

4. 微分环节

理想微分环节的微分方程为

$$c(t) = \tau \frac{dr(t)}{dt} \qquad (2-33)$$

式中，τ 为微分时间常数。

理想微分环节的传递函数是

$$G(s) = \frac{C(s)}{R(s)} = \tau s \qquad (3-34)$$

这一环节的输入量和输出量的关系可以用图 2-12(a)所示的方框图来表示。

理想微分环节的单位阶跃响应为

当 $r(t) = 1(t)$ 时,$c(t) = \tau\delta(t)$。

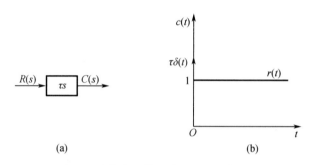

(a)　　　　　　　　　　　(b)

图 2-12　微分环节及单位阶跃响应曲线

由图 2-12 可知,在 $t=0$ 时,其输出是一强度为 τ,宽度为零,幅值为无穷大的理想脉冲。对于物理装置而言,意味着装置不存在任何惯性瞬间就能提供一个无穷大的信号能源,这在实际中是不可能实现的,所以不存在实际的微分环节。

微分环节的特点是,输出量与输入量对时间的微分成正比,即输出反映了输入量的变化率,而不反映输入量本身的大小。因此可由微分环节的输出来反映输入信号的变化趋势,加快系统控制作用的实现。

由运算放大器组成的微分电路如图 2-13 所示,根据运算放大器的特点和复阻抗的知识可知其传递函数为

$$G(s) = -RCs$$

微分环节除了上述的情况之外,还有两种微分形式,如下:

图 2-13　微分运算放大电路

(1)一阶微分

$$G(s) = \frac{C(s)}{R(s)} = \tau s + 1$$

(2)二阶微分

$$G(s) = \frac{C(s)}{R(s)} = \tau^2 s^2 + 2\zeta\tau s + 1$$

5. 振荡环节

振荡环节的微分方程为

$$T^2\frac{dc^2(t)}{dt^2} + 2\xi T\frac{dc(t)}{dt} + c(t) = r(t) \tag{2-35}$$

式中,T 为时间常数;ξ 为阻尼比。

当 $0<\xi<1$ 时,上式便成为振荡环节的微分方程。

振荡环节的传递函数是

$$G(s) = \frac{C(s)}{R(s)} = \frac{1}{T^2 s^2 + 2\xi Ts + 1} \tag{2-36}$$

或者写成

$$G(s) = \cfrac{\cfrac{1}{T^2}}{s^2 + \cfrac{2\xi}{T}s + \cfrac{1}{T^2}} = \cfrac{\omega_n^2}{s^2 + 2\xi\omega_n s + \omega_n^2} \qquad (2-37)$$

式中，$\omega_n = \dfrac{1}{T}$ 为振荡环节的无阻尼自然振荡角频率。

这一环节的输入量和输出量的关系可以用图 2-14(a) 所示的方框图来表示。

振荡环节在 $0 < \xi < 1$ 的单位阶跃响应为

$$c(t) = 1 - \frac{e^{-\xi\omega_n t}}{\sqrt{1-\xi^2}}\sin(\omega_n\sqrt{1-\xi^2}\,t + \theta)$$

式中，$\theta = \arctan\dfrac{\sqrt{1-\xi^2}}{\xi}$，其单位阶跃响应曲线如图 2-14(b) 所示。

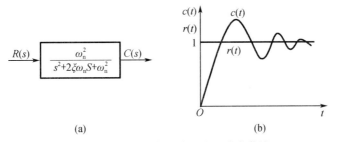

图 2-14 振荡环节及单位阶跃响应曲线

本章【例 2-1】介绍的 *RLC* 无源网络和【例 2-2】介绍的弹簧-质量-阻尼器构成的机械位移系统及【例 2-3】介绍的他励直流电动机回路，都是二阶系统，其传递函数分别为

$$G(s) = \frac{1}{LCs^2 + RCs + 1}$$

$$G(s) = \frac{1}{ms^2 + fs + K}$$

$$G(s) = \frac{C_e}{T_a T_m s^2 + T_m s + 1}$$

可见，只要相关参数满足一定条件，以上三式均可成为振荡环节。

振荡环节的特点是，若输入信号为一阶跃信号，输出信号具有振荡特性。

6. 延迟环节

延迟环节的微分方程为

$$c(t) = r(t - \tau) \qquad (2-38)$$

式中，τ 为延时时间。

延迟环节的传递函数是

$$G(s) = e^{-\tau s} \qquad (2-39)$$

这一环节的输入量和输出量的关系可以用图 2-15(a) 所示的方框图来表示。

延迟环节的单位阶跃响应为

当 $r(t) = 1(t)$ 时，$c(t) = 1(t-\tau)$，如图 2-15(b) 所示。

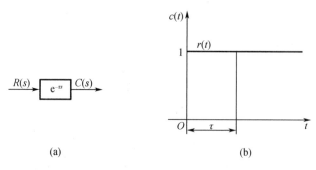

图 2-15 延迟环节及单位阶跃响应曲线

延迟环节的特点是：其输出波形与输入波形相同，但是延时了时间 τ。延迟环节的存在对系统的稳定性不利。

线性定常系统的数学模型不包括延迟环节。为了计算方便，可对延迟环节作近似处理，将 $e^{\tau s}$ 按照泰勒级数展开，在 τ 很小的条件下，略去高次项，得

$$G(s) = e^{-\tau s} = \frac{1}{e^{\tau s}} = \frac{1}{1+\tau s+\dfrac{\tau^2}{2!}s^2} \approx \frac{1}{1+\tau s}$$

可见，在一定条件下，延迟环节可近似为惯性环节。

2.4 系统的结构框图及其等效变换

一个控制系统由很多环节组成，每一个环节都有对应的输入量、输出量以及传递函数。为了表明每一个环节在系统中的作用，在控制系统中常常采用结构框图，它表明了系统中各变量之间的因果关系及变量之间的运算关系。应用结构框图可以简化复杂控制系统的分析和计算，同时能直观地表明控制信号在系统内部的动态传递关系。最后，还可以通过等效变换，求出系统的传递函数。

2.4.1 结构框图的组成

结构框图主要由信号线、分支点、比较点和方框四部分组成，它们的形状如图 2-16 所示。其功能如下。

1. 信号线

信号线是带有箭头的直线，箭头表示信号的流向，在直线旁标记信号的象函数，如图 2-16(a)所示。

2. 分支点

分支点也可称为引出点，表示信号引出或测量的位置。从同一位置引出的信号在数值和性质上完全相同，如图 2-16(b)所示。

3. 比较点

比较点又叫作相加点、综合点，表示多个信号在此处叠加，输出量等于输入量的代数和。因此在信号输入处要标明信号的正负，"+"表示相加，"−"表示相减，有时"+"可以省略

不写,如图2-16(c)所示。

图2-16 结构图的组成部分

4. 方框

方框表示一个相对独立的环节对信号的影响。如图2-16(d)所示,框左边的箭头处标以输入量,框右边的箭头处标以输出量,框内为这一环节的传递函数。输出量等于输入量与传递函数的乘积,即 $C(s) = R(s)G(s)$。

2.4.2 结构框图的绘制

系统的结构框图的绘制步骤:

(1)根据信号流向,将系统划分为若干环节或部分。

(2)确定各环节的输入量和输出量,然后按照系统的结构和工作原理,分别求出各环节的传递函数。

(3)绘出各环节的结构图。

(4)依照由输入到输出的顺序,按信号的传递方向把各环节的方框图依次连接起来,就构成了系统的结构框图。

【**例2-7**】 试绘制【例2-1】的结构框图。

解:对式(2-1)和式(2-2)进行拉式变换得

$$RI(s) + LsI(s) + U_o(s) = U_i(s)$$

$$U_o(s) = \frac{1}{Cs}I(s)$$

即

$$U_i(s) - U_o(s) = (R + Ls)I(s)$$

$$\frac{1}{Cs}I(s) = U_o(s)$$

用结构框图表示各变量之间的关系,如图2-17所示。再根据信号的流向将图2-17中的两个图顺次连接起来,就得到了整个系统的结构框图,如图2-18所示。

图2-17 结构框图表示的各变量之间的关系

图 2-18　整体结构框图

2.4.3　结构框图的等效变换

要利用系统结构框图来求系统的传递函数,需要将复杂的结构框图进行等效变换,求其等效结构框图,以便简化系统传递函数的计算。结构框图等效变换的原则是变换后与变换前的输入量和输出量都保持不变。下面介绍结构框图变换的基本法则。

1. 串联等效变换

串联是最常见的一种结构形式,其特点是:前一个环节的输出量是后一个环节的输入量,如图 2-19 所示。

图 2-19　串联变换

由图 2-19 可知

$$C(s) = R(s) G_1(s) G_2(s) \tag{2-40}$$

即

$$G(s) = \frac{C(s)}{R(s)} = G_1(s) G_2(s) \tag{2-41}$$

由此可知,两个串联的环节,可以用一个等效环节去等效,等效环节的传递函数为各环节传递函数之积。这个结论可以推广到 n 个环节的情况。

2. 并联环节等效变换

并联环节的特点是:各环节的输入量相同,输出量相叠加(极性相同相加,极性相反相减),如图 2-20 所示。

图 2-20　并联变换

由图 2-20 可知

$$C(s) = R(s) [G_1(s) + G_2(s)] \tag{2-42}$$

即

$$G(s) = \frac{C(s)}{R(s)} = G_1(s) + G_2(s) \tag{2-43}$$

由此可知,两个并联的环节,可以用一个环节去等效,等效环节的传递函数为各个环节传递函数之代数和。这个结论同样可以推广到 n 个环节并联的情况。

3. 反馈环节等效变换

若输出量通过一个环节返回输入端形成闭环,则这种连接称为反馈连接,如图 2-21 所示。

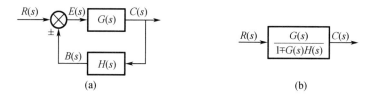

图 2-21 反馈变换

这种闭环反馈系统结构框图按信号的传递方向,可将闭环回路分为前向通道和反馈通道两条通道。信号由输入向输出传递的通道称为前向通道,通道中的传递函数称为前向通道传递函数,如图 2-21 中的 $G(s)$。信号由输出向输入传递的通道称为反馈通道,通道中的传递函数称为反馈通道传递函数,如图 2-21 中的 $H(s)$。当 $H(s)=1$ 时称为单位反馈。

由图 2-21 可知:

$$C(s) = E(s)G(s) \tag{2-44}$$

$$E(s) = R(s) \pm B(s) \tag{2-45}$$

$$B(s) = C(s)H(s) \tag{2-46}$$

消去中间变量 $E(s)$、$B(s)$,得

$$C(s) = R(s)\frac{G(s)}{1 \mp G(s)H(s)} \tag{2-47}$$

即

$$\phi(s) = \frac{C(s)}{R(s)} = \frac{G(s)}{1 \mp G(s)H(s)} \tag{2-48}$$

式中,$\phi(s)$ 称为闭环传递函数,是反馈连接的等效传递函数;负号对应正反馈,正号对应负反馈;$G(s)H(s)$ 称为闭环系统的开环传递函数,简称开环传递函数,它表示的物理意义是:若将图 2-21 中的反馈环节输出端断开,则断开处的作用量与输入量的传递关系。

开环传递函数是后面用频率法和根轨迹法分析系统的主要数学模型。

4. 比较点和分支点的移动等效变换

在一些复杂系统的结构框图化简过程中,回路之间常常存在交叉连接,为了消除交叉连接,便于进行上述框图的串联、并联和反馈连接的运算,常常需要移动比较点和分支点的位置。比较点和分支点的移动原则是:移动前后输出量应不变,而且比较点和分支点一般不宜交换位置。

(1)比较点前移

将一个比较点从一个方框的输出端移到输入端称为前移。如图 2-22(a)为比较点前

移前的框图,图 2-22(b)为比较点前移后的框图。

图 2-22   比较点前移

由图 2-22(a)可知

$$R_3(s) = R_1(s)G(s) + R_2(s) = \left[R_1(s) + R_2(s) \frac{1}{G(s)} \right] G(s) \tag{2-49}$$

所以在图 2-22(b)中,在 $R_2(s)$ 和比较点之间应该加一个传递函数 $\frac{1}{G(s)}$。

(2)比较点后移

将一个比较点从一个方框的输入端移到输出端称为后移。图 2-23(a)为比较点后移前的框图,图 2-23(b)为比较点后移后的框图。

图 2-23   比较点后移

由图 2-23(a)可知

$$R_3(s) = [R_1(s) - R_2(s)]G(s) = R_1(s)G(s) - R_2(s)G(s) \tag{2-50}$$

所以在图 2-23(b)中,在 $R_2(s)$ 和相加点之间应该加一个传递函数 $G(s)$。

(3)相邻比较点之间的移动

图 2-24(a)有两个相邻的比较点,把这两个比较点先后的位置交换一下,由此图和加法的交换律可知

$$R_1(s) + R_2(s) + R_3(s) = R_1(s) + R_3(s) + R_2(s) = C(s) \tag{2-51}$$

于是由图 2-24(a)可以得到图 2-24(b),由于图 2-24(b)和图 2-24(c)是等价的,因此可以得到图 2-24(c)。可见两个相邻比较点之间可以互相交换位置而不改变输入和输出信号间的关系。这个结论可以推广到相邻的多个比较点。

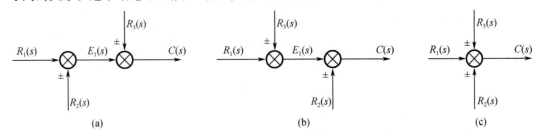

图 2-24   比较点之间的移动

（4）分支点前移

将一个分支点从一个方框的输出端移到输入端称为分支点前移。如图 2-25(a)为分支点前移前的框图,图 2-25(b)为分支点前移后的框图。

图 2-25　分支点前移

由图 2-25(a)可知

$$R_1(s)G(s) = R_2(s) \tag{2-52}$$

所以在图 2-25(b)中,在 $R_2(s)$ 和分支点之间应该加一个传递函数 $G(s)$。

（5）分支点后移

将一个分支点从一个方框的输入端移到输出端称为分支点后移。如图 2-26(a)所示为分支点后移前的框图,图 2-26(b)为分支点后移后的框图。

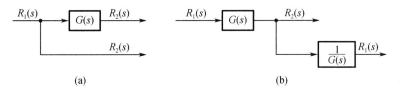

图 2-26　分支点后移

由图 2-26(a)可知

$$R_1(s) = R_1(s) \frac{1}{G(s)} G(s) \tag{2-53}$$

所以在图 2-26(b)中,在 $R_1(s)$ 和分支点之间应该加一个传递函数 $G(s)$。

（6）分支点之间的移动

从一条信号线上无论分出多少条信号线,都表示同一个信号,所以在一条信号线上的各分支点之间可以随意改变位置,不必做任何其他的变换,如图 2-27(a)和图 2-27(b)所示。

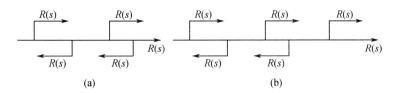

图 2-27　分支点之间的移动

2.4.4 结构框图的化简

任何复杂的框图都可以是由串联、并联和反馈三种基本形式混合在一起的。化简框图时,首先将框图中显而易见的串联环节、并联环节和反馈环节化简,如果一个回路与其他回路有交叉连接,则框图化简的关键就是消除交叉连接,形成无交叉的多回路连接。消除交叉连接的方法就是分支点或者比较点的移动。

【例2-8】 试化简图2-28(a)所示的系统结构框图,并求系统传递函数。

解: 首先把分支点 a 后移,比较点 d 前移,然后分支点 a 和 b 之间进行互换,这样可以消除交叉,变成多回路连接的形式,如图2-28(b)所示。然后进行串联、并联及反馈连接的等效变换,如图2-28(c)所示。最后求出系统的传递函数为

$$\frac{C(s)}{R(s)}=\frac{G_1(s)G_2(s)}{1+G_1(s)+G_2(s)+G_1(s)G_2(s)H_1(s)}$$

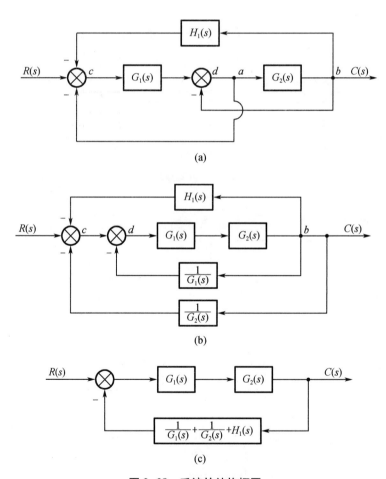

(a)

(b)

(c)

图2-28 系统的结构框图

【例2-9】 试化简图2-29(a)所示的系统结构框图,并求系统传递函数。

解: 首先把分支点 d 后移,然后再把分支点 d 和 e 合并成一个分支点,用 d 表示。如图2-29(b)所示。然后再把分支点 d 前移,并化简得到图2-29(c)。在图2-29(c)中把分支

点 d 后移,比较点 b 前移,如图 2-29(d) 所示。最后进行化简得到传递函数为

$$\frac{C(s)}{R(s)}=\frac{G_1(G_2G_3+G_4)}{1+(G_2G_3+G_4)H+G_1(G_2H_1+G_2G_3+G_4)}$$

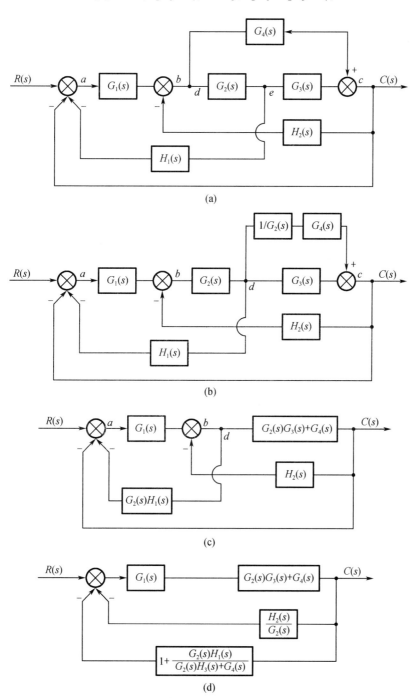

图 2-29 系统的结构框图

2.5 信号流图与梅森公式

对于复杂的控制系统,通过结构框图的化简求解系统的传递函数比较复杂,且易出错。信号流图也是控制系统的一种数学模型,在求复杂系统的传递函数时较为方便。信号流图与结构框图一样,都是描述控制系统信号传递关系的数学图形,它比结构框图更简洁,便于绘制。

2.5.1 信号流图

1. 信号流图的组成

信号流图由节点和支路组成。

(1)节点:节点表示系统中的变量或信号,用小圆圈表示。如图 2-30 中的节点为:x_1、x_2、x_3、x_4。

图 2-30 系统的信号流图

(2)支路:支路是连接两个节点的定向线段。支路上的箭头表示信号传递的方向。传递函数标在支路上的箭头旁边,称为支路传输或支路增益。信号只能在支路上沿箭头方向传递,经支路传递的信号应乘以支路的增益,增益为 1 时可以省略。图 2-30 中每条支路的传输或者支路增益分别为 a、b、1、c。

在信号流图中,常使用以下术语:

(1) 源节点

只有输出支路,而没有输入支路的节点称为源节点,它对应于系统的输入信号,故也称为输入节点,如图 2-31 中的节点 x_1。

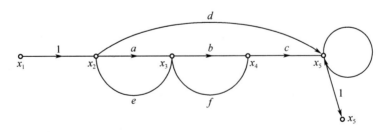

图 2-31 典型的信号流图

(2)阱节点

只有输入支路,而没有输出支路的节点称为阱节点,它对应于系统的输出信号,故也称为输出节点,如图 2-31 中的节点 x_5。

（3）混合节点

既有输入支路又有输出支路的节点称为混合节点，如图2-31中的节点 x_2、x_3、x_4、x_5。若从混合节点引出一条具有单位增益的支路，可将混合节点变为阱节点，成为系统的输出变量，如图2-31中用单位增益支路引出的节点 x_5。

（4）前向通道

信号从输入节点到输出节点传递时，每个节点只通过一次的通道，称为前向通道。前向通道上各支路增益的乘积，称为前向通道总增益，一般用 P_k 表示。在图2-31中，从源节点 x_1 到阱节点 x_5 共有两条前向通道，一条是 $x_1 \rightarrow x_2 \rightarrow x_3 \rightarrow x_4 \rightarrow x_5$，其前向通道的总增益 $P_1 = abc$；另一条是 $x_1 \rightarrow x_2 \rightarrow x_5$，其前向通道的总增益 $P_2 = d$。

（5）回路

起点和终点在同一节点，而且信号通过每一个节点不多于一次的闭合通道称为单独回路，简称回路。回路中所有支路增益的乘积叫作回路增益，用 L_a 表示。在图2-31中，共有3个回路，第一个是起于节点 x_2，经过节点 x_3，最后回到节点 x_2 的回路，其回路增益 $L_1 = ae$；第二个是起于节点 x_3，经过节点 x_4，最后回到节点 x_3 的回路，其回路增益 $L_2 = bf$；第三个是起于节点 x_5 并回到节点 x_5 的自回路。所谓自回路就是只与一个节点相交的回路，其回路增益 $L_3 = g$。

（6）不接触回路

回路之间没有公共节点时，这种回路称为不接触回路。在信号流图中可以有两个或者两个以上不接触的回路。在图2-31中，有两对不接触的回路：一对是 $x_2 \rightarrow x_3 \rightarrow x_2$ 和 $x_5 \rightarrow x_5$；另外一对是 $x_3 \rightarrow x_4 \rightarrow x_3$ 和 $x_5 \rightarrow x_5$。

2. 信号流图的绘制

信号流图可以根据系统的微分方程绘制，也可以从系统的结构框图中得到。

（1）由系统微分方程绘制信号流图

列出系统微分方程以后，首先利用拉氏变换将微分方程转换为 s 域的代数方程；然后对系统的每个变量指定一个节点，根据系统中的因果关系，将对应的节点按从左到右顺序排列；最后绘制出有关的支路，并标出各支路的增益，将各节点正确连接就可以得到系统的信号流图。

（2）由系统结构框图绘制信号流图

从系统结构框图绘制信号流图时，只需在结构框图的信号线上用小圆圈标示出传递的信号，便得到节点；用标有传递函数的线段代替结构图中的方框，便得到支路，于是，结构图也就变为相应的信号流图了。

【例2-10】 试绘制例【2-7】所示 RLC 无源网络的结构框图所对应的信号流图。

解：在结构框图中的信号线上流动的信号对应于信号流图中的节点。图2-32中有4个不同的信号：$U_i(s)$、$E(s)$、$I(s)$、$U_o(s)$。

图2-32 RLC 无源网络结构框图

按照从左到右的顺序,画出上面的 4 个信号对应的节点,按结构图中信号的传递关系,将结构图中的传递函数标注在对应的信号流图支路旁边。如果结构框图的输出信号为负,则信号流图中对应的增益也应该加一个负号,如图 2-33 所示。

图 2-33　RLC 无源网络的信号流图

2.5.2　梅森公式

从一个复杂的系统信号流图上,通过化简可以求出系统的传递函数,通过结构框图的等效变换也可以求出系统的传递函数,但是这两个过程毕竟很麻烦。控制工程中常应用梅森(Mason)公式直接求取从输入节点到输出节点的传递函数,而不需要简化信号流图。由于系统结构框图与信号流图之间有对应关系,因此,梅森公式也可直接应用于系统动态结构图。

梅森公式为

$$\phi(s) = \frac{1}{\Delta} \sum_{k=1}^{n} P_k \Delta_k$$

式中　$\phi(s)$——总增益;

　　　　n——从输入节点到输出节点的前向通道总数;

　　　　P_k——从输入节点到输出节点的第 k 条前向通道的总增益;

　　　　Δ_k——第 k 条前向通道特征式的余因子,其值为 Δ 中除去与第 k 条前向通道相接触回路的传递函数所在项的剩余部分。

Δ 为信号流图的特征式

$$\Delta = 1 - \sum L_a + \sum L_b L_c - \sum L_d L_e L_f + \cdots$$

式中　$\sum L_a$——所有单独回路增益之和;

　　　　$\sum L_b L_c$——每两个互不接触回路增益乘积之和;

　　　　$\sum L_d L_e L_f$——每三个互不接触回路增益乘积之和;……

下面举例说明如何应用梅森公式求取系统的传递函数。

【例 2-11】　用梅森公式求例【2-8】系统的传递函数。

解:如图 2-34 所示的系统有 3 个回路,各回路的传递函数分别为

$$L_1 = -G_1(s)$$
$$L_2 = -G_2(s)$$
$$L_3 = -G_1(s)$$
$$G_2(s)H_1(s)$$

图 2-34 中没有两两互不接触的回路,所以 $\sum L_b L_c = 0$,该系统中也没有 3 个互不接触的回路,所以 $\sum L_d L_e L_f = 0$,因此系统的特征式 Δ 为

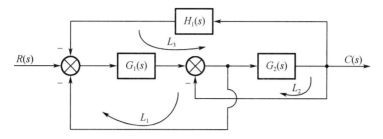

图 2-34 系统动态框图

$$\Delta = 1 - \sum_{k=1}^{3} L_a = 1 + G_1(s) + G_2(s) + G_1(s) G_2(s) H_1(s)$$

图 2-34 中系统的前向通道有一条,与 3 个回路都接触,所以

$$P_1 = G_1(s) G_2(s), \quad \Delta = 1$$

将以上各式代入梅森公式中得到系统的传递函数为

$$\phi(s) = \frac{G_1(s) G_2(s)}{1 + G_1(s) + G_2(s) + G_1(s) G_2(s) H_1(s)}$$

【例 2-12】 用梅森公式求例【2-9】系统的传递函数。

解:如图 2-35 所示的系统有 5 个回路,各回路的传递函数分别为

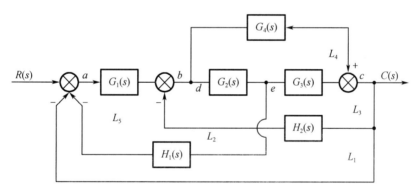

图 2-35 系统动态框图

$$L_1 = -G_1(s) G_2(s) G_3(s)$$
$$L_2 = -G_1(s) G_2(s) H_1(s)$$
$$L_3 = -G_2(s) G_3(s) H_2(s)$$
$$L_4 = -G_4(s) H_2(s)$$
$$L_5 = -G_1(s) G_4(s)$$

图 2-35 中没有两两互不接触的回路,所以 $\sum L_b L_c = 0$,该系统中也没有 3 个互不接触的回路,所以 $\sum L_d L_e L_f = 0$,因此系统的特征式 Δ 为

$$\Delta = 1 - \sum_{k=1}^{5} L_a = 1 + G_1(s) G_2(s) G_3(s) + G_1(s) G_2(s) H_1(s) +$$
$$G_2(s) G_3(s) H_2(s) + G_4(s) H_2(s) + G_1(s) G_4(s)$$

图 2-35 中系统的前向通道有两条，与 3 个回路都接触，所以

$$P_1 = G_1(s)G_2(s)G_3(s), \quad \Delta_1 = 1$$

$$P_2 = G_1(s)G_4(s), \quad \Delta_2 = 1$$

将以上各式代入梅森公式中得到系统的传递函数为

$$\phi(s) = \frac{G_1(s)[G_2(s)G_3(s) + G_4(s)]}{1 + [G_2(s)G_3(s) + G_4(s)]H_2(s) + G_1(s)[G_2(s)H_1(s) + G_2(s)G_3(s) + G_4(s)]}$$

习　题

1. 求系统的微分方程，并写出对应的传递函数。（其中 F 为外力，k 为弹性系数，f 为阻尼系数，y 为位移量）

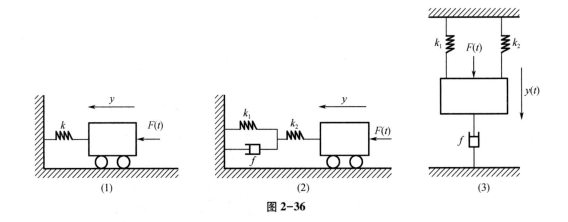

图 2-36

2. 求下列系统的传递函数。（其中 u_1 为输入量，u_2 为输出量）

图 2-37

3. 化简下列方框图。

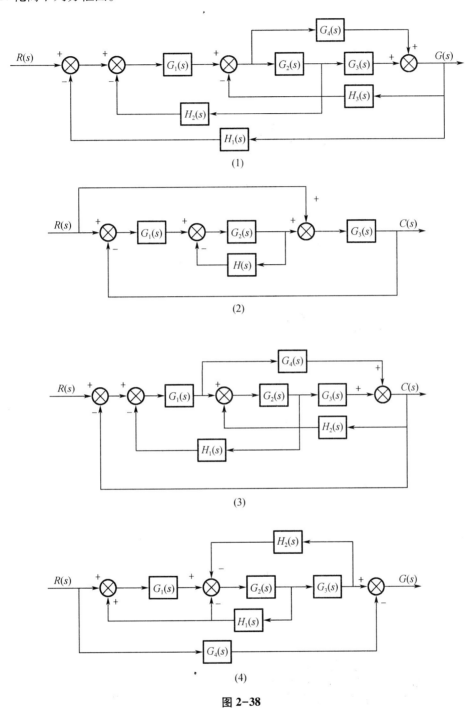

(1)

(2)

(3)

(4)

图 2-38

第3章 线性系统的时域分析

系统分析就是根据系统的数学模型研究它是否稳定,它的动态性能和稳态性能是否满足性能指标。经典控制理论中常用的系统分析方法有时域法、根轨迹法和频域法。时域法取时间 t 作为自变量,研究输出量的时间表达式。它具有直观、准确的优点,可提供时间响应的信息。

3.1 典型输入信号

为了分析系统,求解系统的时间响应,必须了解其输入信号的形式。但是,在一般情况下,控制系统的外加输入信号具有随机性,无法预先确定,因此,需要选择若干典型输入信号。

对于一个实际系统,测试信号的形式应接近或反映系统工作时最常见的输入信号形式,同时应注意选取对系统工作最不利的信号作测试信号。因此,对各种控制系统的性能进行测试和评价时,通常选择下述五种典型函数作为系统的输入信号。

1. 阶跃函数

阶跃函数的图形见图 3-1,时域表达式为

$$r(t) = \begin{cases} R & (t \geq 0) \\ 0 & (t < 0) \end{cases} \tag{3-1}$$

式中,R 为常数。当 $R=1$ 时称为单位阶跃函数,记为 $1(t)$,它的拉氏变换式为 $1/s$。以阶跃函数作为输入信号时,系统的输出就称为阶跃响应。阶跃函数的数值在 $t=0$ 时发生突变,所以常用阶跃函数作为输入信号来反映和评价系统的动态性能。当 $t>0$ 时,阶跃函数保持不变的数值。若系统工作时输入信号常常是固定不变的数值,就用阶跃响应来评价该系统的稳态性能。

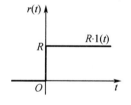

图 3-1　阶跃函数图

2. 斜坡函数

斜坡函数也称速度函数,它的图形见图 3-2,其时域表达式为

$$r(t) = \begin{cases} Rt & (t \geq 0) \\ 0 & (t < 0) \end{cases} \tag{3-2}$$

式中,R 是常数。因 $\mathrm{d}(Rt)/\mathrm{d}t = R$,所以斜坡函数代表匀速变化的信号。当 $R=1$ 时,$r(t)=t$,称为单位斜坡函数,它的拉氏变换式是 $1/s^2$。

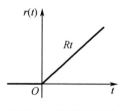

图 3-2　斜坡函数图

3. 加速度函数

加速度函数的图形见图 3-3,时域表达式为

$$r(t) = \begin{cases} Rt^2 & (t \geq 0) \\ 0 & (t < 0) \end{cases} \tag{3-3}$$

式中,R 是常数。因 $\mathrm{d}^2(Rt^2)/\mathrm{d}t^2 = 2R$,所以加速度函数代表匀加速
变化的信号。当 $R = 1/2$ 时,$r(t) = t^2/2$,称为单位加速度信号。它
的拉氏变换式是 $1/s^3$。

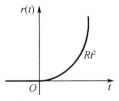

图3-3　加速度函数图

4. 单位脉冲函数与单位冲激函数

单位脉冲函数的图形见图3-4,其表达式为

$$\delta_h(t) = \begin{cases} 1/h & (0 \leqslant t \leqslant h) \\ 0 & (t < 0, t > h) \end{cases} \tag{3-4}$$

式中,h 为脉冲宽度,脉冲的面积为1。当 h 很小时,$\delta_h(t)$ 表示一个短时间内的较大信号。

冲激函数过去称为脉冲函数。单位冲激函数又称为 δ 函数,其定义为

$$\delta(t) = \lim_{h \to 0} \delta_h(t) \tag{3-5}$$

及

$$\int_{-\infty}^{+\infty} \delta(t)\mathrm{d}t = 1 \tag{3-6}$$

单位冲激函数的图形见图3-5,用单位长度的有向线段表示。它的拉氏变换式是常数
1。单位冲激函数有下述重要性质,若 $f(t)$ 为连续函数,则有

$$\int_{-\infty}^{+\infty} f(t)\delta(t)\mathrm{d}t = f(0) \tag{3-7}$$

$$\int_{-\infty}^{+\infty} f(t)\delta(t - t_0)\mathrm{d}t = f(t_0) \tag{3-8}$$

单位冲激函数在近代物理和工程技术中有着广泛的应用。它是理论上的函数,需要使
用单位冲激函数作为测试信号时,实际上总是采用宽度很小的单位脉冲函数代替。

5. 正弦函数

正弦函数 $r(t) = A\sin \omega t$ 也是常用的典型输入信号。其中,A 称为振幅或幅值,ω 为角频
率。正弦函数图形见图3-6。

图3-4　单位脉冲函数图

图3-5　单位冲激函数图

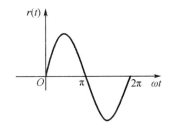

图3-6　正弦函数图

3.2　系统时间响应的性能指标

3.2.1　系统的时域响应

设系统的输入信号 $R(s)$ 与输出信号 $C(s)$ 之间的传递函数是 $G(s)$,则在零初始条件
下有

$$C(s) = G(s)R(s) \tag{3-9}$$

对式(3-9)两端同时进行拉氏变换,可得

$$c(t) = L^{-1}[C(s)R(s)] \tag{3-10}$$

根据拉式逆变换中的部分分式法可知,有理分式 $C(s)R(s)$ 的每一个极点(分母多项式的根)都对应于 $c(t)$ 中的一个时间响应项,而 $c(t)$ 就是由 $C(s)$ 和 $R(s)$ 的所有极点所对应的时间响应项的线性组合。

可见输出信号拉氏变换式的极点是由传递函数的极点和输入信号拉氏变换式的极点组成的。系统的极点与输入信号无关,也与输出信号的选择无关。传递函数的零点并不形成运动模态,但它们却影响各模态在响应中所占的比重,因而也影响时间响应及其曲线形状。

系统的时间响应中,与传递函数极点对应的时间响应分量称为瞬(暂)态分量,与输入信号极点对应的时间响应分量称为稳态分量,见式(3-11)。

$$C(t) = G_t(t) + C_s(t) \tag{3-11}$$

根据数学中拉氏变换的微分性质和积分性质可以推导出线性定常系统的下述重要特性:系统对输入信号导数的响应、等于该系统对该输入信号响应的导数;系统对输入信号积分的响应,等于系统对该输入信号响应的积分,积分常数由零输出的初始条件确定。可见,一个系统的单位阶跃响应、单位冲激响应和单位斜坡响应中,只要知道一个,就可通过微分或积分运算求出另外两个。这是线性定常系统的一个重要特性,适用于任何线性定常系统,但不适用于线性时变系统和非线性系统。因此,研究线性定常系统的时间响应,不必对每种输入信号形式进行测定和计算,往往只取其中一种典型形式进行研究。

3.2.2 时间响应的性能指标

在典型输入信号作用下,任何一个控制系统的时间响应,都是由两个部分组成:动态过程和稳态过程。

1. 动态过程及其性能指标

动态过程又称过渡过程或瞬态过程,是指系统在典型输入信号作用下,系统输出量从初始状态到最终状态的响应过程。由于实际系统中有惯性、摩擦以及其他一些原因,系统输出量不可能完全复现输入量的变化。根据系统结构和参数选择情况,动态过程表现为衰减、发散或等幅振荡的形式。显然,一个可以实际运行的控制系统,其动态过程必然是衰减的,也就是说,只有动态过程衰减的系统才是稳定的系统。

动态过程除了提供系统稳定性的信息外,还可以提供响应速度及阻尼情况等信息,这些信息就是动态性能指标。

动态性能指标通常根据系统的阶跃响应曲线去定义。设系统阶跃响应曲线如图 3-7 所示,图中 $c(\infty) = \lim\limits_{t \to \infty} c(t)$ 称为稳态值。动态性能指标通常有以下几种。

(1)上升时间 t_r

阶跃响应曲线从零第一次上升到稳态值所需的时间为上升时间。若阶跃响应曲线不超过稳态值(称为过阻尼系统),则定义阶跃响应曲线从稳态值的10%上升到90%所需的时间为上升时间。

图 3-7　动态性能指标

（2）峰值时间 t_p

阶跃响应曲线（超过稳态值）到达第 1 个峰值所需的时间称为峰值时间。

（3）最大超调（量）σ_p

设阶跃响应曲线的最大值为 $c(t_p)$，则最大超调 σ_p 为

$$\sigma v_p = \frac{c(t_p) - c(\infty)}{c(\infty)} \times 100\% \tag{3-12}$$

式中，σ_p 大，称系统阻尼小。

（4）过渡过程时间 t_s

阶跃响应曲线进入并保持在允许误差范围所对应的时间称为过渡过程时间，或称调节（整）时间。这个误差范围通常为稳态值的 Δ 倍，Δ 称为误差带，Δ 为 5% 或 2%。

（5）振荡次数 N

在 $0 \leqslant t \leqslant t_s$ 内，阶跃响应曲线穿越其稳态值 $c(\infty)$ 次数的一半称为振荡次数。

上述动态性能指标中，t_r 和 t_p 反映系统的响应速度，σ_p 和 N 反映系统的运行平稳性或阻尼程度，一般认为 t_s 能同时反映响应速度和阻尼程度。

当系统的时间响应 $c(t)$ 中的瞬态分量很小可以忽略不计时，称系统处于稳态。通常当 $t < t_s$ 时称系统处于动态，而当 $t > t_s$ 时称系统处于稳态。系统的稳态性能指标一般是指它在稳态时的误差。

2. 稳态过程及其性能指标

稳态过程指系统在典型输入信号作用下，当时间 t 趋于无穷时，系统输出量的表现方式。稳态过程又称稳态响应，表示系统输出量最终复现输入量的程度，提供系统有关稳态误差的信息，这个信息就是稳态性能指标。

系统的稳态性能指标通常用稳态误差来描述，稳态误差是系统控制精度或抗扰能力的一种度量，将在后面章节中讨论。

3.3 一阶系统的时域分析

凡以一阶微分方程描述运动方程的控制系统,称为一阶系统。在工程实践中,一阶系统不乏其例。有些高阶系统的特性,常可用一阶系统的特性来近似表征。

3.3.1 一阶系统的数学模型

这里我们研究图 3-8(a)所示 RC 电路,其微分方程为

$$T\frac{dc(t)}{dt} + c(t) = r(t) \tag{3-13}$$

式中,$c(t)$ 为电路输出电压;$r(t)$ 为电路输入电压;$T = RC$ 为时间常数。当该电路的初始条件为零时,其传递函数为

$$\phi(s) = \frac{C(s)}{R(s)} = \frac{1}{Ts + 1} \tag{3-14}$$

相应的结构图如图 3-8(b)所示。可以证明,室温调节系统、恒温箱以及水位调节系统的闭环传递函数形式与式(3-14)完全相同,仅时间常数含义有所区别。因此,式(3-13)或式(3-14)称为一阶系统的数学模型。在以下的分析和计算中,均假设系统初始条件为零。

应当指出,具有同一运动方程或传递函数的所有线性系统,对同一输入信号的响应是相同的。当然,对于不同形式或不同功能的一阶系统,其响应特性的数学表达式具有不同的物理意义。

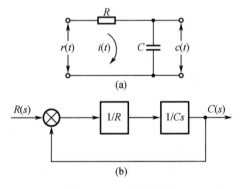

图 3-8 一阶控制系统

3.3.2 一阶系统的单位阶跃响应

设一阶系统的输入信号为单位阶跃函数 $r(t) = 1(t)$,则由式(3-14)可得一阶系统的单位阶跃响应为

$$c(t) = 1 - e^{-t/T}, \ t \geq 0 \tag{3-15}$$

由式(3-15)可见,一阶系统的单位阶跃响应是一条初始值为零,以指数规律上升到终值(c_{ss})= 1 的曲线,如图 3-9 所示。

图 3-9 一阶系统的单位阶跃响应曲线

图 3-9 表明,一阶系统的单位阶跃响应为非周期响应,具备如下两个重要特点。

(1)可用时间常数 T 去度量系统输出量的数值。例如,当 $t = T$ 时,$c(T) = 0.632$;而当 t 分别等于 $2T$、$3T$ 和 $4T$ 时,$c(t)$ 的数值将分别等于终值的 86.5%、95% 和 98.2%。根据这一特点,可用实验方法测定一阶系统的时间常数,或判定所测系统是否属于一阶系统。

(2)响应曲线的斜率初始值为 $1/T$,并随时间的推移而下降。例如:

$$\frac{\mathrm{d}c(t)}{\mathrm{d}t}\bigg|_{t=0} = \frac{1}{T}$$

$$\frac{\mathrm{d}c(t)}{\mathrm{d}t}\bigg|_{t=T} = 0.368\frac{1}{T}$$

$$\frac{\mathrm{d}c(t)}{\mathrm{d}t}\bigg|_{t=\infty} = 0$$

从而使单位阶跃响应完成全部变化量所需的时间无限长,即有 $c(\infty) = 1$。

此外,初始斜率特性,也是常用的确定一阶系统时间常数的方法之一。

根据动态性能指标的定义,一阶系统的动态性能指标为

$$t_\mathrm{r} = 2.20T$$

$$t_\mathrm{s} = 3T \ (\Delta = 5\%) \quad \text{或} \quad t_\mathrm{s} = 4T \ (\Delta = 2\%)$$

显然,峰值时间 t_p 和超调量 $\sigma\%$ 都不存在。

由于时间常数 T 反映系统的惯性,所以一阶系统的惯性越小,其响应越快;反之,惯性越大,响应越慢。

3.3.3　一阶系统的单位脉冲响应

当输入信号为理想单位脉冲函数时,由于 $R(s) = 1$,所以系统输出量的拉氏变换式与系统的传递函数相同,即

$$C(s) = \frac{1}{Ts + 1} \tag{3-16}$$

这时系统的输出称为脉冲响应,其表达式为

$$c(t) = \frac{1}{T}\mathrm{e}^{-t/T}, \ t \geqslant 0 \tag{3-17}$$

如果令 t 分别等于 T、$2T$、$3T$ 和 $4T$,可以绘出一阶系统的单位脉冲响应曲线,如图 3-10 所示。

由式(3-17)可以算出响应曲线的各处斜率为

$$\frac{\mathrm{d}c(t)}{\mathrm{d}t}\bigg|_{t=0} = -\frac{1}{T^2}$$

$$\frac{\mathrm{d}c(t)}{\mathrm{d}t}\bigg|_{t=T} = -0.368\frac{1}{T^2}$$

$$\frac{\mathrm{d}c(t)}{\mathrm{d}t}\bigg|_{t=\infty} = 0$$

图 3-10　一阶系统的单位脉冲响应曲线

由图 3-10 可见,一阶系统的脉冲响应为一单调下降的指数曲线。若定义该指数曲线衰减到其初始的 5% 所需的时间为脉冲响应调节时间,则仍有 $t_\mathrm{s} = 3T$。故系统的惯性越小,响应过程的快

速性越好。

在初始条件为零的情况下,一阶系统的闭环传递函数与脉冲响应函数之间,包含着相同的动态过程信息。这一特点同样适用于其他各阶线性定常系统,因此常以单位脉冲输入信号作用于系统,根据被测定系统的单位脉冲响应,可以求得被测系统的闭环传递函数。

鉴于工程上无法得到理想单位脉冲函数,因此常用具有一定脉宽 b 和有限幅度的矩形脉动函数来代替。为了得到近似度较高的脉冲响应函数,要求实际脉动函数的宽度 b 远小于系统的时间常数 T,一般规定 $b<0.1T$。

3.3.4　一阶系统的单位斜坡响应

设系统的输入信号为单位斜坡函数,则由式(3-14)可以求得一阶系统的单位斜坡响应为

$$c(t) = (t - T) + Te^{-t/T}, \ t \geqslant 0 \tag{3-18}$$

式中,$t-T$ 为稳态分量;$Te^{-t/T}$ 为瞬态分量。

式(3-18)表明:一阶系统的单位斜坡响应的稳态分量,是一个与输入斜坡函数的斜率相同但时间滞后 T 的斜坡函数,因此在位置上存在稳态跟踪误差,其值正好等于时间常数 T;一阶系统单位斜坡响应的瞬态分量为衰减非周期函数。

根据式(3-18)绘出的一阶系统的单位斜坡响应曲线如图3-11所示。比较图3-9和图3-11可以发现一个现象:在阶跃响应曲线中,输出量和输入量之间的位置误差随时间而减小,最后趋于零,而在初始状态下,位置误差最大,响应曲线的初始斜率也最大;在斜坡响应曲线中,输出量和输入量之间的位置误差

图3-11　一阶系统单位斜坡响应曲线

随时间而增大,最后趋于常值 T,惯性越小,跟踪的准确度越高,而在初始状态下,初始位置和初始斜率均为零,因为

$$\frac{dc(t)}{dt}\bigg|_{t=0} = 1 - e^{-t/T}\big|_{t=0} = 0 \tag{3-19}$$

显然,在初始状态下,输出速度和输入速度之间误差最大。

3.3.5　一阶系统的单位加速度响应

设系统的输入信号为单位加速度函数,则由式(3-14)可以求得一阶系统的单位加速度响应为

$$c(t) = \frac{1}{2}t^2 - Tt + T^2(1 - e^{-t/T}), \quad t \geqslant 0 \tag{3-20}$$

因此系统的跟踪误差为

$$e(t) = r(t) - c(t) = Tt - T^2(1 - e^{-t/T}) \tag{3-21}$$

上式表明,跟踪误差随时间推移而增大,直至无限大。因此,一阶系统不能实现对加速度输入函数的跟踪。

一阶系统对上述典型输入信号的响应归纳于表3-1之中。由表3-1可见，单位脉冲函数与单位阶跃函数的一阶导数及单位斜坡函数的二阶导数的等价关系，对应有单位脉冲响应与单位阶跃响应的一阶导数及单位斜坡响应的二阶导数的等价关系。

表3-1 一阶系统对典型输入信号的输出响应

输入信号	输出响应
$\delta(t)$	$\dfrac{1}{T}e^{-t/T}, t \geq 0$
$1(t)$	$1 - e^{-t/T}, t \geq 0$
t	$t - T + Te^{-t/T}, t \geq 0$
$\dfrac{1}{2}t^2$	$\dfrac{1}{2}t^2 - Tt + T^2(1 - e^{-t/T}), t \geq 0$

3.4 二阶系统的时域分析

3.4.1 二阶系统的典型形式

输入信号为 $r(t)$、输出信号为 $c(t)$ 的二阶系统微分方程的典型形式为

$$\ddot{c}(t) + 2\zeta\omega_n\dot{c}(t) + \omega_n^2 c(t) = \omega_n^2 r(t) \tag{3-22}$$

传递函数为

$$\frac{C(s)}{R(s)} = \frac{\omega_n^2}{s^2 + 2\zeta\omega_n s + \omega_n^2} \tag{3-23}$$

式中，ζ 称为阻尼比，$\zeta > 0$；ω_n 称为无阻尼自振角频率，$\omega_n > 0$。

式(3-23)的传递函数的特点是，分子为常数(没有零点)，且放大系数是1。

图3-12和图3-13所示单位反馈的闭环系统就具有上述典型形式。其中，$\omega_n = \sqrt{\dfrac{K}{T}}$，$\zeta = \dfrac{1}{2\sqrt{KT}}$。

图3-12 二阶系统(1)   图3-13 二阶系统(2)

由式(3-23)求得二阶系统的特征方程

$$s^2 + 2\zeta\omega_n s + \omega_n^2 = 0 \tag{3-24}$$

由上式解得二阶系统的两个特征根(即极点)为

$$s_{1,2} = -\zeta\omega_n \pm \omega_n\sqrt{\zeta^2 - 1} \tag{3-25}$$

随着阻尼比 ζ 取值的不同,二阶系统的特征根(极点)也不相同。下面逐一加以说明。

1. 欠阻尼(0< ζ <1)

当 0< ζ <1 时,两个特征根为

$$s_{1,2} = -\zeta\omega_n \pm j\omega_n\sqrt{1 - \zeta^2}$$

是一对共轭复数根,如图 3-14(a)所示。

2. 临界阻尼($\zeta = 1$)

当 $\zeta = 1$ 时,特征方程有两个相同的负实根,即

$$s_{1,2} = -\omega_n$$

此时的 s_1、s_2 如图 3-14(b)所示。

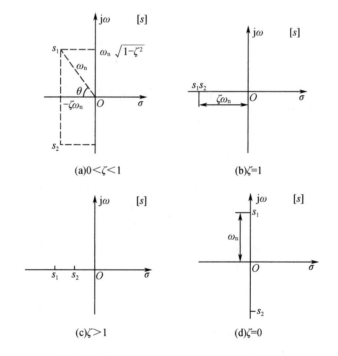

(a)0< ζ <1   (b) ζ =1

(c) ζ >1   (d) ζ =0

图 3-14 [s]平面上二阶系统的闭环极点分布

3. 过阻尼(ζ>1)

当 ζ>1 时,两个特征根为

$$s_{1,2} = -\zeta\omega_n \pm \omega_n\sqrt{\zeta^2 - 1}$$

是两个不同的负实根,如图 3-14(c)所示。

4. 无阻尼(ζ=0)

当 ζ=0 时,属于欠阻尼的特殊情况,特征方程具有一对共轭纯虚根,即 $s_{1,2} = \pm j\omega_n$,如图 3-14(d)所示。

下面研究二阶系统的过渡过程。无特殊说明时,系统的初始条件为零。

3.4.2　二阶系统的单位阶跃响应

令 $r(t) = 1(t)$，则有 $R(s) = \dfrac{1}{s}$，由式(3-27)求得二阶系统在单位阶跃函数作用下输出信号的拉氏变换

$$C(s) = \frac{\omega_n^2}{s^2 + 2\zeta\omega_n s + \omega_n^2} \cdot \frac{1}{s} \tag{3-26}$$

对上式进行拉氏逆变换,便得二阶系统的单位阶跃响应是

$$c(t) = L^{-1}\big[\, C(s) \,\big]$$

1. 欠阻尼状态($0 < \zeta < 1$)

这时,式(3-26)可以展成如下的部分分式:

$$
\begin{aligned}
C(s) &= \frac{1}{s} - \frac{s + 2\zeta\omega_n}{(s + \zeta\omega_n + j\omega_d)(s + \zeta\omega_n - j\omega_d)} \\
&= \frac{1}{s} - \frac{s + \zeta\omega_n}{(s + \zeta\omega_n)^2 + \omega_d^2} - \frac{\zeta\omega_n}{\omega_d} \cdot \frac{\omega_d}{(s + \zeta\omega_n)^2 + \omega_d^2}
\end{aligned} \tag{3-27}
$$

式中,$\omega_d = \omega_n\sqrt{1 - \zeta^2}$,称为有阻尼自振角频率。

对式(3-27)进行拉氏逆变换,得

$$
\begin{aligned}
c(t) &= 1 - e^{-\zeta\omega_n t}\cos\omega_d t - \frac{\zeta\omega_n}{\omega_d} \cdot e^{-\zeta\omega_n t}\sin\omega_d t \qquad (t \geqslant 0) \\
&= 1 - e^{-\zeta\omega_n t}\Big(\cos\omega_d t + \frac{\zeta}{\sqrt{1 - \zeta^2}}\sin\omega_d t\Big)
\end{aligned} \tag{3-28}
$$

上式还可改写为

$$
\begin{aligned}
c(t) &= 1 - \frac{e^{-\zeta\omega_n t}}{\sqrt{1 - \zeta^2}}\big(\sqrt{1 - \zeta^2}\cos\omega_d t + \zeta\sin\omega_d t\big) \qquad (t \geqslant 0) \\
&= 1 - \frac{e^{-\zeta\omega_n t}}{\sqrt{1 - \zeta^2}}\sin(\omega_d t + \phi)
\end{aligned} \tag{3-29}
$$

式中 ϕ 如图 3-15 所示,且有

$$\phi = \arctan\frac{\sqrt{1 - \zeta^2}}{\zeta} = \arccos\zeta \tag{3-30}$$

单位阶跃响应中,稳态分量 $c_s(t) = 1$,瞬态分量为

$$c_t(t) = -\frac{e^{-\zeta\omega_n t}}{\sqrt{1 - \zeta^2}}\sin(\omega_d t + \phi) \tag{3-31}$$

由式(3-29)可知,$0 < \zeta < 1$ 时的单位阶跃响应是衰减的正弦振荡曲线,见图 3-16。衰减速度取决于特征根实部绝对值 $\zeta\omega_n$ 的大小,振荡的角频率是特征根虚部的绝对值,即有阻尼自振角频率 ω_d,振荡周期为

$$T_d = \frac{2\pi}{\omega_d} = \frac{2\pi}{\omega_n\sqrt{1 - \zeta^2}} \tag{3-32}$$

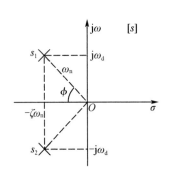

图 3-15　二阶系统极点及 ϕ 角

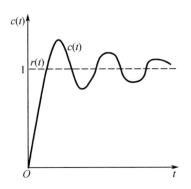

图 3-16　二阶系统的单位阶跃响应
（欠阻尼状态）

2. 无阻尼状态（$\zeta = 0$）

当 $\zeta = 0$ 时，可求得

$$c(t) = 1 - \cos \omega_n t \quad (t \geqslant 0) \tag{3-33}$$

可见，无阻尼（$\zeta = 0$）时二阶系统的阶跃响应是等幅正（余）弦振荡曲线，见图 3-17。振荡角频率是 ω_n。$\omega_d = \omega_n \sqrt{1 - \zeta^2}$，故 $\omega_d < \omega_n$，且随着 ζ 值增大，ω_d 将减小。

3. 临界阻尼状态（$\zeta = 1$）

这时，由式（3-26）可得

$$C(s) = \frac{\omega_n^2}{s(s + \omega_n)^2} = \frac{1}{s} - \frac{\omega_n}{(s + \omega_n)^2} - \frac{1}{s + \omega_n} \tag{3-34}$$

对上式进行拉氏逆变换，得

$$c(t) = 1 - (\omega_n t + 1) e^{-\omega_n t} \quad (t \geqslant 0) \tag{3-35}$$

二阶系统阻尼比 $\zeta = 1$ 时的单位阶跃响应是一条无超调的单调上升的曲线，如图 3-17 所示。

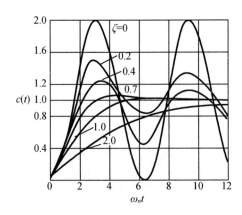

图 3-17　二阶系统的单位阶跃响应曲线

4. 过阻尼状态（$\zeta > 1$）

这时，二阶系统具有两个不相同的负实根，即

$$s_1 = -\left(\zeta + \sqrt{\zeta^2 - 1}\right)\omega_n$$

$$s_2 = -\left(\zeta - \sqrt{\zeta^2 - 1}\right)\omega_n$$

式(3-26)可以写成

$$C(s) = \frac{s_1 s_2}{(s - s_1)(s - s_2)} \cdot \frac{1}{s} = \frac{1}{s} + \frac{A_1}{s - s_1} + \frac{A_2}{s - s_2}$$

$$= \frac{1}{s} + \frac{1}{2\sqrt{\zeta^2 - 1}\left(\zeta + \sqrt{\zeta^2 - 1}\right)} \cdot \frac{1}{s + \zeta\omega_n + \omega_n\sqrt{\zeta^2 - 1}} - $$

$$\frac{1}{2\sqrt{\zeta^2 - 1}\left(\zeta - \sqrt{\zeta^2 - 1}\right)} \cdot \frac{1}{s + \zeta\omega_n - \omega_n\sqrt{\zeta^2 - 1}} \qquad (3-36)$$

取上式的拉氏逆变换,得

$$c(t) = 1 + \frac{1}{2\sqrt{\zeta^2 - 1}\left(\zeta + \sqrt{\zeta^2 - 1}\right)}e^{-\left(\zeta + \sqrt{\zeta^2 - 1}\right)\omega_n t}$$

$$- \frac{1}{2\sqrt{\zeta^2 - 1}\left(\zeta - \sqrt{\zeta^2 - 1}\right)}e^{-\left(\zeta - \sqrt{\zeta^2 - 1}\right)\omega_n t}$$

$$= 1 + \frac{\omega_n}{2\sqrt{\zeta^2 - 1}}\left(\frac{e^{s_1 t}}{-s_1} - \frac{e^{s_2 t}}{-s_2}\right) \qquad (t \geq 0) \qquad (3-37)$$

显然,这时系统的过渡过程$c(t)$包含着两个衰减的指数项,其过渡过程曲线见图3-17。此时的二阶系统就是两个一阶环节串联。分析还表明,当$\zeta \geq 2$时,两个极点s_1和s_2与虚轴的距离相差很大。与虚轴近的极点所对应的一阶环节的时间响应与原二阶系统非常相近。此时二阶系统可用该一阶系统代替。

不同阻尼比的二阶系统的单位阶跃响应曲线见图3-17。由该图可看出,随着阻尼比ζ的减小,阶跃响应的振荡程度加重。$\zeta = 0$时是等幅振荡。当$\zeta \geq 1$时,阶跃响应是无振荡的单调上升曲线,其中以$\zeta = 1$时的过渡过程时间t_s最短。在欠阻尼($0 < \zeta < 1$)状态,当$0.4 < \zeta < 0.8$时,过渡过程时间t_s比$\zeta = 1$时更短,振荡也不严重。因此在控制工程中,除了那些不容许产生超调和振荡的情况外,通常希望二阶系统工作在$0.4 < \zeta < 0.8$的欠阻尼状态。

3.4.3　二阶欠阻尼系统的动态性能指标

下面推导式(3-23)所示二阶欠阻尼系统的动态性能指标计算公式。它们适用于传递函数分子为常数的二阶系统。

1. 上升时间t_r的计算

根据定义,当$t = t_r$时,$c(t_r) = 1$。由式(3-28)得

$$c(t_r) = 1 - e^{-\zeta\omega_n t_r}\left(\cos \omega_d t_r + \frac{\zeta}{\sqrt{1 - \zeta^2}}\sin \omega_d t_r\right) = 1$$

即$e^{-\zeta\omega_n t_r}\left(\cos \omega_d t_r + \dfrac{\zeta}{\sqrt{1 - \zeta^2}}\sin \omega_d t_r\right) = 0$,因为$e^{-\zeta\omega_n t_r} \neq 0$,所以

$$\cos \omega_d t_r + \frac{\zeta}{\sqrt{1 - \zeta^2}}\sin \omega_d t_r = 0 \quad 或 \quad \tan \omega_d t_r = \frac{\omega_n\sqrt{1 - \zeta^2}}{-\zeta\omega_n} = \frac{\omega_d}{-\zeta\omega_n}$$

由图 3-15 得, $\tan \omega_d t_r = \tan(\pi - \phi)$, 因此, 上升时间为

$$t_r = \frac{\pi - \phi}{\omega_d} = \frac{\pi - \phi}{\omega_n \sqrt{1 - \zeta^2}} \qquad (3-38)$$

2. 峰值时间 t_p 的计算

将式(3-29)对时间求导, 并令其等于零, 即 $\left.\dfrac{dc(t)}{dt}\right|_{t=t_p} = 0$, 得

$$\frac{\zeta \omega_n e^{-\zeta \omega_n t_p}}{\sqrt{1-\zeta^2}}\sin(\omega_d t_p + \phi) - \frac{\omega_d e^{-\zeta \omega_n t_p}}{\sqrt{1-\zeta^2}}\cos(\omega_d t_p + \phi) = 0$$

整理得

$$\sin(\omega_d t_p + \phi) = \frac{\sqrt{1-\zeta^2}}{\zeta}\cos(\omega_d t_p + \phi)$$

将上式变换为 $\tan(\omega_d t_p + \phi) = \tan \phi$。 所以, $\omega_d t_p = 0, \pi, 2\pi, 3\pi, \cdots$。 由于峰值时间 t_p 是过渡过程 $c(t)$ 达到第一个峰值所对应的时间, 故取 $\omega_d t_p = \pi$, 考虑到式(3-32), 有

$$t_p = \frac{\pi}{\omega_d} = \frac{\pi}{\omega_n \sqrt{1-\zeta^2}} = \frac{1}{2}T_d \qquad (3-39)$$

3. 最大超调 σ_p 的计算

由定义及式(3-28)可得

$$\sigma_p = \frac{c(t_p) - c(\infty)}{c(\infty)} \times 100\% = -e^{-\zeta \omega_n t_p}\left(\cos \omega_d t_p + \frac{\zeta}{\sqrt{1-\zeta^2}}\sin \omega_d t_p\right) \times 100\%$$

$$= -e^{-\zeta \omega_n t_p}\left(\cos \pi + \frac{\zeta}{\sqrt{1-\zeta^2}}\sin \pi\right) \times 100\% = e^{-\zeta \omega_n t_p} \times 100\%$$

即

$$\sigma_p = e^{-\zeta \pi / \sqrt{1-\zeta^2}} \times 100\% = e^{-\pi \cot \phi} \qquad (3-40)$$

4. 过渡过程时间 t_s 的计算

由式(3-29)可知, 二阶欠阻尼系统单位阶跃响应曲线 $c(t)$ 位于一对曲线 $1 \pm \dfrac{e^{-\zeta \omega_n t}}{\sqrt{1-\zeta^2}}$ 之内, 这对曲线就称为响应曲线的包络线。 可见, 可以采用包络线代替实际响应曲线估算过渡过程时间 t_s, 所得结果一般略偏大。 若允许误差带是 Δ, 可认为 t_s 就是包络线衰减到 Δ 区域所需的时间, 则有

$$\frac{e^{-\zeta \omega_n t_s}}{\sqrt{1-\zeta^2}} = \Delta$$

解得

$$t_s = \frac{1}{\zeta \omega_n}\left(\ln \frac{1}{\Delta} + \ln \frac{1}{\sqrt{1-\zeta^2}}\right) \qquad (3-41)$$

若取 $\Delta = 5\%$, 并忽略 $\ln \dfrac{1}{\sqrt{1-\zeta^2}}(0 < \zeta < 0.9)$ 时, 则得

$$t_s \approx \frac{3}{\zeta \omega_n} \tag{3-42}$$

若取 $\Delta = 2\%$，并忽略 $\ln \dfrac{1}{\sqrt{1-\zeta^2}}$，则得

$$t_s \approx \frac{4}{\zeta \omega_n} \tag{3-43}$$

5. 振荡次数 N 的计算

根据振荡次数的定义，有

$$N = \frac{t_s}{T_d} = \frac{t_s}{2t_p} \tag{3-44}$$

当 $\Delta = 2\%$ 时，$t_s \approx \dfrac{4}{\zeta \omega_n}$，则有

$$N = \frac{2\sqrt{1-\zeta^2}}{\pi \zeta} \tag{3-45}$$

当 $\Delta = 5\%$ 时，$t_s \approx \dfrac{3}{\zeta \omega_n}$，则有

$$N = \frac{1.5\sqrt{1-\zeta^2}}{\pi \zeta} \tag{3-46}$$

若已知 σ_p，考虑到 $\sigma_p = e^{-\pi\zeta / \sqrt{1-\zeta^2}}$，即

$$\ln \sigma_p = -\frac{\pi \zeta}{\sqrt{1-\zeta^2}} \tag{3-47}$$

求得振荡次数 N 与最大超调 σ_p 的关系为

$$N = \frac{-2}{\ln \sigma_p} \quad (\Delta = 2\%) \tag{3-48}$$

$$N = \frac{-1.5}{\ln \sigma_p} \quad (\Delta = 5\%) \tag{3-49}$$

由以上各式可知，σ_p 与 N 只与阻尼比 ζ 有关，与 ω_n 无关。σ_p 与 ζ 的关系曲线见图 3-18。当 $0.4 < \zeta < 0.8$ 时，$25\% > \sigma_p > 1.5\%$。由图 3-18 还可知，t_s 及瞬态分量衰减速度取决于极点的实部，阻尼比 ζ 和 σ_p 取决于角 ϕ。t_r、t_p、t_s 与 ζ 及 ω_n 都有关。设计二阶系统时，可以先根据对 σ_p 的要求求出 ζ，再根据对 t_s 等指标的要求确定 ω_n。

3.4.4 二阶系统时域分析计算举例

【例 3-1】 二阶系统如图 3-12 所示，其中 $\zeta = 0.6$，$\omega_n = 5$ rad/s。当 $r(t) = 1(t)$ 时，求性能指标 t_r、t_p、t_s、σ_p 和 N 的数值。

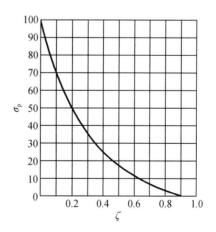

图 3-18 σ_p 与 ζ 的关系曲线

解：$\sqrt{1-\zeta^2}=\sqrt{1-0.6^2}=0.8,\omega_{\mathrm{d}}=\omega_{\mathrm{n}}\sqrt{1-\zeta^2}=5\times0.8=4$

$$\zeta\omega_{\mathrm{n}}=0.6\times5=3,\phi=\arctan\frac{\sqrt{1-\zeta^2}}{\zeta}=\arctan\frac{0.8}{0.6}=0.93~\mathrm{rad}$$

$$t_{\mathrm{r}}=\frac{\pi-\phi}{\omega_{\mathrm{d}}}=\frac{\pi-0.93}{4}=0.55~\mathrm{s}~,~t_{\mathrm{p}}=\frac{\pi}{\omega_{\mathrm{d}}}=\frac{3.14}{4}=0.785~\mathrm{s}$$

$$\sigma_{\mathrm{p}}=\mathrm{e}^{-\frac{\pi\zeta}{\sqrt{1-\zeta^2}}}\times100\%=\mathrm{e}^{-\frac{3.14\times0.6}{0.8}}\times100\%=9.5\%$$

$$t_{\mathrm{s}}\approx\frac{3}{\zeta\omega_{\mathrm{n}}}=1~\mathrm{s}\quad(\Delta=5\%)$$

$$t_{\mathrm{s}}\approx\frac{4}{\zeta\omega_{\mathrm{n}}}=1.33~\mathrm{s}\quad(\Delta=2\%)$$

根据式（3-45）及式（3-46）有

$$N=\frac{t_{\mathrm{s}}}{2t_{\mathrm{p}}}=\frac{1.33}{2\times0.785}\approx0.8\quad(\Delta=2\%)$$

$$N=\frac{t_{\mathrm{s}}}{2t_{\mathrm{p}}}=\frac{1}{2\times0.785}\approx0.6\quad(\Delta=5\%)$$

【例 3-2】 设一个带速度反馈的伺服控制系统，其框图如图 3-19 所示。要求系统的性能指标为 $\sigma_{\mathrm{p}}=$ 20%，$t_{\mathrm{p}}=1$ s。试确定系统的 K 值和 K_A 值，并计算性能指标 t_{r}、t_{s} 及 N 的值。

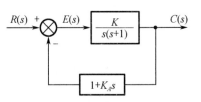

图 3-19 控制系统框图

解：首先，根据要求的 σ_{p} 求取相应的阻尼比 ζ，

由 $\sigma_{\mathrm{p}}=\mathrm{e}^{-\frac{\pi\zeta}{\sqrt{1-\zeta^2}}}$，可得 $\dfrac{\pi\zeta}{\sqrt{1-\zeta^2}}=\ln\dfrac{1}{\sigma_{\mathrm{p}}}=\ln\dfrac{1}{0.2}\approx1.61$

解得 $\zeta=0.456$

其次，由已知条件 $t_{\mathrm{p}}=1$ s 及已求出的 $\zeta=0.456$ 求无阻尼自振角频率 ω_{n}，即

$$t_{\mathrm{p}}=\frac{\pi}{\omega_{\mathrm{n}}\sqrt{1-\zeta^2}}$$

解得 $$\omega_{\mathrm{n}}=\frac{\pi}{t_{\mathrm{p}}\sqrt{1-\zeta^2}}=3.53~\mathrm{rad/s}$$

将此二阶系统的闭环传递函数与典型形式进行比较，求 K 及 K_A 值。由图 3-19 得

$$\frac{C(s)}{R(s)}=\frac{K}{s^2+(1+KK_A)s+K}=\frac{\omega_{\mathrm{n}}^2}{s^2+2\zeta\omega_{\mathrm{n}}s+\omega_{\mathrm{n}}^2}$$

比较上式两端，得

$$\omega_{\mathrm{n}}^2=K,~2\zeta\omega_{\mathrm{n}}=1+KK_A$$

所以 $$K=\omega_{\mathrm{n}}^2=3.53^2=12.5$$

$$K_A=\frac{2\zeta\omega_{\mathrm{n}}-1}{K}=0.178$$

最后计算 t_{r}、t_{s} 及 N

$$t_r = \frac{\pi - \varphi}{\omega_n \sqrt{1 - \zeta^2}}$$

式中
$$\varphi = \arctan \frac{\sqrt{1 - \zeta^2}}{\zeta} = 1.1 \text{ rad}$$

解得
$$t_r = 0.65 \text{ s}$$

$$t_s = \frac{3}{\zeta \omega_n} = 1.86 \text{ s} \quad (\text{取} \Delta = 5\%)$$

$$N = \frac{t_s}{2t_p} = 0.93 \text{ 次} \quad (\text{取} \Delta = 5\%)$$

$$t_s = \frac{4}{\zeta \omega_n} = 2.48 \text{ s} \quad (\text{取} \Delta = 2\%)$$

$$N = \frac{t_s}{2t_p} = 1.2 \text{ 次} \quad (\text{取} \Delta = 2\%)$$

3.4.5 二阶系统的单位冲激响应

令 $r(t) = \delta(t)$，则有 $R(s) = 1$。因此，对于具有式(3-23)的传递函数的二阶系统，输出信号的拉氏变换式为

$$C(s) = \frac{\omega_n^2}{s^2 + 2\zeta \omega_n s + \omega_n^2}$$

取上式的拉氏逆变换，或者通过单位阶跃响应对时间求导数，就可得到下列各种情况下的单位冲激响应。

欠阻尼$(0 < \zeta < 1)$时的单位冲激响应为

$$g(t) = c(t) = \frac{\omega_n}{\sqrt{1 - \zeta^2}} e^{-\zeta \omega_n t} \sin \omega_n \sqrt{1 - \zeta^2}\, t \quad (t \geqslant 0) \tag{3-50}$$

无阻尼$(\zeta = 0)$时的单位冲激响应为
$$g(t) = c(t) = \omega_n \sin \omega_n t \quad (t \geqslant 0) \tag{3-51}$$

临界阻尼$(\zeta = 1)$时的单位冲激响应为
$$g(t) = c(t) = \omega_n^2 t e^{-\omega_n t} \quad (t \geqslant 0) \tag{3-52}$$

过阻尼$(\zeta > 1)$时的单位冲激响应为

$$g(t) = c(t) = \frac{\omega_n}{2\sqrt{\zeta^2 - 1}} \left[e^{-(\zeta - \sqrt{\zeta^2 - 1})\omega_n t} - e^{-(\zeta + \sqrt{\zeta^2 - 1})\omega_n t} \right] (t \geqslant 0) \tag{3-53}$$

3.4.6 二阶系统的单位斜坡响应

令 $r(t) = t$，则有 $R(s) = \frac{1}{s^2}$，单位斜坡响应的拉氏变换式为

$$C(s) = \frac{\omega_n^2}{s^2 + 2\zeta \omega_n s + \omega_n^2} \cdot \frac{1}{s} \tag{3-54}$$

1. 欠阻尼$(0<\zeta<1)$时的单位斜坡响应

这时,式(3-54)可以展成如下的部分分式:

$$C(s)=\frac{1}{s^2}-\frac{\dfrac{2\zeta}{\omega_n}}{s}+\frac{\dfrac{2\zeta}{\omega_n}(s+\zeta\omega_n)+(2\zeta^2-1)}{s^2+2\zeta\omega_n s+\omega_n^2}$$

取上式的拉氏逆变换得

$$c(t)=t-\frac{2\zeta}{\omega_n}+e^{-\zeta\omega_n t}\left[\frac{2\zeta}{\omega_n}\cos\omega_d t+\frac{2\zeta^2-1}{\omega_n\sqrt{1-\zeta^2}}\sin\omega_d t\right]$$

$$=t-\frac{2\zeta}{\omega_n}+\frac{e^{-\zeta\omega_n t}}{\omega_n\sqrt{1-\zeta^2}}\sin\left[\omega_d t+\arctan\frac{2\zeta\sqrt{1-\zeta^2}}{2\zeta^2-1}\right]\quad(t\geqslant 0)\qquad(3-55)$$

式中
$$\omega_d=\omega_n\sqrt{1-\zeta^2}$$

$$\arctan\frac{2\zeta\sqrt{1-\zeta^2}}{2\zeta^2-1}=2\arctan\frac{\sqrt{1-\zeta^2}}{\zeta}=2\phi$$

2. 临界阻尼$(\zeta=1)$时的单位斜坡响应

对于临界阻尼情况,式(3-54)可以展成如下的部分分式:

$$C(s)=\frac{1}{s^2}-\frac{\dfrac{2}{\omega_n}}{s}+\frac{1}{(s+\omega_n)^2}+\frac{\dfrac{2}{\omega_n}}{s+\omega_n}$$

对上式取拉氏逆变换得

$$c(t)=t-\frac{2}{\omega_n}+\frac{2}{\omega_n}\left(1+\frac{\omega_n}{2}t\right)e^{-\omega_n t}\quad(t\geqslant 0)\qquad(3-56)$$

3. 过阻尼$(\zeta>1)$时的单位斜坡响应

$$c(t)=t-\frac{2\zeta}{\omega_n}-\frac{2\zeta^2-1-2\zeta\sqrt{\zeta^2-1}}{2\omega_n\sqrt{\zeta^2-1}}e^{-(\zeta+\sqrt{\zeta^2-1})\omega_n t}$$

$$+\frac{2\zeta^2-1+2\zeta\sqrt{\zeta^2-1}}{2\omega_n\sqrt{\zeta^2-1}}e^{-(\zeta-\sqrt{\zeta^2-1})\omega_n t}\quad(t\geqslant 0)\qquad(3-57)$$

3.5　高阶系统的时域分析

　　高于二阶的系统称为高阶系统,严格地说,实际的系统大多数都是高阶系统。对于高阶系统进行理论上的定量分析一般是复杂而又困难的。数字仿真是分析高阶系统时间响应最有效的方法。这里仅对高阶系统时间响应进行简要的说明。

　　高阶系统的时间响应也可分为稳态分量和瞬态分量两大部分。稳态分量时间响应项由输入信号拉氏变换式的极点决定,即由输入信号决定,它们与输入信号的形式相同或相似。瞬态分量就是系统的自由运动模态,它们的形式由传递函数极点决定,和一阶系统、二阶系统瞬态分量的形式是一样的。

　　关于时间响应的瞬态分量,有以下结论。

（1）瞬态分量的各个运动模态衰减的快慢,取决于对应的极点与虚轴的距离,离虚轴越远的极点对应的运动模态衰减得越快。

（2）各模态所对应的系数和初相角取决于零、极点的分布。若某一极点越靠近零点,且远离其他极点和原点,则相应的系数越小。若一对零、极点相距很近,该极点对应的系数就非常小。若某一极点远离零点,它越靠近原点或其他极点,则相应的系数越大。

（3）系统的零点和极点共同决定了系统响应曲线的形状。对系数很小的运动模态或远离虚轴衰减很快的运动模态可以忽略,这时高阶系统就近似为较低阶的系统。

（4）高阶系统中离虚轴最近的极点,如果它与虚轴的距离比其他极点的距离的 1/5 还小,并且该极点附近没有零点,则可以认为系统的响应主要由该极点决定。这种对系统响应起主作用的极点称为系统的主导极点。非主导极点所对应的时间响应在上升时间 t_r 之前能基本衰减完毕,只影响 $0 \sim t_r$ 一段的响应曲线,对过渡过程时间 t_s 等性能指标基本无影响。主导极点可以是一个实数,更常常是一对共轭复数。具有一对共轭复数主导极点的高阶系统可当作二阶系统来分析。

（5）非零初始条件下高阶系统的响应同样可以认为由两部分组成:零初始条件下输入信号产生的响应,与零输入时由非零初始条件引起的响应。其中纯粹由初始条件引起的响应又称零输入响应,它是系统所有运动模态的线性组合。

3.6 线性系统的稳定性分析

稳定性是控制系统的重要性能,是系统能够正常工作的首要条件。因此,分析系统的稳定性,并提出保证系统稳定的条件,是设计控制系统的基本任务之一,在自动控制理论中占有极其重要的位置。

一个控制系统,如果受到外界因素或自身内部的干扰(例如负载的波动、系统参数的变化等),就可能会偏离原来的正常工作状态,并且可能会越偏越远,而在扰动消失后,也不能恢复到原来状态,这类现象称为系统的不稳定现象。显然,一个不稳定的系统是无法工作的,也没有任何实用价值。

对于控制系统的分析来说,主要有时域分析和频域分析两种方法,所以,研究系统的稳定性,也要根据这两种情况来考虑。本章主要从时域的角度分析线性系统稳定性。

3.6.1 控制系统稳定性的基本概念

稳定的最基本含义是稳固安定、没有变动。稳定的概念可以延伸到工作和生活的各个领域,如人类情绪的稳定、物质化学特性的稳定、物价的稳定、水面液位的稳定、车辆的稳定,等等。对于一个系统来说,一旦受到扰动的作用,就会使系统偏离原来的平衡状态,产生一定的初始偏差。所谓系统的稳定性,就是指作用到系统的扰动消失后,系统由初始偏差状态恢复到原来平衡状态的性能。

为了便于理解稳定性的基本概念,我们通过一个例子来说明,如图 3-20 所示。

图 3-20 所示为一单摆,将其放置在重力环境中,在没有任何外力的情况下,它会由于重力的作用而垂直向下,停在图中所示的 A 点位置。如果用手将单摆推到 B 点的位置,一

且松手,它会在 B 点和 C 点之间来回摆动,而且由于重力的作用,其摆动的幅度会越来越小,最后仍然会停留在 A 点位置。这里,单摆在 A 点可以长时间停留,即使受到外力作用,一旦外力消失,经过一小段时间后,单摆仍可以再次停在 A 点,因此,可以称 A 点是单摆的一个平衡位置。而单摆在 B 点和 C 点是无法停留的,因此,B 点和 C 点不是平衡位置。

图 3-20　单摆

上面的例子,可以延伸到控制系统。对于一个控制系统来说,同样存在平衡位置。假设一个系统原来处于平衡工作状态,在某一时刻突然受到外部扰动的作用而偏离了原平衡状态,那么当外部扰动消失后,系统能否再次回到原来的平衡状态就反映了其稳定性。如果经过一段过渡过程之后,系统仍然能够恢复到原来的平衡状态,则称系统是稳定的;反之,则称系统是不稳定的。

需要说明的是,上述稳定性的概念其实是指平衡状态稳定性,它是由俄国学者李雅普诺夫(Lyapunov)于 1892 年提出的。而我们在分析线性系统的稳定性时,一般关心的是系统的运动稳定性。严格上来说,两者并不是同一回事,但是对于线性系统而言,运动稳定性和平衡状态稳定性是等价的。

李雅普诺夫稳定性理论的内容为:如果系统受到有界扰动,不论扰动引起的初始偏差有多大,当扰动消失后,系统都能以足够的准确度恢复到初始平衡状态,则这种系统称为大范围稳定的系统;如果系统受到有界扰动后,只有在扰动引起的初始偏差小于某一范围时,系统才能在扰动消失后恢复到初始平衡状态,否则就不能恢复到初始平衡状态,则这样的系统称为小范围稳定的系统。

根据李雅普诺夫稳定性的观点,假设系统有一个平衡工作点,在此工作点,当输入信号为零时,系统的输出信号也为零。当有扰动信号作用于系统后,系统的输出量将偏离原平衡工作点,即出现输出量增量(或称动态过程)。扰动信号消失后,输出量增量的变化情况即可反映系统稳定性的情况。如果输出量增量随时间变化而趋近于零,则系统是稳定的,反之则是不稳定的。

对于稳定的线性系统,它必然在大范围内和小范围内都能稳定,只有非线性系统才可能出现在小范围内稳定而在大范围内不稳定的情况。因此,根据李雅普诺稳定性理论,线性控制系统的稳定性可以叙述如下:若线性控制系统在初始扰动的作用下,其动态过程随时间的推移逐渐衰减,并趋于零(即原平衡工作点),则称系统渐近稳定,简称稳定;若在初始扰动作用下,系统的动态过程随时间的推移而发散,则称系统不稳定。

3.6.2　线性定常系统稳定性的充分必要条件

由 3.6.1 节所述,当线性定常系统的输入信号 $r(t)=0$ 时,则输出信号 $c(t)=0$,即为系统的平衡工作点。当有扰动信号作用于系统时,系统的输出就会产生偏差,也就是说,会使得 $c(t)$ 不再为零。假设扰动信号消失的时间为 $t=0$ 时刻,那么如果系统稳定,则输出 $c(t)$ 会随着时间的推移而逐渐回到原平衡工作点,也就是 $c(t)=0$ 的位置,即满足

$$\lim_{t \to \infty} c(t) = 0 \qquad\qquad (3-58)$$

通过以上分析,可以求出线性定常系统稳定的充分必要条件。

设 n 阶线性定常系统的微分方程为

$$a_0 \frac{\mathrm{d}^n c(t)}{\mathrm{d}t^n} + a_1 \frac{\mathrm{d}^{n-1} c(t)}{\mathrm{d}t^{n-1}} + \cdots + a_{n-1} \frac{\mathrm{d}c(t)}{\mathrm{d}t} + a_n c(t)$$

$$= b_0 \frac{\mathrm{d}^m r(t)}{\mathrm{d}t^m} + b_1 \frac{\mathrm{d}^{m-1} r(t)}{\mathrm{d}t^{-1m}} + \cdots + b_{m-1} \frac{\mathrm{d}r(t)}{\mathrm{d}t} + b_m r(t) \quad (m \leq n) \tag{3-59}$$

若初始条件为零,对式(3-59)进行拉氏变换,得

$$C(s) = \frac{b_0 s^m + b_1 s^{m-1} + \cdots + b_{m-1} s + b_m}{a_0 s^n + a_1 s^{n-1} + \cdots + a_{n-1} s + a_n} R(s) \tag{3-60}$$

系统的闭环传递函数为

$$\Phi(s) = \frac{C(s)}{R(s)} = \frac{b_0 s^m + b_1 s^{m-1} + \cdots + b_{m-1} s + b_m}{a_0 s^n + a_1 s^{n-1} + \cdots + a_{n-1} s + a_n} \tag{3-61}$$

若考虑初始条件不为零,对式(3-59)进行拉氏变换,得

$$C(s) = \frac{b_0 s^m + b_1 s^{m-1} + \cdots + b_{m-1} s + b_m}{a_0 s^n + a_1 s^{n-1} + \cdots + a_{n-1} s + a_n} R(s) + \frac{N_0(s)}{a_0 s^n + a_1 s^{n-1} + \cdots + a_{n-1} s + a_n} \tag{3-62}$$

式中,$N_0(s)$ 是与初始条件 $c^{(i)}(0)$ $(i=0,1,2,\cdots,n-1)$ 有关的 s 的多项式。根据稳定性的定义,应该研究的是输入信号没有作用的情况下系统的时间响应。因此,可以取 $R(s) = 0$,则式(3-62)可变为

$$C_0(s) = \frac{N_0(s)}{D(s)} \tag{3-63}$$

式中,为 $C_0(s)$ 为在初始状态影响下系统的时间响应(即零输入响应);$D(s) = a_0 s^n + a_1 s^{n-1} + \cdots + a_{n-1} s + a_n$ 称为系统的特征多项式,也是系统闭环传递函数的分母多项式;$D(s) = 0$ 称为系统的特征方程。

由此可知,$C_0(s)$ 的极点也是系统闭环传递函数的极点,称为系统的特征根。

设系统特征方程 $D(s) = 0$ 的根(即系统的特征根)为 p_i,其中 p_i 可以为单根、重根、实根或复根,则式(3-63)可变换为

$$C_0(s) = \frac{N_0(s)}{\prod\limits_{i=1}^{q} (s - p_i) \prod\limits_{k=1}^{r} (s^2 + 2\zeta_k \omega_k s + \omega_k^2)}$$

$$= \sum_{i=1}^{q} \frac{A_i}{s - p_i} + \sum_{k=1}^{r} \frac{B_k + C_k}{s^2 + 2\zeta_k \omega_k s + \omega_k^2} \tag{3-64}$$

式中,$q + 2r = n$,A_k、B_k、C_k 为待定系数。

对式(3-64)进行拉氏逆变换,可得系统的零输入响应为

$$c(t) = \sum_{i=1}^{q} A_i \mathrm{e}^{p_i t} + \sum_{k=1}^{r} B_k \mathrm{e}^{-\zeta_k \omega_k t} \cos\left(\omega_k \sqrt{1 - \zeta_k^2}\, t\right)$$

$$+ \sum_{k=1}^{r} \frac{C_k - B_k \zeta_k \omega_k}{\omega_k \sqrt{1 - \zeta_k^2}} \mathrm{e}^{-\zeta_k \omega_k t} \sin\left(\omega_k \sqrt{1 - \zeta_k^2}\, t\right) \tag{3-65}$$

根据稳定性的定义,若要系统稳定,则需满足当时间 t 趋于无穷时,系统的输出 $c(t)$ 趋

于零。由式(3-65)可以看出,如果想要使$c(t)$趋于零,需要满足$p_i<0$,即系统的特征根是负的,无论是实根还是共轭复根。如果在系统的特征方程中,只要含有一个或一个以上的正实根或正实部的复根,则系统就不会再次回到原平衡状态,系统就是不稳定的。

由此可知,线性定常系统稳定的充分必要条件是:系统的特征根全都具有负实部,或者说闭环传递函数的极点全部分布在复平面的左半部。

对于系统的稳定性,需要强调以下几点。

(1)线性系统的稳定性是其本身的固有特性,它只与系统自身的结构和参数有关,与初始条件和外界输入信号无关。

(2)对于线性定常系统来说,如果系统不稳定,那么对其数学模型而言,其输出信号将随时间的推移而无限增大;但是对实际的物理系统来说,如果系统不稳定,其物理变量不会无限增大,而是要受到非线性因素的影响和限制,往往会形成大幅度的等幅振荡,或者趋于所能达到的最大值。

(3)系统的特征根中,如果存在实部为零的根(即位于虚轴上),而其余的根都具有负实部,则称系统为临界稳定。此时系统的输出信号会出现等幅振荡,振荡的角频率就是此实部为零的根(纯虚根)的正虚部。如果存在零根,那么输出信号将是常数。在工程中,临界稳定属于不稳定,因为系统参数的一个非常微小的变化就会使特征根具有正实部,从而导致系统不稳定。

3.6.3 劳斯稳定判据

上述的线性定常系统稳定的充分必要条件是判定系统是否稳定的方法之一,它需要求解系统特征方程的根,也就是前面提到过的求根法。但是当特征方程的阶次较高的时候,手工求解会比较困难,计算量会很大。因此在没有计算机的帮助时,这种方法较难实现系统稳定性的判定。

基于以上原因,代数稳定判据作为不用直接求取特征根,而间接判断系统稳定与否的方法出现了。最早的代数判据是劳斯(Routh)和赫尔维茨(Hurwitz)分别于1877和1895年单独提出的,其中赫尔维茨稳定判据计算起来相对烦琐,尤其是对高阶系统而言,而劳斯稳定判据的使用更加方便,因此一直沿用至今,也是目前应用最为广泛的时域稳定判据之一。

劳斯稳定判据是基于系统特征方程的根与系数关系而建立的,其具体内容就是根据特征方程的系数做简单的运算,就可以确定系统是否稳定,还可以确定不稳定系统在s平面虚轴上和右半平面上特征根的个数。

下面介绍劳斯稳定判据的具体内容。设系统的特征方程为

$$D(s) = a_0 s^n + a_1 s^{n-1} + \cdots + a_{n-1}s + a_n = 0 \tag{3-66}$$

首先,使用劳斯稳定判据判断系统稳定性之前,要满足一个必要的条件:控制系统特征方程的所有系数$a_i(i=0,1,2,\cdots,n)$均为正值,且特征方程不能缺项。

其次,要将特征方程中各项的系数排成下面形式的劳斯表:

$$
\begin{array}{llllll}
s^n & a_0 & a_2 & a_4 & a_6 & \cdots \\
s^{n-1} & a_1 & a_3 & a_5 & a_7 & \cdots \\
s^{n-2} & b_1 & b_2 & b_3 & b_4 & \cdots \\
s^{n-3} & c_1 & c_2 & c_3 & c_4 & \cdots \\
s^{n-4} & d_1 & d_2 & d_3 & d_4 & \cdots \\
\vdots & \vdots & \vdots & & & \\
s^2 & e_1 & e_2 & & & \\
s^1 & f_1 & & & & \\
s^0 & g_1 & & & &
\end{array}
$$

劳斯表中第一行和第二行分别为特征方程的各项系数,可直接列写出来,第三行 b_1, b_2, $b_3\cdots$ 的值按照下列公式进行计算:

$$
b_1 = \frac{a_1 a_2 - a_0 a_3}{a_1}; \quad b_2 = \frac{a_1 a_4 - a_0 a_5}{a_1}; \quad b_3 = \frac{a_1 a_6 - a_0 a_7}{a_1}; \quad \cdots
$$

系数 b_i 的计算要一直进行到其余的 b_i 值全部等于零为止。

利用同样的方式,可以计算出 c、d、e 等各行的系数,即

$$
c_1 = \frac{b_1 a_3 - a_1 b_2}{b_1}; \quad c_2 = \frac{b_1 a_5 - a_1 b_3}{b_1}; \quad c_3 = \frac{b_1 a_7 - a_1 b_4}{b_1}; \quad \cdots
$$

$$
d_1 = \frac{c_1 b_2 - b_1 c_2}{c_1}; \quad d_2 = \frac{c_1 b_3 - b_1 c_3}{c_1}; \quad \cdots
$$

此过程要一直进行到第 $n+1$ 行全部算完为止,其中第 $n+1$ 行仅第 1 列有值,且正好等于特征方程最后一项的系数 a_n,从劳斯表中可以看出,各系数排列呈上三角形。

需要指出的是,有时通过计算得出的某一行可能会出现较大或较小的数值,为了简化后面的计算过程,可以用一个正数去除或乘以该整行,这样就不会改变稳定性的结论。

再次,劳斯稳定判据是根据劳斯表第 1 列元素的符号来判别特征方程的根在 s 平面的分布情况,进而确定线性系统的稳定性,具体结论是:

线性系统稳定的充分必要条件是,劳斯表中第 1 列的所有元素均为正数。若劳斯表第 1 列的元素有正有负,系则统不稳定,且第 1 列中元素符号的改变次数,等于特征方程中实部为正数的根的个数。

【例 3-3】 设某闭环系统的特征方程为 $D(s) = s^4 + 2s^3 + 3s^2 + 4s + 5 = 0$,试判断该系统的稳定性。

解:列写劳斯表:

$$
\begin{array}{lll}
s^4 & 1 & 3 & 5 \\
s^3 & 2 & 4 & 0 \\
s^2 & \dfrac{2 \times 3 - 1 \times 4}{2} = 1 & \dfrac{2 \times 5 - 1 \times 0}{2} = 5 \\
s^1 & \dfrac{1 \times 4 - 2 \times 5}{1} = -6 & 0 \\
s^0 & 5
\end{array}
$$

劳斯表的第 1 列存在负值,由劳斯稳定判据可知,该系统不稳定;且由于第 1 列的符号改变了两次,因此系统有两个实部为正数的根,即有两个根分布在 s 平面的右半平面。

【例 3-4】 某单位负反馈系统的开环传递函数为

$$G(s) = \frac{K}{s(s+1)(2s+3)}$$

试确定能使系统稳定的 K 的取值范围。

解:系统的闭环传递函数为

$$\Phi(s) = \frac{G(s)}{1+G(s)} = \frac{\dfrac{K}{s(s+1)(2s+3)}}{1+\dfrac{K}{s(s+1)(2s+3)}} = \frac{K}{2s^3+5s^2+3s+K}$$

列劳斯表,如下:

$$
\begin{array}{c|cc}
s^3 & 2 & 3 \\
s^2 & 5 & K \\
s^1 & \dfrac{5\times3-2K}{5} & \\
s^0 & K &
\end{array}
$$

若要系统稳定,需劳斯表第 1 列均为正值,即

$$\begin{cases} \dfrac{5\times3-2K}{5} > 0 \\ K > 0 \end{cases} \Rightarrow 0 < K < 7.5$$

即当 $0 < K < 7.5$ 时,系统是稳定的。

在使用劳斯判据判断系统稳定性的时候,有可能会遇到以下两种特殊情况。

(1)当劳斯表中某一行的第 1 项为零,而该行的其余各项不全为零。这样会使得计算下一行元素值的时候,出现无穷大,从而无法继续计算。

解决办法是,用一个无穷小的正数 ε 来代替第 1 项的零元素,然后继续计算,完成劳斯表。

【例 3-5】 设某系统的闭环特征方程为 $D(s) = s^4+s^3+2s^2+2s+3 = 0$,试判断其稳定性。

解:列写劳斯表:

$$
\begin{array}{c|ccc}
s^4 & 1 & 2 & 3 \\
s^3 & 1 & 2 & 0 \\
s^2 & \dfrac{1\times2-1\times2}{1}=0\to\varepsilon & \dfrac{1\times3-1\times0}{1}=3 & \\
s^1 & \dfrac{\varepsilon\times2-1\times3}{\varepsilon} & & \\
s^0 & 3 & &
\end{array}
$$

可见,劳斯表中第 3 行的首项为 0,用一个无穷小的正数 ε 来代替,则第 4 行的首项为 $(2\varepsilon-3)/\varepsilon$,当 $\varepsilon\to0$ 时,$(2\varepsilon-3)/\varepsilon\to-\infty$,为负值。因此,系统是不稳定的,且由于劳斯表第 1 列变号两次,故系统有两个正实部的根。

(2)当劳斯表中某一行的元素全部为零。这种情况表明系统的特征方程存在一对大小

相等、符号相反的实根,或者一对纯虚根,或者是一对对称于实轴的共轭复根。

解决办法是,先用全零行的上一行元素构成一个辅助方程,再对上述辅助方程两边对 s 求导,并用求导后所得方程的系数代替全零的元素,继续完成劳斯表。

需要说明的是,上述的大小相等、符号相反的实根、纯虚根或共轭复根可以通过求解辅助方程来得到,辅助方程的阶次总是偶数,并且等于符号相反的实根、纯虚根或共轭虚根的个数。

【例 3-6】 设某系统的闭环特征方程为 $D(s)=s^3+2s^2+s+2=0$,试判断系统稳定性。

解:列写劳斯表:

$$
\begin{array}{lll}
s^3 & 1 & 1 \\
s^2 & 2 & 2 \quad \rightarrow 辅助方程\ 2s^2+2=0 \\
s^1 & 4 & 0 \quad \leftarrow 对辅助方程求导后的系数 \\
s^0 & 2 &
\end{array}
$$

由劳斯表可以看出,第 1 列元素的符号均为正号,即系统不含具有正实部的根,而是含有一对纯虚根,可由辅助方程 $2s^2+2s=0$ 求得,$s_{1,2}=\pm j$。因此,系统为临界稳定,即不稳定。

3.7 线性系统的误差分析

控制系统的稳态误差,是系统控制准确度(控制精度)的一种度量,通常称为稳态性能。在控制系统设计中,稳态误差是一项重要的技术指标。对于一个实际的控制系统,由于系统结构、输入作用的类型(控制量或扰动量)、输入函数的形式(阶跃、斜坡或加速度)不同,控制系统的稳态输出不可能在任何情况下都与输入量一致或相当,也不可能在任何形式的扰动作用下都能准确地恢复到原平衡位置。此外,控制系统中不可避免地存在摩擦、间隙、不灵敏区、零位输出等非线性因素,这都会造成附加的稳态误差。可以说,控制系统的稳态误差是不可避免的,控制系统设计的任务之一,是尽量减小系统的稳态误差,或者使稳态误差小于某一容许值。显然,只有当系统稳定时,研究稳态误差才有意义;对于不稳定的系统而言,根本不存在研究稳态误差的可能性。有时,把在阶跃函数作用下没有原理性稳态误差的系统,称为无差系统;而把具有原理性稳态误差的系统,称为有差系统。

3.7.1 稳态误差的基本概念

设控制系统结构图如图 3-21 所示。当输入信号 $R(s)$ 与主反馈信号 $B(s)$ 不等时,比较装置的输出为

$$E(s) = R(s) - H(s)C(s) \tag{3-67}$$

此时,系统在 $E(s)$ 信号作用下产生动作,使输出量趋于希望值。通常,称 $E(s)$ 为误差信号,简称误差(亦称偏差)。

误差有两种不同的定义方法:一种是式(3-67)所描述的在系统输入端定义误差的方法;另一种是从系统输出端来定义,它定义为系统输出量的希望值与实际值之差。前者定义的误差,在实际系统中是可以测

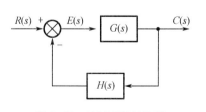

图 3-21 控制系统结构图

量的,具有一定的物理意义;后者定义的误差,在系统性能指标的提法中经常使用,但在实际系统中有时无法测量,因而一般只有数学意义。

上述两种定义误差的方法,存在着内在联系。将图3-21变换为图3-22的等效形式,则因 $R'(s)$ 代表输出量的希望值,因而 $E'(s)$ 是从系统输出端定义的非单位反馈系统的误差。不难证明,$E(s)$ 与 $E'(s)$ 之间存在如下简单关系:

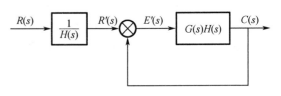

图3-22 等效单位反馈系统

$$E'(s) = E(s)/H(s) \tag{3-68}$$

所以,可以采用从系统输入端定义的误差 $E(s)$ 来进行计算和分析。如果有必要计算输出端误差 $E'(s)$,可利用式(3-68)进行换算。特别指出,对于单位反馈控制系统,输出量的希望值就是输入信号 $R(s)$,因而两种误差定义的方法是一致的。

误差本身是时间函数,其时域表达式为

$$e(t) = L^{-1}[E(s)] = L^{-1}[\phi_e(s)R(s)] \tag{3-69}$$

式中,$\phi_e(s)$ 为系统误差传递函数,由下式决定:

$$\phi_e(s) = \frac{E(s)}{R(s)} = \frac{1}{1 + G(s)H(s)} \tag{3-70}$$

在误差信号 $e(t)$ 中,包含瞬态分量 $e_{ts}(t)$ 和稳态分量 $e_{ss}(t)$ 两部分。由于系统必须稳定,故当时间趋于无穷时,必有 $e_{ts}(t)$ 趋于零。因而,控制系统的稳态误差定义为误差信号 $e(t)$ 的稳态分量 $e_{ss}(\infty)$,常以 e_{ss} 简单标志。

如果有理函数 $sE(s)$ 除在原点处有唯一的极点外,在 s 右半平面及虚轴上解析,即 $sE(s)$ 的极点均位于 s 左半平面(包括坐标原点),则可根据拉氏变换的终值定理,由式(3-70)方便地求出系统的稳态误差:

$$e_{ss} = \lim_{s \to 0} sE(s) = \lim_{s \to 0} \frac{sR(s)}{1 + G(s)H(s)} \tag{3-71}$$

由于上式算出的稳态误差是误差信号稳态分量 $e_{ss}(t)$ 在 t 趋于无穷时的数值,故有时称为终值误差,它不能反映 $e_{ss}(t)$ 随时间 t 的变化规律,具有一定的局限性。

【例3-7】 设单位反馈系统的开环传递函数为 $G(s) = 1/Ts$,输入信号分别为 $r(t) = t^2/2$ 以及 $r(t) = \sin \omega t$,试求控制系统的稳态误差。

解: 当 $r(t) = t^2/2$ 时,$R(s) = 1/s^3$。由式(3-70)求得

$$E(s) = \frac{1}{s^2(s+1/T)} = \frac{T}{s^2} - \frac{T^2}{s} + \frac{T^2}{s+1/T}$$

显然,$sE(s)$ 在 $s=0$ 处,有一个极点。对上式取拉氏逆变换,得误差响应为

$$e(t) = T^2 e^{-t/T} + T(t-T)$$

式中,$e_{ts}(t) = T^2 e^{-t/T}$,随时间增长逐渐衰减至零;$e_{ss}(t) = T(t-T)$,表明稳态误差 $e_{ss} = \infty$。

当 $r(t) = \sin \omega t$ 时,其 $R(s) = \omega/(s^2+\omega^2)$。由于

$$E(s) = \frac{\omega s}{\left(s + \dfrac{1}{T}\right)(s^2 + \omega^2)} = -\frac{T\omega}{T^2\omega^2 + 1}\frac{1}{s + \dfrac{1}{T}} +$$

$$\frac{T\omega}{T^2\omega^2 + 1}\frac{s}{s^2 + \omega^2} + \frac{T^2\omega^3}{T^2\omega^2 + 1}\frac{1}{s^2 + \omega^2}$$

所以得

$$e_{ss}(t) = \frac{T\omega}{T^2\omega^2+1}\cos \omega t + \frac{T^2\omega^2}{T^2\omega^2+1}\sin \omega t$$

显然,$e_{ss}(\infty) \neq 0$。由于正弦函数的拉氏变换式在虚轴上不解析,所以此时不能应用终值定理来计算系统在正弦函数作用下的稳态误差,否则得出

$$e_{ss}(\infty) = \lim_{s\to 0} sE(s) = \lim_{s\to 0}\frac{\omega s^2}{(s+1/T)(s^2+\omega^2)} = 0$$

的错误结论。

应当指出,对于高阶系统,误差信号 $E(s)$ 的极点不易求得,故用反变换法求稳态误差的方法并不实用。在实际使用过程中,只要验证 $sE(s)$ 满足要求的解析条件,无论是单位反馈系统还是非单位反馈系统,都可以利用式(3-71)来计算系统在输入信号作用下位于输入端的稳态误差 $e_{ss}(\infty)$。

由稳态误差计算通式(3-71)可见,控制系统稳态误差数值,与开环传递函数 $G(s)H(s)$ 的结构和输入信号 $R(s)$ 的形式密切相关。对于一个给定的稳定系统,当输入信号形式一定时,系统是否存在稳态误差就取决于开环传递函数描述的系统结构。因此,按照控制系统跟踪不同输入信号的能力来进行系统分类是必要的。

在一般情况下,分子阶次为 m,分母阶次为 n 的开环传递函数可表示为

$$G(s)H(s) = \frac{K\prod_{i=1}^{m}(\tau_i s + 1)}{s^v\prod_{j=1}^{n-v}(T_j s + 1)} \tag{3-72}$$

式中,K 为开环增益;τ_i 和 T_j 为时间常数;v 为开环系统在 s 平面坐标原点上的极点的重数。

现在的分类方法,是以 v 的数值来划分的:$v=0$,称为 0 型系统;$v=1$,称为 I 型系统;$v=2$,称为 II 型系统。当 $v>2$ 时,除复合控制系统外,使系统稳定是相当困难的。因此除航天控制系统外,III 型及以上的系统几乎不采用。

这种以开环系统在 s 平面坐标原点上的极点数来分类的方法,其优点在于:可以根据已知的输入信号形式,迅速判断系统是否存在原理性稳态误差及稳态误差的大小。它与按系统的阶次进行分类的方法不同,阶次 m 与 n 的大小与系统的型别无关,且不影响稳态误差的数值。

为了便于讨论,令

$$G_0(s)H_0(s) = \prod_{i=1}^{m}(\tau_i s + 1)\bigg/\prod_{j=1}^{n-v}(T_j s + 1)$$

必有 $s\to 0$ 时,$G_0(s)H_0(s)\to 1$。因此,式(3-72)可改写为

$$G(s)H(s) = \frac{K}{s^v}G_0(s)H_0(s) \tag{3-73}$$

系统稳态误差计算通式则可表示为

$$e_{ss} = \frac{\lim_{s\to 0}[s^{v+1}R(s)]}{K + \lim_{s\to 0}s^v} \tag{3-74}$$

上式表明,影响稳态误差的诸因素是:系统型别、开环增益、输入信号的形式和幅值。下面讨论不同型别系统在不同输入信号形式下的稳态误差计算。由于实际输入多为阶跃

函数、斜坡函数和加速度函数,或者是其组合,因此只考虑系统分别在阶跃、斜坡或加速度函数输入作用下的稳态误差计算问题。

3.7.2 给定信号作用下的稳态误差及计算

1. 阶跃输入作用下的稳态误差与静态位置误差系数

在图 3-21 所示的控制系统中,若 $r(t)=R\cdot 1(t)$,其中 R 为输入阶跃函数的幅值,则 $R(s)=R/s$。由式(3-74)可以算得各型系统在阶跃输入作用下的稳态误差为

$$e_{ss}=\begin{cases} R/(1+k)=\text{常数}, & v=0 \\ 0, & v\geqslant 1 \end{cases}$$

对于 0 型单位反馈控制系统,在单位阶跃输入作用下稳态误差是希望输出 1 与实际输出 $K/(1+K)$ 之间的位置误差。习惯上常采用静态位置误差系数 K_{p} 表示各型系统在阶跃输入作用下的位置误差。根据式(3-71),当 $R(s)=R/s$ 时,有

$$e_{ss}=\frac{R}{1+\lim_{s\to 0}G(s)H(s)}=\frac{R}{1+K_{p}} \tag{3-75}$$

式中

$$K_{p}=\lim_{s\to 0}G(s)H(s) \tag{3-76}$$

称为静态位置误差系数。由式(3-75)及式(3-73)知,各型系统的静态位置误差系数为

$$K_{p}=\begin{cases} K, & v=0 \\ \infty, & v\geqslant 1 \end{cases}$$

如果要求系统对于阶跃输入作用不存在稳态误差,则必须选用 I 型及 I 型以上的系统。习惯上常把系统在阶跃输入作用下的稳态误差称为静差。因而,0 型系统可称为有(静)差系统或零阶无差度系统,I 型系统可称为一阶无差系统,II 型系统可称为二阶无差度系统,依此类推。

2. 斜坡输入作用下的稳态误差与静态速度误差系数

在图 3-21 所示的控制系统中,若 $r(t)=Rt$,其中 R 表示速度输入函数的斜率,则 $R(s)=R/s^{2}$。将 $R(s)$ 代入式(3-71),得各型系统在斜坡输入作用下的稳态误差为

$$e_{ss}=\begin{cases} \infty, & v=0 \\ R/K=\text{常数}, & v=1 \\ 0, & v\geqslant 2 \end{cases}$$

I 型单位反馈系统在斜坡输入作用下的稳态误差可参见图 3-23。

如果用静态速度误差系数表示系统在斜坡(速度)输入作用下的稳态误差,可将 $R(s)=R/s^{2}$ 代入式(3-71),得

$$e_{ss}=\frac{R}{\lim_{s\to 0}G(s)H(s)}=\frac{R}{K_{v}} \tag{3-77}$$

式中

$$K_{v}=\lim_{s\to 0}sG(s)H(s)=\lim_{s\to 0}\frac{K}{s^{v-1}} \tag{3-78}$$

称为静态速度误差系数。

显然，0 型系统的 $K_v = 0$；Ⅰ型系统的 $K_v = K$；Ⅱ型及Ⅱ型以上系统的 $K_v = \infty$。

通常，式(3-77)表达的稳态误差称为速度误差。必须注意，速度误差并不是指系统稳态输出与输入之间存在速度上的误差，而是指系统在速度(斜坡)输入作用下，系统稳态输出与输入之间存在位置上的误差。此外，式(3-77)还表明：0 型系统在稳态时不能跟踪斜坡输入；对于Ⅰ型单位反馈系统，稳态输出速度恰好与输入速度相同，但存在一个稳态位置误差，其数值与输入信号的斜率 R 成正比，而与开环增益 K 成反比；对于Ⅱ型及Ⅱ型以上的系统，稳态时能准确跟踪斜坡输入信号，不存在位置误差。

图 3-23 Ⅰ型单位反馈系统的速度误差

如果系统为非单位反馈系统，其 $H(s) = K_h$ 为常数，那么系统输出量的希望值为 $R'(s) = R(s)/K_h$，系统输出端的稳态位置误差为

$$e'_{ss} = e_{ss}/K_h \qquad (3-79)$$

式(3-79)表示的关系，对于下面即将讨论的系统在加速度输入作用下的稳态误差计算问题，同样成立。

【例 3-8】 设有一非单位反馈控制系统，其 $G(s) = 10/(s+1)$，$H(s) = K_h$，输入信号 $r(t) = 1(t)$，试分别确定当 K_h 为 1 和 0.1 时，系统输出端的稳态位置误差 e'_{ss}。

解：由于系统开环传递函数

$$G(s)H(s) = \frac{10K_h}{s+1}$$

故本例为 0 型系统，其静态位置误差系数 $K_p = K = 10K_h$。由式(3-79)可算出系统输入端的稳态位置误差为

$$e_{ss} = \frac{1}{1+10K_h}$$

系统输出端的稳态位置误差，可由式(3-79)算出。

当 $K_h = 1$ 时，有

$$e'_{ss} = e_{ss} = \frac{1}{1+10K_h} = \frac{1}{11}$$

当 $K_h = 0.1$ 时，有

$$e'_{ss} = \frac{e_{ss}}{K_h} = \frac{1}{K_h(1+10K_h)} = 5$$

此时，系统输出量的希望值为 $r(t)/K_h = 10$。

3. 加速度输入作用下的稳态误差与静态加速度误差系数

在图 3-21 所示的控制系统中，若 $r(t) = Rt^2/2$，其中 R 为加速度输入函数的速度变化率，则 $R(s) = R/s^3$。将 $R(s)$ 代入式(3-71)，算得各型系统在加速度输入作用下的稳态误差为

$$e_{ss} = \begin{cases} \infty, & v = 0,1 \\ R/K = 常数, & v = 2 \\ 0, & v \geq 3 \end{cases}$$

Ⅱ型单位反馈系统在加速度输入作用下的稳态误差可参见图 3-24。

如果用静态加速度误差系数表示系统在加速度输入作用下的稳态误差,可将 $R(s) = R/s^3$ 代入式(3-77),得

$$e_{ss} = \frac{R}{\lim\limits_{s \to 0} s^2 G(s)H(s)} = \frac{R}{K_a} \qquad (3-80)$$

式中, $K_a = \lim\limits_{s \to 0} s^2 G(s)H(s) = \lim\limits_{s \to 0} \frac{K}{s^{\nu-2}}$,称为静态加速度误差系数。显然,0 型及 Ⅰ 型系统的 $K_a = 0$;Ⅱ型系统的 $K_a = K$;Ⅲ型及Ⅲ型以上系统的 $K_a = \infty$ 。

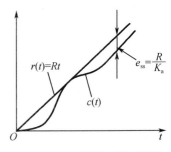

图 3-24　Ⅱ型单位反馈系统的加速度误差

通常,由式(3-80)表达的稳态误差称为加速度误差。与前面情况类似,加速度误差是指系统在加速度函数输入作用下,系统稳态输出与输入之间的位置误差。式(3-80)表明:0 型及 Ⅰ 型单位反馈系统,在稳态时都不能跟踪加速度输入;对于 Ⅱ 型单位反馈系统,稳态输出的加速度与输入加速度函数相同,但存在一定的稳态位置误差,其值与输入加速度信号的变化率 R 成正比,而与开环增益(静态加速度误差系数)K(或 K_a)成反比;对于Ⅲ型及Ⅲ型以上系统,只要系统稳定,其稳态输出能准确跟踪加速度输入信号,不存在位置误差。

静态误差系数 K_p、K_v 和 K_a 定量描述了系统跟踪不同形式输入信号的能力。当系统输入信号形式、输出量的希望值及容许的稳态误差确定后,可以方便地根据静态误差系数去选择系统的型别和开环增益。但是,对于非单位反馈控制系统而言,静态误差系数没有明显的物理意义,也不便用图形表示。

如果系统承受的输入信号是多种典型函数的组合,例如

$$r(t) = R_0 \cdot 1(t) + R_1 t + \frac{1}{2}R_2 t^2$$

则根据线性叠加原理,可将每一输入分量单独作用于系统,再将各稳态误差分量叠加起来,得到

$$e_{ss} = \frac{R_0}{1+K_p} + \frac{R_1}{K_v} + \frac{R_2}{K_a}$$

显然,这时至少应选用Ⅱ型系统,否则稳态误差将为无穷大。无穷大的稳态误差,表示系统输出量与输入量之间在位置上的误差随时间 t 而增大,稳态时达无穷大。由此可见,采用高型别系统对提高系统的控制准确度有利,但应以确保系统的稳定性为前提,同时还要兼顾系统的动态性能要求。

反馈控制系统的型别、静态误差系数和输入信号形式之间的关系,统一归纳在表 3-2 之中。表 3-2 表明,同一个控制系统,在不同形式的输入信号作用下具有不同的稳态误差。这一现象的物理解释可用下例说明。

【例 3-9】　设具有测速发电机内反馈的位置随动系统如图 3-25 所示。要求计算 $r(t)$ 分别为 $1(t)$、t 和 $t^2/2$ 时系统的稳态误差,并对系统在不同输入形式下具有不同稳态误差的现象进行物理说明。

解:由图 3-25 得系统的开环传递函数为

$$G(s) = \frac{1}{s(s+1)}$$

图 3-25 位置随动系统

可见,本例是 $K=1$ 的 I 型系统,其静态误差系数:$K_p = \infty$,$K_v = 1$ 和 $K_a = 0$,当 $r(t)$ 分别为 $1(t)$、t 和 $t^2/2$ 时,相应的稳态误差分别为 $0,1$ 和 ∞。

表 3-2 输入信号作用下的稳态误差

系统型别	静态误差系数			阶跃输入 $r(t) = R \cdot 1(t)$ 位置误差 $e_{ss} = \dfrac{R}{1+K_p}$	斜坡输入 $r(t) = Rt$ 速度误差 $e_{ss} = \dfrac{R}{K_v}$	加速度输入 $r(t) = \dfrac{Rt^2}{2}$ 加速度误差 $e_{ss} = \dfrac{R}{K_a}$
	K_p	K_v	K_a			
0	K	0	0	$\dfrac{R}{1+K}$	∞	∞
I	∞	K	0	0	$\dfrac{R}{K}$	∞
II	∞	∞	K	0	0	$\dfrac{R}{K}$
III	∞	∞	∞	0	0	0

系统对于阶跃输入信号不存在稳态误差的物理解释是清楚的。系统受到单位阶跃位置信号作用后,其稳态输出必定是一个恒定的位置(角位移),这时伺服电动机必须停止转动。显然,要使电动机不转,加在电动机控制绕组上的电压必须为零。这就意味着系统输入端的误差信号的稳态值应等于零。因此,系统在单位阶跃输入信号作用下,不存在位置误差。

当单位斜坡信号作用于系统时,系统的稳态输出速度必定与输入信号速度相同。这样,就要求电动机恒速运转,因此在电动机控制绕组上需要作用一个恒定的电压,由此推得误差信号的终值应等于一个常值,所以系统存在常值速度误差。

当加速度输入信号作用于系统时,系统的稳态输出也应做等速变化,为此要求电动机控制绕组有等速变化的电压输入,最后归结为要求误差信号随时间线性增长。显然,当 $t \to \infty$ 时,系统的加速度误差必为无穷大。

应当指出,在系统误差分析中,只有当输入信号是阶跃函数、斜坡函数和加速度函数,或者是这三种函数的线性组合时,静态误差系数才有意义。用静态误差系数求得的系数稳态误差值,或是零,或为常值,或趋于无穷大。其实质是用终值定理法求得系统的终值误差。因此,当系统输入信号为其他形式函数时,静态误差系数法便无法应用。此外,系统的稳态误差一般是时间的函数,即使静态误差系数法可用,也不能表示稳态误差随时间变化有规律。有些控制系统,例如导弹控制系统,其有效工作时间不长,输出量往往达不到要求的稳态值时便已结束工作,无法使用静态误差系数法进行误差分析。为此,需要引入动态误差系数的概念。

4. 动态误差系数

利用动态误差系数法,可以研究输入信号几乎为任意时间函数时的系统稳态误差化,因此动态误差系数又称为广义误差系数。为了求取动态误差系数,写出误差信号的拉氏变换式

$$E(s) = \phi_e(s)R(s)$$

将误差传递函数 $\phi_e(s)$ 在 $s=0$ 的邻域内展成泰勒级数,得

$$\phi_e(s) = \frac{1}{1+G(s)H(s)} = \phi_e(0) + \dot{\phi}_e(0)s + \frac{1}{2!}\ddot{\phi}_e(0)s^2 + \cdots$$

于是,误差信号可以表示为如下级数:

$$E(s) = \phi_e(s)R(s) + \dot{\phi}_e(0)sR(s) + \frac{1}{2!}\ddot{\phi}_e(0)s^2R(s) + \cdots + \frac{1}{n!}\phi_e^{(n)}(0)s^nR(s) + \cdots \quad (3-81)$$

上述无穷级数收敛于 $s=0$ 的邻域,称为误差级数,相当于在时间域内 $t\to\infty$ 时成立。因此,当所有初始条件均为零时,式(3-81)进行拉氏逆变换,就得到作为时间函数的稳态误差表达式

$$e_{ss}(t) = \sum_{i=0}^{\infty} C_i r^{(i)}(t) \quad (3-82)$$

式中

$$C_i = \frac{1}{i!}\phi_e^{(i)}(0) \quad i = 0,1,2,\cdots \quad (3-83)$$

称为动态误差系数。习惯上称 C_0 为动态位置误差系数,称 C_1 为动态速度误差系数,称 C_2 为动态加速度误差系数。应当指出,在动态误差系数的字样中,“动态”两字的含义是这种方法可以完整地描述系统稳态误差 $e_{ss}(t)$ 随时间变化的规律,而不是误差信号中的瞬态分量 $e_{ts}(t)$ 随时间变化的情况。此外,由于式(3-82)描述的误差级数在 $t\to\infty$ 时才能成立,因此如果输入信号 $r(t)$ 中包含随时间增长而趋近于零的分量,则这一输入分量不应包含在式(3-82)中的输入信号及其在各阶导数之内。

式(3-82)表明,稳态误差 $e_{ss}(t)$ 与动态误差系数 C_i、输入信号 $r(t)$ 及其各阶导数的稳态分量有关。由于输入信号的稳态分量是已知的,因此确定稳态误差的关键是根据给定的系统求出各动态误差系数。在系统阶次较高的情况下,利用式(3-83)来确定动态误差系数是不方便的。下面介绍一种简单的求法。

将已知的系统开环传递函数按 s 的升幂排列,写成如下形式:

$$G(s)H(s) = \frac{K}{s^v} \frac{1 + b_1s + b_2s^2 + \cdots + b_ms^m}{1 + a_1s + a_2s^2 + \cdots + a_ns^{n-v}} \quad (3-84)$$

令

$$M(s) = K(1 + b_1s + b_2s^2 + \cdots + b_ms^m)$$

$$N_0(s) = s^v(1 + a_1s + a_2s^2 + \cdots + a_ns^{n-v})$$

则误差传递函数可表示为

$$\phi_e(s) = \frac{1}{1 + G(s)H(s)} = \frac{N_0(s)}{N_0(s) + M(s)} \tag{3-85}$$

用上式的分母多项式去除其分子多项式,得到一个 s 的升幂级数

$$\phi_e(s) = C_0 + C_1 s + C_2 s^2 + C_3 s^3 + \cdots \tag{3-86}$$

将上式代入误差信号表达式,得

$$E(s) = \phi_e(s)R(s) = (C_0 + C_1 s + C_2 s^2 + C_3 s^3 + \cdots)R(s) \tag{3-87}$$

比较式(3-81)与式(3-87)可知,它们是等价的无穷级数,其收敛域均是 $s=0$ 的邻域。因此,式(3-86)中的系数 $C_i(i=0,1,2,\cdots)$ 正是我们要求的动态误差系数。

在一个特定的系统中,可以建立某些动态误差系数与静态误差系数之间的关系。利用式(3-84)和式(3-85)进行长除,可得如下简单关系:

0 型系统:$C_0 = \dfrac{1}{1+K_p}$

Ⅰ 型系统:$C_1 = \dfrac{1}{K_v}$

Ⅱ 型系统:$C_2 = \dfrac{1}{K_a}$

因此,在控制系统设计中,也可以把 C_0、C_1 和 C_2 作为一种性能指标。某些系统,例如导弹控制系统,常以对动态误差系数的要求来表达对系统稳态误差过程的要求。

3.7.3 给定信号作用下的稳态误差及计算

控制系统除承受输入信号作用外,还经常处于各种扰动作用之下,例如:负载转矩的变动、放大器的零位和噪声、电源电压和频率的波动、组成元件的零位输出,以及环境温度的变化等。因此,控制系统在扰动作用下的稳态误差,反映了系统的抗干扰能力。在理想情况下,系统对于任意形式的扰动作用,其稳态误差应该为零,但实际上这是不能实现的。

由于输入信号和扰动信号作用于系统的不同位置,因此即使系统对于某种形式输入信号作用的稳态误差为零,但对于同一形式的扰动作用,其稳态误差未必为零。设控制系统如图 3-26 所示,其中 $N(s)$ 代表扰动信号的拉氏变换式。由于在扰动信号 $N(s)$ 作用下系统的理想输出应为零,故该非单位反馈系统响应扰动 $n(t)$ 的输出端误差信号为

$$E_n(s) = -C_n(s) = -\frac{G_2(s)H(s)}{1 + G(s)}N(s) \tag{3-88}$$

式中,$G(s) = G_1(s)G_2(s)H(s)$ 为非单位反馈系统的开环传递函数,$G_2(s)$ 为以 $n(t)$ 为输入,$c_n(t)$ 为输出时非单位反馈系统前向通道的传递函数。

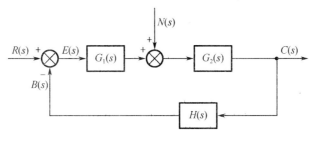

图 3-26　控制系统

记

$$\phi_{en}(s) = -\frac{G_2(s)H(s)}{1+G(s)} \tag{3-89}$$

为系统对扰动作用的误差传递函数,并将其在 $s=0$ 的邻域展成泰勒级数,则式(3-89)为

$$\varphi_{en}(s) = \varphi_{en}(0) + \dot{\varphi}_{en}(0)s + \frac{1}{2!}\ddot{\varphi}_{en}(0)s^2 + \cdots \tag{3-90}$$

设系统扰动信号可表示为

$$n(t) = n_0 + n_1 t + \frac{1}{2}n_2 t^2 + \cdots + \frac{1}{k!}n_k t^k \tag{3-91}$$

则将式(3-90)代入式(3-88),并取拉氏逆变换,可得稳定系统对扰动作用的稳态误差表达式

$$e_{ssn}(t) = \sum_{i=0}^{k} C_{in} n^{(i)}(t) \tag{3-92}$$

式中

$$C_{in} = \frac{1}{i!}\phi_{en}^{(i)}(0) \qquad i = 0,1,2,\cdots \tag{3-93}$$

称为系统对扰动的动态误差系数。将 $\phi_{en}(s)$ 的分子多项式与分母多项式按 s 的升幂排列,然后利用长除法,可以方便地求得 C_{in}。

当 $sE_n(s)$ 在 s 右半平面及虚轴上解析时,同样可以采用终值定理法计算系统在扰动作用下的稳态误差。

3.7.4 减小或消除系统稳态误差的方法

为了减小或消除系统在输入信号和扰动作用下的稳态误差,可以采取以下措施。

1. 增大系统开环增益或扰动作用点之前系统的前向通道增益

由表3-2可见,增大系统开环增益 K 以后,对于 0 型系统,可以减小系统在阶跃输入时的位置误差;对于Ⅰ型系统,可以减小系统在斜坡输入时的速度误差;对于Ⅱ型系统,可以减小系统在加速度输入时的加速度误差。

增大扰动作用点之前的比例控制器增益 K_1,可以减小系统对阶跃扰动转矩的稳态误差。系统在阶跃扰动作用下的稳态误差与 K_2 无关。因此,增大扰动点之后系统的前向通道增益不能改变系统对扰动的稳态误差数值。

2. 在系统的前向通道或主反馈通道设置串联积分环节

在图3-26所示非单位反馈控制系统中,设

$$G_1(s) = \frac{M_1(s)}{s^{v_1}N_1(s)}$$

$$G_2(s) = \frac{M_2(s)}{s^{v_2}N_2(s)}$$

$$H(s) = \frac{H_1(s)}{H_2(s)}$$

式中,$N_1(s)$、$M_1(s)$、$N_2(s)$、$M_2(s)$、$H_1(s)$ 及 $H_2(s)$ 均不含 $s=0$ 的因子;v_1 和 v_2 为系统前向

通道的积分环节数目。则系统对输入信号的误差传递函数为

$$\phi_e(s) = \frac{1}{1 + G_1(s)G_2(s)H(s)}$$

$$= \frac{s^v N_1(s)N_2(s)H_2(s)}{s^v N_1(s)N_2(s)H_2(s) + M_1(s)M_2(s)H_1(s)} \qquad (3-94)$$

式中,$v = v_1 + v_2$。

上式表明,当系统主反馈通道传递函数 $H(s)$ 不含 $s=0$ 的零点和极点时,如下结论成立:系统前向通道所含串联积分环节数目 v,与误差传递函数 $\phi_e(s)$ 所含 $s=0$ 的零点数目 v 相同,从而决定了系统响应输入信号的型别;由动态误差系数定义式(3-83)可知,当 $\phi_e(s)$ 含有 v 个 $s=0$ 的零点时,必有 $C_i=0(i=0,1,\cdots,v-1)$。于是,只要在系统前向通道中设置 v 个串联积分环节,必可消除系统在输入信号 $r(t) = \sum_{i=1}^{v-1} R_i t^i$ 作用下的稳态误差。

如果系统主反馈通道传递函数含有 v_3 个积分环节,即

$$H(s) = \frac{H_1(s)}{s^{v_3} H_2(s)}$$

而其余假定同上,则系统对扰动作用的误差传递函数为

$$\phi_{en}(s) = -\frac{G_2(s)}{1 + G_1(s)G_2(s)H(s)}$$

$$= -\frac{s^{v_1+v_3} M_2(s)N_1(s)H_2(s)}{s^v N_1(s)N_2(s)H_2(s) + M_1(s)M_2(s)H_1(s)} \qquad (3-95)$$

式中,$v = v_1 + v_2 + v_3$。

由于式(3-95)所示误差传递函数 $\phi_{en}(s)$ 具有 (v_1+v_3) 个 $s=0$ 的零点,其中 v_1 为系统扰动作用点前的前向通道所含的积分环节数,v_3 为系统主反馈通道所含的积分环节数,根据系统对扰动的动态误差系数 C_{in} 的定义式(3-93),应有 $C_{in}=0(i=0,1,2,\cdots,v_1+v_3-1)$,从而系统响应扰动信号 $n(t) = \sum_{i=0}^{v_1+v_3-1} n_i t^i$ 时的稳态误差为零。这类系统称为响应扰动信号的 (v_1+v_3) 型系统。

由于误差传递函数 $\phi_{en}(s)$ 所含 $s=0$ 的零点数,等价于系统扰动作用点前的前向通道串联积分环节数 v_1 与主反馈通道串联积分环节数 v_3 之和,故对于响应扰动作用的系统,下列结论成立:扰动作用点之前的前向通道积分环节数与主反馈通道积分环节数之和决定了系统响应扰动作用的型别,该型别与扰动作用点之后前向通道的积分环节数无关;如果在扰动作用点之前的前向通道或主反馈通道中设置 v 个积分环节,必可消除系统在扰动信号 $n(t) = \sum_{i=0}^{v-1} n_i t^i$ 作用下的稳态误差。

特别需要指出,在反馈控制系统中,设置串联积分环节或增大开环增益以消除或减小稳态误差的措施,必然导致降低系统的稳定性,甚至造成系统不稳定,从而恶化系统的动态性能。因此,权衡考虑系统稳定性、稳态误差与动态性能之间的关系,便称为系统校正设计的主要内容。

3. 采用串级控制抑制内回路扰动

当控制系统中存在多个扰动信号,且控制精确度要求较高时,采用串级控制方式可以

显著控制内回路的扰动影响。

图 3-27 为串级直流电动机速度控制系统,具有两个闭合回路:内回路为电流环,称为副回路;外回路为速度环,称为主回路。主、副回路各有其调节器和测量变送器。主回路中的速度调节器称为主调节器,主回路的测量变送器为速度反馈装置;副回路中的电流调节称为副调节器,副回路的测量变送器为电流反馈装置。主调节器与副调节器以串联的方式进行共同控制,故称为串级控制。由于主调节器的输出作为副调节器的给定值,因而串级控制系统的主回路是一个恒值控制系统,而副回路可以看作一个随动系统。根据外部扰动作用位置的不同,扰动亦有一次扰动和二次扰动之分:被副回路包围的扰动,称为二次扰动,例如图 3-27 所示系统中电网电压波动形成的扰动 ΔU_d;处于副回路之外的扰动,称为一次扰动,例如图 3-27 系统中由负载变化形成的扰动 I_z。

图 3-27 串级直流电动机速度控制系统

串级控制系统在结构上比单回路控制系统多了一个副回路,因而对进入副回路的二次扰动有很强的抑制能力。为了便于定性分析,设一般的串级控制系统如图 3-28 所示。图中,$G_{c1}(s)$ 和 $G_{c2}(s)$ 分别为主、副调节器的传递函数;$H_1(s)$ 和 $H_2(s)$ 分别为主、副测量变送器的传递函数;$N_2(s)$ 为加在副回路上的二次扰动。

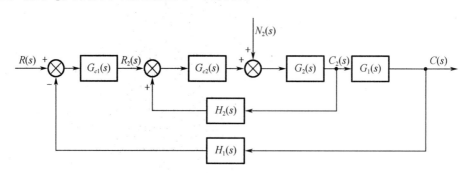

图 3-28 串级控制系统结构图

若将副回路视为一个等效环节 $G_2'(s)$,则有

$$G_2'(s) = \frac{C_2(s)}{R_2(s)} = \frac{G_{c2}(s)G_2(s)}{1 + G_{c2}(s)G_2(s)H_2(s)}$$

在副回路中,输出 $C_2(s)$ 对二次扰动 $N_2(s)$ 的闭环传递函数为

$$G_{n2}(s) = \frac{C_2(s)}{N_2(s)} = \frac{G_2(s)}{1+G_{c2}(s)G_2(s)H_2(s)}$$

比较 $G'_2(s)$ 与 $G_{n2}(s)$，必有

$$G_{n2}(s) = \frac{G'_2(s)}{G_{c2}(s)}$$

于是，图 3-28 所示串级系统结构图可等效为图 3-29 所示结构图。显然，在主回路中，系统对输入信号的闭环传递函数为

$$\frac{C_1(s)}{R_1(s)} = \frac{G_{c1}(s)G'_2(s)G_1(s)}{1+G_{c1}(s)G'_2(s)G_1(s)H_1(s)}$$

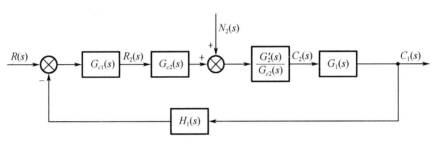

图 3-29 串级控制系统的等效结构图

系统对二次扰动信号 $N_2(s)$ 的闭环传递函数为

$$\frac{C_1(s)}{N_2(s)} = \frac{\left[G'_2(s)/G_{c2}(s)\right]G_1(s)}{1+G_{c1}(s)G'_2(s)G_1(s)H_1(s)}$$

对于一个理想的控制系统，总是希望多项式比值 $C_1(s)/N_2(s)$ 趋于零，而 $C_1(s)/R_1(s)$ 趋于 1，因而串级控制系统抑制二级扰动 $N_2(s)$ 的能力可用下式表示：

$$\frac{C_1(s)/R_1(s)}{C_1(s)/N_2(s)} = G_{c1}(s)G_{c2}(s)$$

若主、副调节器均采用比例调节器，其增益分别为 K_{c1} 和 K_{c2}，则上式可写为

$$\frac{C_1(s)/R_1(s)}{C_1(s)/N_2(s)} = K_{c1}K_{c2}$$

上式表明，主、副调节器的总增益增大，则串级系统抑制二次扰动 $N_2(s)$ 的能力超强。

由于在串级控制系统设计时，副回路的阶数一般都取得较低，因而副调节器的增益 K_{c2} 可以取得较大，通常满足

$$K_{c1}K_{c2} > K_{c1}$$

可见，与单回路控制系统相比，串级控制系统对二次扰动的抑制能力有很大的提高，一般可达单回路控制系统的 10~100 倍。

4. 采用复合控制方法

如果控制系统中存在强扰动，特别是低频强扰动，则一般的反馈控制方式难以满足高稳态精度的要求，此时可以采用复合控制方法。

复合控制系统是在系统的反馈控制回路中加入前馈通路，组成一个前馈控制与反馈控制相结合的系统，只要系统参数选择合适，不但可以保持系统稳定，极大地减小乃至消除稳态误差，而且可以抑制几乎所有的可量测扰动，其中包括低频强扰动。

习　题

1. 系统零初始条件下的单位阶跃响应为 $c(t)=1+0.2\mathrm{e}^{-60t}-1.2\mathrm{e}^{-10t}$。

(1)试求该系统的闭环传递函数；

(2)试确定阻尼比 ζ 与无阻尼自振角频率 ω_n。

2. 典型二阶系统的单位阶跃响应为 $c(t)=1-1.25\mathrm{e}^{-1.2t}\sin(1.6t+53.1°)$，试求系统的最大超调 σ_p、峰值时间 t_p、过渡过程时间 t_s。

3. 设系统的初始条件为零，其微分方程式如下：

(1) $0.2\dot{c}(t)=2r(t)$

(2) $0.04\ddot{c}(t)+0.24\dot{c}(t)+c(t)=r(t)$

试求两个系统的单位冲激响应及单位阶跃响应，并求系统(2)的过渡过程及最大超调 σ_p、峰值时间 t_p、过渡过程时间 t_s。

4. 已知单位负反馈系统开环传递函数为 $G(s)=\dfrac{50}{s(s+10)}$，试求：

(1)系统的单位冲激响应；

(2)当初始条件 $c(0)=1,\dot{c}(0)=0$ 时系统的输出信号的拉式变换式；

(3)当 $r(t)=1(t)$ 时的响应；

(4) $c(0)=1,\dot{c}(0)=0,r(t)=1(t)$ 时系统的响应。

5. 设单位负反馈系统的开环传递函数为 $G(s)=\dfrac{1}{s(s+1)}$，试求系统的上升时间 t_r、峰值时间 t_p、最大超调 σ_p 和过渡过程时间 t_s。

6. 设系统的闭环传递函数为 $\dfrac{C(s)}{R(s)}=\dfrac{\omega_n^2}{s^2+2\zeta\omega_n s+\omega_n^2}$，为使系统阶跃响应有 5%的最大超调和 2$s$ 的过渡过程时间，试求 ζ 和 ω_n。

7. 设单位负反馈系统的开环传递函数为 $G(s)=\dfrac{0.4s+1}{s(s+0.6)}$，试求系统在单位阶跃输入下的动态性能。

8. 设单位反馈系统的开环传递函数为 $G(s)=\dfrac{K}{s(s+a)}$，若要求系统的阶跃响应的瞬态性能指标为 $\sigma_p=10\%,t_s=2$ $(\Delta=5\%)$ 试确定参数 K 和 a 的值。

9. 设控制系统如图 3-30 所示。其中(a)为无速度反馈系统,(b)为带速度反馈系统,试确定系统阻尼比为 0.5 时 K_t 的值,并比较系统(a)和(b)阶跃响应的瞬态性能指标。

10. 设图 3-31 是简化的飞行控制系统结构图,试选择参数 K_1 和 K_t,使

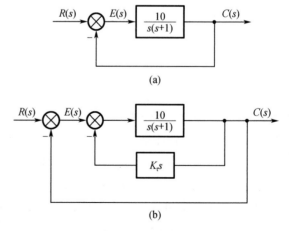

图 3-30　控制系统

系统的 $\omega_n = 6, \zeta = 1$。

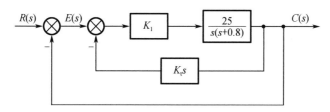

图 3-31 飞行控制系统

11. 试判断下列特征方程所对应系统的稳定性。

（1）$D(s) = s^3 + 2s^2 + 9s + 10 = 0$

（2）$D(s) = s^5 + 3s^4 + 4s^3 + 2s^2 + 2s + 10 = 0$

（3）$D(s) = 3s^4 + 10s^3 + 5s^2 + s + 2 = 0$

12. 设单位负反馈系统的开环传递函数分别为

（1）$G(s) = \dfrac{K}{s(0.5s+1)(2s+1)}$

（2）$G(s) = \dfrac{K(s+5)}{s(s+1)(s+2)}$

试确定使系统闭环稳定的 K 的取值范围。

13. 设控制系统如图 3-32 所示。要求：

（1）取 $\tau_1 = 0, \tau_2 = 0.1$，计算测速反馈校正系统的超调量、调节时间和速度误差；

（2）取 $\tau_1 = 0.1, \tau_2 = 0$，计算比例-微分校正系统的超调量、调节时间和速度误差。

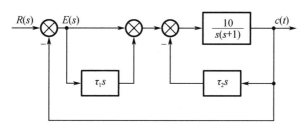

图 3-32 控制系统

14. 已知单位反馈系统的开环传递函数分别为

（1）$G(s) = \dfrac{100}{(0.1s+1)(s+5)}$

（2）$G(s) = \dfrac{50}{s(0.1s+1)(s+5)}$

（3）$G(s) = \dfrac{10(2s+1)}{s^2(s^2+6s+100)}$

试求输入分别为 $r(t) = 2t$ 和 $r(t) = 2 + 2t + t^2$ 时，系统的稳态误差。

15. 已知单位反馈系统的开环传递函数分别为

（1）$G(s) = \dfrac{50}{(0.1s+1)(2s+1)}$

$(2)\ G(s) = \dfrac{K}{s(s^2+4s+200)}$

$(3)\ G(s) = \dfrac{10(2s+1)(4s+1)}{s^2(s^2+2s+10)}$

试求位置误差系数 K_p、速度误差系数 K_v、加速度误差系数 K_a。

第4章 线性系统的根轨迹法

在时域分析中已经看到,控制系统的性能取决于系统的闭环传递函数,因此,可以根据系统闭环传递函数的零、极点研究控制系统性能。但对于高阶系统,采用解析法求取系统的闭环特征方程根(闭环极点)通常是比较困难的,且当系统某一参数(如开环增益)发生变化时,又需要重新计算,这就给系统分析带来很大的不便。1948 年,伊万思根据反馈系统中开、闭环传递函数间的内在联系,提出了求解闭环特征方程根的比较简易的图解方法,这种方法称为根轨迹法。因为根轨迹法直观形象,所以在控制工程中获得了广泛应用。

本章介绍根轨迹的概念、绘制根轨迹的法则、广义根轨迹的绘制以及应用根轨迹分析控制系统性能等方面的内容。

4.1 根轨迹法的基本概念

本节主要介绍根轨迹的基本概念,根轨迹与系统性能之间的关系,并从闭环零、极点与开环零、极点之间的关系推导出根轨迹方程,并由此给出根轨迹的相角条件和幅值条件。

4.1.1 根轨迹的基本概念

根轨迹是当开环系统某一参数(如根轨迹增益 K^*)从零变化到无穷时,闭环特征方程的根在 s 平面上移动的轨迹。根轨迹增益 K^* 是首 1 形式开环传递函数对应的系数。

在介绍图解法之前,先用直接求根的方法来说明根轨迹的含义。

控制系统如图 4-1 所示。其开环传递函数为

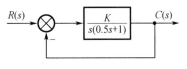

图 4-1 控制系统结构图

$$G(s) = \frac{K}{s(0.5s + 1)} = \frac{K^*}{s(s + 2)}$$

根轨迹增益 $K^* = 2K$。闭环传递函数为

$$\Phi(s) = \frac{C(s)}{R(s)} = \frac{K^*}{s^2 + 2s + K^*}$$

闭环特征方程为

$$s^2 + 2s + K^* = 0$$

特征根为

$$\lambda_1 = -1 + \sqrt{1 - K^*}, \quad \lambda_2 = -1 - \sqrt{1 - K^*}$$

当系统参数 K^*(或 K)从零变化到无穷大时,闭环极点的变化情况见表 4-1。

利用计算结果在 s 平面上描点并用平滑曲线将其连接,便得到 K(或 K^*)从零变化到无穷大时闭环极点在 s 平面上移动的轨迹,即根轨迹,如图 4-2 所示。图中,根轨迹用粗实线表示,箭头表示 K(或 K^*)增大时两条根轨迹移动的方向。

表 4-1 K^*、K 为 0~∞ 时图 4-1 系统的特征根

K^*	K	λ_1	λ_2
0	0	0	-2
0.5	0.25	-0.3	-1.7
1	0.5	-1	-1
2	1	-1+j	-1-j
5	2.5	-1+j2	-1-j2
⋮	⋮	⋮	⋮
∞	∞	-1+j∞	-1-j∞

　　根轨迹图直观地表示了参数 K(或 K^*)变化时,闭环极点变化的情况,全面地描述了参数 K 对闭环极点分布的影响。

4.1.2　根轨迹与系统性能

　　依据根轨迹图(图 4-2),就能分析系统性能随参数(如 K^*)变化的规律。

1. 稳定性

　　开环增益从零变到无穷大时,图 4-2 所示的根轨迹全部落在 s 的左半平面,因此,当 $K>0$ 时,图 4-1 所示系统是稳定的;如果系统根轨迹越过虚轴进入 s 的右半平面,则在相应 K 值下系统是不稳定的;根轨迹与虚轴交点处的 K 值,就是临界开环增益。

图 4-2　系统根轨迹图

2. 稳态性能

　　由图 4-2 可见,开环系统在坐标原点有一个极点,系统属于Ⅰ型系统,因而根轨迹上的 K 值就等于静态误差系数 K_v。

　　当 $r(t)=1(t)$ 时,$e_{ss}=0$;

　　当 $r(t)=t$ 时,$e_{ss}=1/K=2/K^*$。

3. 动态性能

　　由图 4-2 可见,当 $0<K<0.5$ 时,闭环特征根为实根,系统呈现过阻尼状态,阶跃响应为单调上升过程;

　　当 $K=0.5$ 时,闭环特征根为二重实根,系统呈现临界阻尼状态,阶跃响应仍为单调过程,但响应速度较 $0<K<0.5$ 时快;

　　当 $K>0.5$ 时,闭环特征根为一对共轭复根,系统呈现欠阻尼状态,阶跃响应为振荡衰减过程,且随 K 增加,阻尼比减小,超调量增大,但 t_s 基本不变。

　　上述分析表明,根轨迹与系统性能之间有着密切的联系,利用根轨迹可以分析当系统参数(K)增大时系统动态性能的变化趋势。用解析的方法逐点描画、绘制系统的根轨迹是很麻烦的。我们希望有简便的图解方法,可以根据已知的开环零、极点迅速地绘出闭环系

统的根轨迹。为此,需要研究闭环零、极点与开环零、极点之间的关系。

4.1.3 闭环零、极点与开环零、极点之间的关系

控制系统的一般结构如图 4-3 所示,相应开环传递
函数为 $G(s)H(s)$。假设

$$G(s) = \frac{K_G^* \prod\limits_{i=1}^{f}(s-z_i)}{\prod\limits_{i=1}^{g}(s-p_i)} \qquad (4-1)$$

图4-3 系统结构图

$$H(s) = \frac{K_H^* \prod\limits_{j=f+1}^{m}(s-z_j)}{\prod\limits_{j=g+1}^{n}(s-p_j)} \qquad (4-2)$$

因此

$$G(s)H(s) = \frac{K^* \prod\limits_{i=1}^{f}(s-z_i) \prod\limits_{j=f+1}^{m}(s-z_j)}{\prod\limits_{i=1}^{g}(s-p_i) \prod\limits_{j=g+1}^{n}(s-p_j)} \qquad (4-3)$$

式中,$K^* = K_G^* K_H^*$ 为系统根轨迹增益。对于 m 个零点、n 个极点的开环系统,其开环传递函数可表示为

$$G(s)H(s) = \frac{K^* \prod\limits_{i=1}^{m}(s-z_i)}{\prod\limits_{j=1}^{n}(s-p_j)} \qquad (4-4)$$

式中,z_i 表示开环零点;p_j 表示开环极点。系统闭环传递函数为

$$\Phi(s) = \frac{G(s)}{1+G(s)H(s)} = \frac{K_G^* \prod\limits_{i=1}^{f}(s-z_i) \prod\limits_{j=g+1}^{n}(s-p_j)}{\prod\limits_{j=1}^{n}(s-p_j) + K^* \prod\limits_{i=1}^{m}(s-z_i)} \qquad (4-5)$$

由式(4-5)可见:

(1)闭环零点由前向通路传递函数 $G(s)$ 的零点和反馈通路传递函数 $H(s)$ 的极点组成。对于单位反馈系统 $H(s)=1$,闭环零点就是开环零点。闭环零点不随 K^* 变化,不必专门讨论之。

(2)闭环极点与开环零点、开环极点以及根轨迹增益 K^* 均有关。闭环极点随 K^* 而变化,所以研究闭环极点随 K^* 的变化规律是必要的。

根轨迹法的任务在于,由已知的开环零、极点的分布及根轨迹增益,通过图解法找出闭环极点。一旦闭环极点确定后,再补上闭环零点,系统性能便可以确定。

4.1.4 根轨迹方程

闭环控制系统一般可用图 4-3 所示的结构图来描述。开环传递函数可表示为

$$G(s)H(s) = \frac{K^* \prod\limits_{i=1}^{m} (s - z_i)}{\prod\limits_{j=1}^{n} (s - p_j)}$$

系统的闭环传递函数为

$$\Phi(s) = \frac{G(s)}{1 + G(s)H(s)} \tag{4-6}$$

系统的闭环特征方程为

$$1 + G(s)H(s) = 0 \tag{4-7}$$

即

$$G(s)H(s) = \frac{K^* \prod\limits_{i=1}^{m} (s - z_i)}{\prod\limits_{j=1}^{n} (s - p_j)} = -1 \tag{4-8}$$

显然,在 s 平面上凡是满足式(4-8)的点,都是根轨迹上的点。式(4-8)称为根轨迹方程,可以用幅值条件和相角条件来表示。

幅值条件:

$$|G(s)H(s)| = K^* \frac{\prod\limits_{i=1}^{m} |(s - z_i)|}{\prod\limits_{j=1}^{n} |(s - p_j)|} = 1 \tag{4-9}$$

相角条件:

$$\angle G(s)H(s) = \sum_{i=1}^{m} \angle (s - z_i) - \sum_{j=1}^{n} \angle (s - p_j) = \sum_{i=1}^{m} \varphi_i - \sum_{j=1}^{n} \theta_j$$

$$= (2k + 1)\pi \quad k = 0, \pm 1, \pm 2, \cdots \tag{4-10}$$

式中, $\sum \varphi_i$、$\sum \theta_j$ 分别代表所有开环零、极点到根轨迹上某一点的向量相角之和。

比较式(4-9)和式(4-10)可以看出,幅值条件式(4-9)与根轨迹增益 K^* 有关,而相角条件式(4-10)却与 K^* 无关。所以, s 平面上的某个点,只要满足相角条件,则该点必在根轨迹上。至于该点所对应的 K^* 值,可由幅值条件得出。这意味着:在 s 平面上满足相角条件的点,必定也同时满足幅值条件。因此,相角条件是确定根轨迹 s 平面上一点是否在根轨迹上的充分必要条件。

【例4-1】 设开环传递函数为

$$G(s)H(s) = \frac{K^* (s - z_1)}{s(s - p_2)(s - p_3)}$$

其零、极点分布如图4-4所示,判断 s 平面上某点是否是根轨迹上的点。

解:在 s 平面上任取一点 s_1,画出所有开环零、极点到点 s_1 的向量,若在该点处相角条件

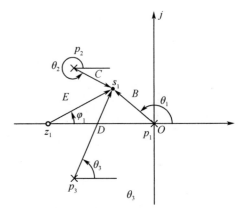

图4-4 系统开环零、极点分布图

$$\sum_{i=1}^{m} \phi_i - \sum_{j=1}^{n} \theta_j = \phi_1 - (\theta_1 + \theta_2 + \theta_3) = (2k+1)\pi$$

成立,则 s_1 为根轨迹上的一个点。该点对应的根轨迹增益 K^* 可根据幅值条件计算如下:

$$K^* = \frac{\prod_{j=1}^{n} |(s_1 - p_j)|}{\prod_{i=1}^{m} |(s_1 - z_i)|} = \frac{BCD}{E}$$

式中 B、C、D 分别表示各开环极点到 s_1 点的向量幅值,E 表示开环零点到 s_1 点的向量幅值。

应用相角条件,可以重复上述过程找到 s 平面上所有的闭环极点。但这种方法并不实用。实际绘制根轨迹是应用以根轨迹方程为基础建立起来的相应法则进行的。

4.2 绘制根轨迹的基本法则

本节讨论根轨迹增益 K^*(或开环增益 K)变化时绘制根轨迹的法则。熟练地掌握这些法则,可以帮助我们方便快速地绘制系统的根轨迹,这对于分析和设计系统是非常有益的。

法则 1 根轨迹的起点和终点:根轨迹起始于开环极点,终止于开环零点;如果开环零点个数 m 少于开环极点个数 n,则有$(n-m)$条根轨迹终止于无穷远处。

根轨迹的起点、终点分别是指根轨迹增益 $K^* = 0$ 和 $\to \infty$ 时的根轨迹点。将幅值条件式 (4-9)改写为

$$K^* = \frac{\prod_{j=1}^{n} |(s-p_j)|}{\prod_{i=1}^{m} |(s-z_i)|} = \frac{s^{n-m} \prod_{j=1}^{n} \left|1 - \dfrac{p_j}{s}\right|}{\prod_{i=1}^{m} \left|1 - \dfrac{z_i}{s}\right|} \tag{4-11}$$

可见当 $s = p_j$ 时,$K^* = 0$;当 $s = z_i$ 时,$K^* \to \infty$;当 $|s| \to \infty$ 且 $n \geqslant m$ 时,$K^* \to \infty$。

法则 2 根轨迹的分支数,对称性和连续性:根轨迹的分支数与开环零点数 m、开环极点数 n 中的大者相等,根轨迹连续并且对称于实轴。

根轨迹是开环系统某一参数从零变到无穷时,闭环极点在 s 平面上的变化轨迹。因此,根轨迹的分支数必与闭环特征方程根的数目一致,即根轨迹分支数等于系统的阶数。实际系统都存在惯性,反映在传递函数上必有 $n \geqslant m$。所以一般讲,根轨迹分支数就等于开环极点数。

实际系统的特征方程都是实系数方程,依代数定理特征根必为实数或共轭复数。因此根轨迹必然对称于实轴。

由对称性,只需画出 s 平面上半部和实轴上的根轨迹,下半部的根轨迹即可对称画出。

特征方程中的某些系数是根轨迹增益 K^* 的函数,K^* 从零连续变到无穷时,特征方程的系数是连续变化的,因而特征根的变化也必然是连续的,故根轨迹具有连续性。

法则 3 实轴上的根轨迹:实轴上的某一区域,若其右边开环实数零、极点个数之和为奇数,则该区域必是根轨迹。

设系统开环零、极点分布如图 4-5 所示。图中,s_0 是实轴上的点,$\varphi_i(i=1,2,3)$ 是各开环零点到 s_0 点向量的相角,$\theta_j(j=1,2,3,4)$ 是各开环极点到 s_0 点向量的相角。由图 4-5 可见,复数共轭极点到实轴上任意一点(包括 s_0 点)的向量之相角和为 2π。对复数共轭零点,情况同样如此。因此,在确定实轴上的根轨迹时,可以不考虑开环复数零、极点的影响。图

4-5 中，s_0 点左边的开环实数零、极点到 s_0 点的向量之相角均为零，而 s_0 点右边开环实数零、极点到 s_0 点的向量之相角均为 π，故只有落在 s_0 右方实轴上的开环实数零、极点，才有可能对 s_0 的相角条件造成影响，且这些开环零、极点提供的相角均为 π。如果令 $\sum \varphi_i$ 代表 s_0 点之右所有开环实数零点到 s_0 点的向量相角之和，$\sum \theta_j$ 代表 s_0 点之右所有开环实数极点到 s_0 点的向量相角之和，那么，s_0 点位于根轨迹上的充分必要条件是下列相角条件成立：

$$\sum_{i=1}^{m_0} \varphi_i - \sum_{j=1}^{n_0} \theta_j = (2k+1)\pi \qquad (k = 0, \ \pm 1, \ \pm 2, \cdots)$$

由于 π 与 $-\pi$ 表示的方向相同，于是等效有：

$$\sum_{i=1}^{m_0} \varphi_i + \sum_{j=1}^{n_0} \theta_j = (2k+1)\pi \qquad (k = 0, \ \pm 1, \ \pm 2, \cdots)$$

式中，m_0、n_0 分别表示在 s_0 右侧实轴上的开环零点和极点个数。

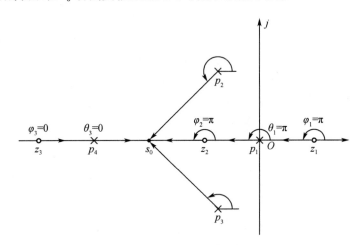

图 4-5　实轴上的根轨迹

式中 $(2k+1)$ 为奇数，于是本法则得证。

不难判断，图 4-5 实轴上，区段 $[p_1,z_1]$，$[p_4,z_2]$ 以及 $(-\infty,z_3]$ 均为实轴上的根轨迹。

法则 4　根轨迹的渐近线：当系统开环极点个数 n 大于开环零点个数 m 时，有 $n-m$ 条根轨迹分支沿着与实轴夹角为 φ_a、交点为 σ_a 的一组渐近线趋向于无穷远处，且有

$$\begin{cases} \varphi_a = \dfrac{(2k+1)\pi}{n-m} \\ \sigma_a = \dfrac{\displaystyle\sum_{j=1}^{n} p_j - \sum_{i=1}^{m} z_i}{n-m} \end{cases} \quad k = 0, \ \pm 1, \ \pm 2, \cdots n-m-1 \qquad (4-12)$$

证明　渐近线就是 $s \to \infty$ 时的根轨迹，因此渐近线也一定对称于实轴。根轨迹方程式 (4-8) 可写成

$$G(s)H(s) = \frac{K^* \displaystyle\prod_{i=1}^{m}(s-z_i)}{\displaystyle\prod_{j=1}^{n}(s-p_j)} = K^* \frac{s^m + b_{m-1}s^{m-1} + \cdots + b_1 s + b_0}{s^n + a_{n-1}s^{n-1} + \cdots + a_1 s + a_0} = -1 \qquad (4-13)$$

式中，$b_{m-1} = \sum\limits_{i=1}^{m} (-z_i)$，$a_{n-1} = \sum\limits_{j=1}^{n} (-p_j)$ 分别为系统开环零点之和与开环极点之和。

当 $K^* \to \infty$ 时，由于 $n>m$，应有 $s \to \infty$。式(4-13)可近似表示为

$$s^{n-m}\left(1 + \frac{a_{n-1} - b_{m-1}}{s + b_{m-1}}\right) = -K^*$$

即有

$$s^{n-m}\left(1 + \frac{a_{n-1} - b_{m-1}}{s}\right) = -K^*$$

或

$$s\left(1 + \frac{a_{n-1} - b_{m-1}}{s}\right)^{\frac{1}{n-m}} = (-K^*)^{\frac{1}{n-m}}$$

将上式左端用牛顿二项式定理展开，并取线性项近似，有

$$s\left[1 + \frac{a_{n-1} - b_{m-1}}{(n-m)s}\right] = (-K^*)^{\frac{1}{n-m}}$$

令

$$\sigma = \frac{a_{n-1} - b_{m-1}}{n-m}$$

有

$$s = -\sigma + (-K^*)^{\frac{1}{n-m}}$$

以 $-1 = 1 \times e^{j(2k+1)\pi}$，$k = 0, \pm1, \pm2, \cdots$ 代入上式，有

$$s = -\sigma + (K^*)^{\frac{1}{n-m}} e^{j\pi\frac{2k+1}{n-m}}$$

这就是当 $s \to \infty$ 时根轨迹的渐近线方程。它表明渐近线与实轴的交点坐标为

$$\sigma_a = -\sigma = \frac{\sum\limits_{j=1}^{n} p_j - \sum\limits_{i=1}^{m} z_i}{n - m}$$

渐近线与实轴夹角为

$$\varphi_a = \frac{(2k+1)\pi}{n-m} \quad (k = 0, \pm1, \pm2 \cdots)$$

本法则得证。

【例4-2】 单位反馈系统开环传递函数为

$$G(s) = \frac{K^*(s+1)}{s(s+4)(s^2+2s+2)}$$

试根据已知的基本法则，绘制根轨迹的渐近线。

解：将开环零、极点标在 s 平面上，如图4-6所示。根据法则，系统有 4 条根轨迹分支，且有 $n-m=3$ 条根轨迹趋于无穷远处，其渐近线与实轴的交点及夹角为

$$\begin{cases} \sigma_a = \dfrac{-4-1+j1-1-j1+1}{4-1} = -\dfrac{5}{3} \\ \varphi_a = \dfrac{(2k+1)\pi}{4-1} = \pm\dfrac{\pi}{3}, \pi \end{cases}$$

三条渐近线如图4-6所示。

法则5 根轨迹的分离点：两条或两条以上根轨迹分支在 s 平面上相遇又分离的点，称为根轨迹的分离点，分离点的坐标 d 是方程

$$\sum_{j=1}^{n} \frac{1}{d-p_j} = \sum_{i=1}^{m} \frac{1}{d-z_i} \qquad (4-14)$$

的解。

证明：由根轨迹方程(4-8)，有

$$1 + \frac{K^* \prod\limits_{i=1}^{m}(s-z_i)}{\prod\limits_{j=1}^{n}(s-p_j)} = 0$$

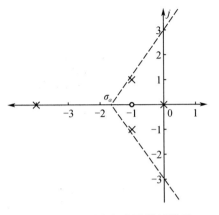

所以闭环特征方程为

$$D(s) = \prod_{j=1}^{n}(s-p_j) + K^* \prod_{i=1}^{m}(s-z_i) = 0$$

或

图 4-6　开环零、极点及渐近线图

$$\prod_{j=1}^{n}(s-p_j) = -K^* \prod_{i=1}^{m}(s-z_i) \qquad (4-15)$$

根轨迹在 s 平面相遇，说明闭环特征方程有重根出现。设重根为 d，根据代数中重根条件，有

$$\dot{D}(s) = \frac{\mathrm{d}}{\mathrm{d}s}\Big[\prod_{j=1}^{n}(s-p_j) + K^* \prod_{i=1}^{m}(s-z_i) \Big] = 0$$

或

$$\frac{\mathrm{d}}{\mathrm{d}s}\prod_{j=1}^{n}(s-p_j) = -K^* \frac{\mathrm{d}}{\mathrm{d}s}\prod_{i=1}^{m}(s-z_i) \qquad (4-16)$$

将式(4-16)、式(4-15)等号两端对应相除，得

$$\frac{\dfrac{\mathrm{d}}{\mathrm{d}s}\prod\limits_{j=1}^{n}(s-p_j)}{\prod\limits_{j=1}^{n}(s-p_j)} = \frac{\dfrac{\mathrm{d}}{\mathrm{d}s}\prod\limits_{i=1}^{m}(s-z_i)}{\prod\limits_{i=1}^{m}(s-z_i)}$$

$$\frac{\mathrm{d}\ln \prod\limits_{j=1}^{n}(s-p_j)}{\mathrm{d}s} = \frac{\mathrm{d}\ln \prod\limits_{i=1}^{m}(s-z_i)}{\mathrm{d}s} \qquad (4-17)$$

有

$$\sum_{j=1}^{n} \frac{\mathrm{d}\ln(s-p_j)}{\mathrm{d}s} = \sum_{i=1}^{m} \frac{\mathrm{d}\ln(s-z_i)}{\mathrm{d}s}$$

于是有

$$\sum_{j=1}^{n} \frac{1}{s-p_j} = \sum_{i=1}^{m} \frac{1}{s-z_i}$$

从上式解出的 s 中，经检验可得分离点 d。本法则得证。

【例 4-3】　控制系统开环传递函数为

$$G(s)H(s) = \frac{K^*(s+2)}{s(s+1)(s+4)}$$

试概略绘制系统根轨迹。

解：将系统开环零、极点标于 s 平面，如图 4-7 所示。

根据法则，系统有 3 条根轨迹分支，且有 $n-m=2$ 条根轨迹趋于无穷远处。根轨迹绘制如下。

(1)实轴上的根轨迹：根据法则 3，实轴上的根轨迹区段为

$$[-4,-2], \quad [-1,0]$$

（2）渐近线：根据法则4，根轨迹的渐近线与实轴交点和夹角为

$$\begin{cases} \sigma_a = \dfrac{-1-4+2}{3-1} = -\dfrac{3}{2} \\ \varphi_a = \dfrac{(2k+1)\pi}{3-1} = \pm\dfrac{\pi}{2} \end{cases}$$

（3）分离点：根据法则5，分离点坐标为

$$\frac{1}{d}+\frac{1}{d+1}+\frac{1}{d+4}=\frac{1}{d+2}$$

经整理得

$$(d+4)(d^2+4d+2)=0$$

故 $d_1=-4, d_2=-3.414, d_3=-0.586$，显然分离点位于实轴上$[-1,0]$间，故取 $d=-0.586$。

图4-7　根轨迹图

根据上述讨论，可绘制出系统根轨迹如图4-7所示。

法则6　根轨迹与虚轴的交点：若根轨迹与虚轴相交，意味着闭环特征方程出现纯虚根。故可在闭环特征方程中令 $s=j\omega$，然后分别令方程的实部和虚部均为零，从中求得交点的坐标值及其相应的 K^* 值。此外，根轨迹与虚轴相交表明系统在相应 K^* 值下处于临界稳定状态，故亦可用劳斯稳定判据去求出交点的坐标值及其相应的 K^* 值。此处的根轨迹增益称为临界根轨迹增益。

【例4-4】　某单位反馈系统开环传递函数为

$$G(s)=\frac{K^*}{s(s+1)(s+5)}$$

试概略绘制系统根轨迹。

解　根轨迹绘制如下。

（1）实轴上的根轨迹

$$(-\infty,-5],[-1,0]$$

（2）渐近线

$$\begin{cases} \sigma_a = \dfrac{-1-5}{3} = -2 \\ \varphi_a = \dfrac{(2k+1)\pi}{3} = \pm\dfrac{\pi}{3},\pi \end{cases}$$

（3）分离点

$$\frac{1}{d}+\frac{1}{d+1}+\frac{1}{d+5}=0$$

经整理得

$$3d^2+12d+5=0$$

解出
$$d_1=-3.5 \quad d_2=-0.47$$

显然分离点位于实轴上$[-1,0]$间，故取 $d=-0.47$。

（4）与虚轴交点：

方法1　系统闭环特征方程为

$$D(s) = s^3 + 6s^2 + 5s + K^* = 0$$

令 $s = \mathrm{j}\omega$，则

$$D(\mathrm{j}\omega) = (\mathrm{j}\omega)^3 + 6(\mathrm{j}\omega)^2 + 5(\mathrm{j}\omega) + K^* = -\mathrm{j}\omega^3 - 6\omega^2 + \mathrm{j}5\omega + K^* = 0$$

令实部、虚部分别为零,有

$$\begin{cases} K^* - 6\omega^2 = 0 \\ 5\omega - \omega^3 = 0 \end{cases}$$

解得

$$\begin{cases} \omega = 0 \\ K^* = 0 \end{cases} \quad \begin{cases} \omega = \pm\sqrt{5} \\ K^* = 30 \end{cases}$$

显然第一组解是根轨迹的起点,故舍去。根轨迹与虚轴的交点为 $s = \pm\mathrm{j}\sqrt{5}$,对应的根轨迹增益 $K^* = 30$。

方法 2 用劳斯稳定判据求根轨迹与虚轴的交点。列写劳斯表:

s^3	1	5
s^2	6	K^*
s^1	$(30-K^*)/6$	0
s^0	K^*	

当 $K^* = 30$ 时,s^1 行元素全为零,系统存在共轭虚根。共轭虚根可由 s^2 行的辅助方程求得

$$F(s) = 6s^2 + K^* \big|_{K^*=30} = 0$$

得 $s = \pm\mathrm{j}\sqrt{5}$ 为根轨迹与虚轴的交点。根据上述讨论,可绘制出系统根轨迹如图4-8所示。

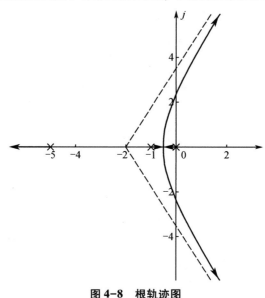

图 4-8　根轨迹图

法则 7 根轨迹的起始角和终止角:根轨迹离开开环复数极点处的切线与正实轴的夹角,称为起始角,以 θ_{p_i} 表示;根轨迹进入开环复数零点处的切线与正实轴的夹角,称为终止角,以 ϕ_{z_i} 表示。起始角、终止角可直接利用相角条件求出。

【例 4-5】 设系统开环传递函数为

$$G(s) = \frac{K^*(s+1.5)(s+2+\mathrm{j})(s+2-\mathrm{j})}{s(s+2.5)(s+0.5+\mathrm{j}1.5)(s+0.5-\mathrm{j}1.5)}$$

试概略绘制系统根轨迹。

解 将开环零、极点标于 s 平面上,绘制根轨迹步骤如下。

(1)实轴上的根轨迹

$$[-1.5,0], \quad (-\infty,-2.5]$$

(2)起始角和终止角

先求起始角。设 s 是由 p_2 出发的根轨迹分支对应 $K^*=\varepsilon$ 时的一点,s 到 p_2 的距离无限小,则矢量 $\overline{p_2s}$ 的相角即为起始角。作各开环零、极点到 s 的向量。由于除 p_2 之外,其余开环零、极点指向 s 的矢量与指向 p_2 的矢量等价,所以它们指向 p_2 的矢量等价于指向 s 的矢量。根据开环零、极点坐标可以算出各矢量的相角。由相角条件(4-10)得

$$\sum_{i=1}^{m}\varphi_i - \sum_{j=1}^{n}\theta_j = (\varphi_1+\varphi_2+\varphi_3) - (\theta_{p_2}+\theta_1+\theta_2+\theta_4) = (2k+1)\pi$$

解得起始角 $\theta_{p_2}=79°$(图4-9)。

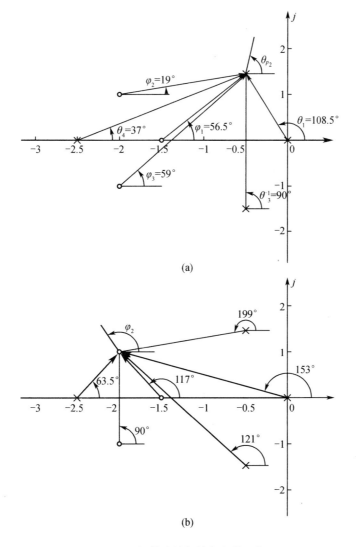

图 **4-9** 根轨迹的起始角和终止角

同理,作各开环零、极点到复数零点(-2+j)的向量,可算出复数零点(-2+j)处的终止角 $\phi_2 = 145°$(图 4-9)。作出系统的根轨迹如图 4-10 所示。

法则 8 根之和:当系统开环传递函数 $G(s)H(s)$ 的分子、分母阶次差 $(n-m)$ 大于等于 2 时,系统闭环极点之和等于系统开环极点之和。

$$\sum_{i=1}^{n} \lambda_i = \sum_{i=1}^{n} p_i \qquad n - m \geq 2$$

图 4-10 根轨迹图

式中,$\lambda_1, \lambda_2, \cdots, \lambda_n$ 为系统的闭环极点(特征根);$p_1, p_2, \cdots, p_n$ 为系统的开环极点。

证明 设系统开环传递函数为

$$G(s)H(s) = \frac{K^*(s - z_1)(s - z_2)\cdots(s - z_m)}{(s - p_1)(s - p_2)\cdots(s - p_n)}$$

$$= \frac{K^* s^m + b_{m-1} K^* s^{m-1} + \cdots + K^* b_0}{s^n + a_{n-1} s^{n-1} + a_2 s^{n-2} + \cdots + a_0}$$

式中

$$a_{n-1} = \sum_{i=1}^{n} (-p_i) \tag{4-18}$$

设 $n-m=2$,即 $m=n-2$,系统闭环特征式为

$$\begin{aligned} D(s) &= (s^n + a_{n-1} s^{n-1} + a_{n-2} s^{n-2} + \cdots + a_0) + (K^* s^m + K^* b_{m-1} s^{m-1} + \cdots + K^* b_0) \\ &= s^n + a_{n-1} s^{n-1} + (a_{n-2} + K^*) s^{n-2} + \cdots + (a_0 + K^* b_0) \\ &= (s - \lambda_1)(s - \lambda_2)\cdots(s - \lambda_n) \end{aligned}$$

另外,根据闭环系统 n 个闭环特征根 $\lambda_1, \lambda_2, \cdots, \lambda_n$ 可得系统闭环特征式为

$$D(s) = s^n + \sum_{i=1}^{n} (-\lambda_i) s^{n-1} + \cdots + \prod_{i=1}^{n} (-\lambda_i) \tag{4-19}$$

可见,当 $n-m \geq 2$ 时,特征方程第二项系数与 K^* 无关。比较系数并考虑式(4-18)有

$$\sum_{i=1}^{n} (-\lambda_i) = \sum_{i=1}^{n} (-p_i) = a_{n-1} \tag{4-20}$$

式(4-20)表明,当 $n-m \geq 2$ 时,随着 K^* 的增大,若一部分极点总体向右移动,则另一部分极点必然总体上向左移动,且左、右移动的距离增量之和为 0。

利用根之和法则可以确定闭环极点的位置,判定分离点所在范围。

【例 4-6】 某单位反馈系统开环传递函数为

$$G(s) = \frac{K^*}{s(s+1)(s+2)}$$

试概略绘制系统根轨迹,并求临界根轨迹增益及该增益对应的 3 个闭环极点。

解:系统有 3 条根轨迹分支,且有 $n-m=3$ 条根轨迹趋于无穷远处。绘制根轨迹步骤如下。

(1)实轴上的根轨迹

$$(-\infty, -2], \quad [-1, 0]$$

（2）渐近线

$$\begin{cases} \sigma_a = \dfrac{-1-2}{3} = -1 \\[3mm] \varphi_a = \dfrac{(2k+1)\pi}{3} = \pm\dfrac{\pi}{3}, \pi \end{cases}$$

（3）分离点

$$\frac{1}{d} + \frac{1}{d+1} + \frac{1}{d+2} = 0$$

经整理得

$$3d^2 + 6d + 2 = 0$$

故

$$d_1 = -1.577 \qquad d_2 = -0.423$$

显然分离点位于实轴上 $[-1,0]$ 间，故取 $d = -0.423$。

由于满足 $n-m \geqslant 2$，闭环根之和为常数，当 K^* 增大时，两支根轨迹向右移动的速度慢于一支向左的根轨迹速度，因此分离点 $|d| < 0.5$ 是合理的。

（4）与虚轴交点

系统闭环特征方程为

$$D(s) = s^3 + 3s^2 + 2s + K^* = 0$$

令 $s = j\omega$，则

$$D(j\omega) = (j\omega)^3 + 3(j\omega)^2 + 2(j\omega) + K^* = -j\omega^3 - 3\omega^2 + j2\omega + K^* = 0$$

令实部、虚部分别为零，有

$$\begin{cases} K^* - 3\omega^2 = 0 \\ 2\omega - \omega^3 = 0 \end{cases}$$

解得

$$\begin{cases} \omega = 0 \\ K^* = 0 \end{cases} \qquad \begin{cases} \omega = \pm\sqrt{2} \\ K^* = 6 \end{cases}$$

显然第一组解是根轨迹的起点，故舍去。根轨迹与虚轴的交点为 $\lambda_{1,2} = \pm j\sqrt{2}$，对应的根轨迹增益为 $K^* = 6$，因为当 $0 < K^* < 6$ 时系统稳定，故 $K^* = 6$ 为临界根轨迹增益，根轨迹与虚轴的交点为对应的两个闭环极点，第三个闭环极点可由根之和法则求得

$$0 - 1 - 2 = \lambda_1 + \lambda_2 + \lambda_3 = \lambda_1 + j\sqrt{2} - j\sqrt{2}$$

$$\lambda_3 = -3$$

系统根轨迹如图 4-11 所示。

根据以上绘制根轨迹的法则，不难绘出系统的根轨迹。具体绘制某一根轨迹时，这 8 条法则并不一定全部用到，要根据具体情况确定应选用的法则。为了便于查阅，将这些法则统

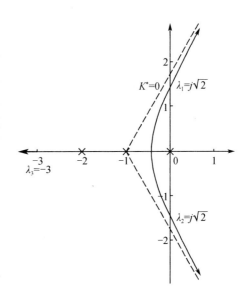

图 4-11 根轨迹图

一归纳在表 4-2 之中。

表 4-2 绘制根轨迹的基本法则

序号	内容	法则
1	根轨迹的起点和终点	根轨迹起始于开环极点,终止于开环零点
2	根轨迹的分支数、对称性和连续性	根轨迹的分支数与开环零点点数 m 和开环极点数 n 中的大者相等,根轨迹是连续的,并且对称于实轴
3	实轴上的根轨迹	实轴上的某一区域,若其右端开环实数零、极点个数之和为奇数,则该区域必是 180° 根轨迹。 ＊ 实轴上的某一区域,若其右端开环实数零、极点个数之和为偶数,则该区域必是 0° 根轨迹
4	根轨迹的渐近线	渐近线与实轴的交点 $\sigma_a = \dfrac{\sum\limits_{j=1}^{n} p_j - \sum\limits_{i=1}^{m} z_i}{n-m}$ 渐近线与实轴夹角 $\begin{cases} \varphi_a = \dfrac{(2k+1)\pi}{n-m} & (180°根轨迹) \\ ＊\varphi_a = \dfrac{2k\pi}{n-m} & (0°根轨迹) \end{cases}$ 其中 $k = 0, \pm 1, \pm 2, \cdots$
5	根轨迹的分离点	分离点的坐标 d 是下列方程 $\sum\limits_{j=1}^{n} \dfrac{1}{d-p_j} = \sum\limits_{i=1}^{m} \dfrac{1}{d-z_i}$ 的解
6	根轨迹与虚轴的交点	根轨迹与虚轴交点坐标 ω 及其对应的 K^* 值可用劳斯稳定判据确定,也可令闭环特征方程中 $s = j\omega$ 的,然后分别令其实部和虚部为零求得
7	根轨迹的起始角和终止角	$\sum\limits_{i=1}^{m} \varphi_i - \sum\limits_{j=1}^{n} \theta_j = (2k+1)\pi \quad (k = 0, \pm 1, \pm 2, \cdots)$ ＊ $\sum\limits_{i=1}^{m} \varphi_i - \sum\limits_{j=1}^{n} \theta_j = 2k\pi \quad (k = 0, \pm 1, \pm 2, \cdots)$
8	根之和	$\sum\limits_{i=1}^{n} \lambda_i = \sum\limits_{i=1}^{n} p_i \quad (n-m \geqslant 2)$

注:以"＊"标明的法则是绘制 0° 根轨迹的法则(与绘制常规根轨迹的法则不同),其余法则不变。

4.3 广义根轨迹

前面介绍的仅是系统在负反馈条件下根轨迹增益 K^* 变化时的根轨迹绘制方法。在实际工程系统的分析、设计过程中,有时需要分析正反馈条件下或除系统的根轨迹增益 K^* 以外的其他参量(例如时间常数、测速机反馈系数等)变化对系统性能的影响。这种情形下绘制的根轨迹(包括参数根轨迹和零度根轨迹),称为广义根轨迹。

4.3.1 参数根轨迹

除根轨迹增益 K^*（或开环增益 K）以外的其他参量从零变化到无穷大时绘制的根轨迹称为参数根轨迹。

绘制参数根轨迹的法则与绘制常规根轨迹的法则完全相同。只需要在绘制参数根轨迹之前引入"等效开环传递函数"，将绘制参数根轨迹的问题化为绘制 K^* 变化时根轨迹的形式来处理。下面举例说明参数根轨迹的绘制方法。

【例 4-7】 单位反馈系统开环传递函数为

$$G(s) = \frac{\frac{1}{4}(s+a)}{s^2(s+1)}$$

试绘制 $a = 0 \to \infty$ 时的根轨迹。

解： 系统的闭环特征方程为

$$D(s) = s^3 + s^2 + \frac{1}{4}s + \frac{1}{4}a = 0$$

构造等效开环传递函数，把含有可变参数的项放在分子上，即

$$G^*(s) = \frac{\frac{1}{4}a}{s\left(s^2 + s + \frac{1}{4}\right)} = \frac{\frac{1}{4}a}{s\left(s + \frac{1}{2}\right)^2}$$

由于等效开环传递函数对应的闭环特征方程与原系统闭环特征方程相同，所以称 $G^*(s)$ 为等效开环传递函数，而借助于 $G^*(s)$ 的形式，可以利用常规根轨迹的绘制方法绘制系统的根轨迹。但必须明确，等效开环传递函数 $G^*(s)$ 对应的闭环零点与原系统的闭环零点并不一致。在确定系统闭环零点，估算系统动态性能时，必须回到原系统开环传递函数进行分析。

等效开环传递函数有 3 个开环极点：$p_1 = 0, p_2 = p_3 = -1/2$；系统有 3 条根轨迹，均趋于无穷远处。

（1）实轴上的根轨迹

$$\left[-\frac{1}{2}, 0\right], \left(-\infty, -\frac{1}{2}\right]$$

（2）渐近线

$$\begin{cases} \sigma_a = \dfrac{-\dfrac{1}{2} - \dfrac{1}{2}}{3} = -\dfrac{1}{3} \\ \varphi_a = \dfrac{(2k+1)\pi}{3} = \pm\dfrac{\pi}{3}, \pi \end{cases}$$

（3）分离点

$$\frac{1}{d} + \frac{1}{d + \dfrac{1}{2}} + \frac{1}{d + \dfrac{1}{2}} = 0$$

解得 $d = -1/6$。

由模值条件得分离点处的 a 值:

$$\frac{a_d}{4} = |d| \left| d + \frac{1}{2} \right|^2 = \frac{1}{54}$$

$$a_d = \frac{2}{27}$$

(4)与虚轴的交点

将 $s = j\omega$ 带入闭环特征方程式,得

$$D(j\omega) = (j\omega)^3 + (j\omega)^2 + \frac{1}{4}(j\omega) + \frac{a}{4} = \left(-\omega^2 + \frac{a}{4}\right) + j\left(-\omega^3 + \frac{1}{4}\omega\right) = 0$$

则有

$$\begin{cases} \mathrm{Re}[D(j\omega)] = -\omega^2 + \dfrac{a}{4} = 0 \\ \mathrm{Im}[D(j\omega)] = -\omega^3 + \dfrac{1}{4}\omega = 0 \end{cases}$$

解得

$$\begin{cases} \omega = \pm \dfrac{1}{2} \\ a = 1 \end{cases}$$

系统根轨迹如图 4-12 所示。从根轨迹图中可以看出参数 a 变化对系统性能的影响:

(1)当 $0 < a \leq 2/27$ 时,闭环极点落在实轴上,系统阶跃响应为单调过程。

(2)当 $2/27 < a < 1$ 时,离虚轴近的一对复数闭环极点逐渐向虚轴靠近,系统阶跃响应为振荡收敛过程。

(3)当 $a > 1$ 时,有闭环极点落在右半 s 平面,系统不稳定,阶跃响应振荡发散。

从原系统开环传递函数可见:$s = -a$ 是系统的一个闭环零点,其位置是变化的;计算系统性能必须考虑其影响。

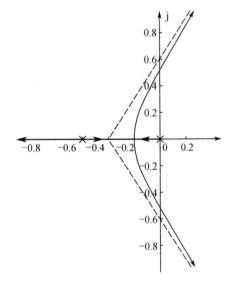

图 4-12 根轨迹图

4.3.2 零度根轨迹

在负反馈条件下根轨迹方程为 $G(s)H(s) = -1$,相角条件为 $\angle G(s)H(s) = (2k+1)\pi$, $k = 0$, $\pm 1, \pm 2, \cdots\cdots$,因此称相应的常规根轨迹为 180°根轨迹。在正反馈条件下,当系统特征方程为 $D(s) = 1 - G(s)H(s) = 0$ 时,根轨迹方程为 $G(s)H(s) = 1$,相角条件为 $\angle G(s)H(s) = 2k\pi$, $k = 0, \pm 1, \pm 2, \cdots$,相应绘制的根轨迹称为 0°根轨迹。

0°根轨迹绘制法则与 180°根轨迹的绘制法则不同。若系统开环传递函数 $G(s)H(s)$ 表达式如式(4-4),则 0°根轨迹方程为

$$\frac{K^* \prod\limits_{i=1}^{m}(s-z_i)}{\prod\limits_{j=1}^{n}(s-p_j)} = 1 \qquad (4-21)$$

相应有：

幅值条件

$$|G(s)H(s)| = K^* \frac{\prod\limits_{i=1}^{m}|(s-z_i)|}{\prod\limits_{j=1}^{n}|(s-p_j)|} = 1 \qquad (4-22)$$

相角条件

$$\angle G(s)H(s) = \sum_{i=1}^{m}\angle(s-z_i) - \sum_{j=1}^{n}\angle(s-p_j)$$
$$= \sum_{i=1}^{m}\phi_i - \sum_{j=1}^{n}\theta_j = 2k\pi \quad (k=0, \pm1, \pm2, \cdots) \qquad (4-23)$$

0°根轨迹的幅值条件与180°根轨迹幅值条件一致,而二者相角条件不同。因此,绘制180°根轨迹法则中与相角条件无关的法则可直接用来绘制0°根轨迹,而与相角条件有关的法则3、法则4、法则7需要相应修改。需要做调整的法则有：

法则3* 实轴上的根轨迹:实轴上的某一区域,若其右边开环实数零、极点个数之和为偶数,则该区域必是根轨迹。

法则4* 根轨迹的渐近线与实轴夹角应改为

$$\varphi_a = \frac{2k\pi}{n-m} \qquad (k=0, \pm1, \pm2, \cdots)$$

法则7* 根轨迹的出射角和入射角用式(4-23)计算。

除上述三个法则外,其他法则不变。为了便于使用,也将绘制0°根轨迹法则归纳于表4-2中,与180°根轨迹不同的绘制法则以星号(＊)标明。

【例4-8】 设系统结构图如图4-13所示,其中

$$G(s) = \frac{K^*(s+2)}{(s+3)(s^2+2s+2)} \quad H(s) = 1$$

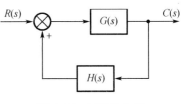

图4-13 系统结构图

试绘制根轨迹。

解：系统为正反馈,应绘制0°根轨迹。系统开环传递函数为

$$G(s)H(s) = \frac{K^*(s+2)}{(s+3)(s^2+2s+2)}$$

根轨迹绘制如下：

(1)实轴上的根轨迹

$$(-\infty, -3], \quad [-2, \infty)$$

(2)渐近线

$$\begin{cases} \sigma_a = \dfrac{-3-1+j1-1-j1+2}{3-1} = -1 \\[2mm] \varphi_a = \dfrac{2k\pi}{3-1} = 0°,180° \end{cases}$$

（3）分离点

$$\frac{1}{d+3} + \frac{1}{d+1-j} + \frac{1}{d+1+j} = \frac{1}{d+2}$$

经整理得

$$(d+0.8)(d^2+4.7d+6.24) = 0$$

显然分离点位于实轴上，故取 $d=-0.8$。

（4）起始角

根据绘制 0°根轨迹的法则 7，对应极点 $p_1=-1+j$，根轨迹的起始角为

$$\theta_{p_1} = 0°+45°-(90°+26.6°) = -71.6°$$

根据对称性，根轨迹从 $p_2=-1-j$ 的起始角为 $\theta_{p_2}=71.6°$。系统根轨迹如图 4-14 所示。

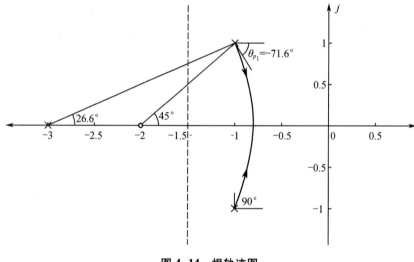

图 4-14　根轨迹图

（5）临界开环增益：由图 4-14 可见，坐标原点对应的根轨迹增益为临界值，可由模值条件求得

$$K_c^* = \frac{|0-(-1+j)| \cdot |0-(-1-j)| \cdot |0-(-3)|}{|0-(-2)|} = 3$$

由于 $K=K^*/3$，于是临界开环增益 $K=1$。因此，为了使该正反馈系统稳定，开环增益应小于 1。

【例 4-9】　飞机纵向控制系统结构图如图 4-15(a)所示，设开环传递函数为

$$G(s)H(s) = \frac{-K(s^2+2s-1.25)}{s(s^2+3s+15)}$$

试绘出系统的根轨迹图。

解：系统的特征方程为 $1+G(s)H(s)=0$，系统根轨迹为 $G(s)H(s)=-1$。

(a) 系统结构图　　　(b) 根轨迹图

图 4-15　例 4-9 图

$$G(s)H(s) = -K^* \frac{(s^2+2s-1.25)}{s(s^2+3s+15)} = -1$$

有

$$K^* \frac{(s+2.5)(s-0.5)}{s(s+1.5\pm j3.357)} = 1$$

可见,应该画 0°根轨迹。

（1）实轴上的根轨迹

$$[-2.5, 0] \quad [0.5, \infty)$$

（2）起始角

利用 0°根轨迹相角条件,得

$$\phi_1 + \phi_2 - (\theta_1 + \theta_2 + \theta_3) = 2k\pi$$

即

$$74.35° + 119.26° - (112.79° + \theta_2 + 90°) = 0°$$

可解出 $\theta_2 = -9.18°$。

（3）与虚轴交点

系统特征方程为

$$D(s) = s^3 + (3-K^*)s^2 + (15-2K^*)s + 1.25K^* = 0$$

令

$$\begin{cases} \text{Im}[D(j\omega)] = -\omega^3 + (15-2K^*)\omega = 0 \\ \text{Re}[D(j\omega)] = -(3-K^*)\omega^2 + 1.25K^* = 0 \end{cases}$$

联立解出

$$\begin{cases} K^* = 2.657 \\ \omega = 3.112 \end{cases}$$

与虚轴交点为 $(0, \pm j3.112)$。

4.4　利用根轨迹分析系统性能

利用根轨迹,可以定性分析当系统某一参数变化时系统动态性能的变化趋势,在给定该参数值时可以确定相应的闭环极点,再加上闭环零点,可得到相应零、极点形式的闭环传递函数。本节讨论如何利用根轨迹分析、估算系统性能,同时分析附加开环零、极点对根轨迹及系统性能的影响。

4.4.1 利用闭环主导极点估算系统的性能指标

如果高阶系统闭环极点满足具有闭环主导极点的分布规律,就可以忽略非主导极点及偶极子的影响,把高阶系统简化为阶数较低的系统,近似估算系统性能指标。

【例 4-10】 已知单位反馈系统的开环传递函数为

$$G(s)=\frac{K}{s(s+1)(0.5s+1)}$$

试用根轨迹法确定系统在稳定欠阻尼状态下的开环增益 K 的范围,并计算阻尼比 $\zeta=0.5$ 时的 K 值以及相应的闭环极点,估算此时系统的动态性能指标。

解: 将开环传递函数写成零、极点形式,得

$$G(s)=\frac{2K}{s(s+1)(s+2)}=\frac{K^*}{s(s+1)(s+2)}$$

式中,$K^*=2K$ 为根轨迹增益。

(1)将开环零、极点在 s 平面上标出;

(2)$n=3$,有 3 条根轨迹分支,3 条根轨迹均趋向于无穷远处;

(3)实轴上的根轨迹区段为:$(-\infty,-2]$,$[-1,0]$;

(4)渐近线 $\begin{cases}\sigma_a=\dfrac{-1-2}{3}=-1\\[2mm]\varphi_a=\dfrac{(2k+1)\pi}{3}=\pm\dfrac{\pi}{3},\pi\end{cases}$

(5)分离点 $\dfrac{1}{d}+\dfrac{1}{d+1}+\dfrac{1}{d+2}=0$

整理得

$$3d^2+6d+2=0$$

解得

$$d_1=-1.577 \quad d_2=-0.432$$

显然分离点为 $d=-0.432$,由幅值条件可求得分离点处的 K^* 值:

$$K_d^*=|d|\cdot|d+1|\cdot|d+2|=0.4$$

(6)与虚轴的交点

闭环特征方程式为

$$D(s)=s^3+3s^2+2s+K^*=0$$

令

$$\begin{cases}\mathrm{Re}[D(\mathrm{j}\omega)]=-3\omega^2+K^*=0\\ \mathrm{Im}[D(\mathrm{j}\omega)]=-\omega^3+2\omega=0\end{cases}$$

解得

$$\begin{cases}\omega=\pm\sqrt{2}\\ K^*=6\end{cases}$$

系统根轨迹如图 4-16 所示。

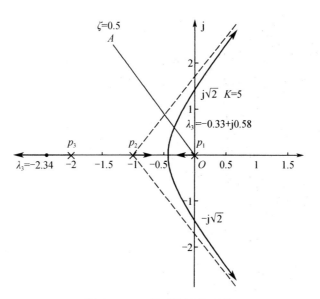

图 4-16 三阶系统根轨迹图

从根轨迹图上可以看出稳定欠阻尼状态的根轨迹增益的范围为 $0.4 < K^* < 6$，相应开环增益范围为 $0.2 < K < 3$。

为了确定满足阻尼比 $\zeta = 0.5$ 条件时系统的 3 个闭环极点，首先作出 $\zeta = 0.5$ 时的等阻尼线 OA，它与负实轴夹角为

$$\beta = \arccos \zeta = 60°$$

如图 4-16 所示。等阻尼线 OA 与根轨迹的交点即为相应的闭环极点，可设相应两个复数闭环极点分别为

$$\lambda_1 = -\zeta\omega_n + j\omega_n \sqrt{1-\zeta^2} = -0.5\omega_n + j0.866\omega_n$$

$$\lambda_2 = -\zeta\omega_n - j\omega_n \sqrt{1-\zeta^2} = -0.5\omega_n - j0.866\omega_n$$

闭环特征方程式为

$$D(s) = (s-\lambda_1)(s-\lambda_2)(s-\lambda_3) = s^3 + (\omega_n - \lambda_3)s^2 + (\omega_n^2 - \lambda_3\omega_n)s - \lambda_3\omega_n^2 = s^3 + 3s^2 + 2s + K^* = 0$$

比较系数有

$$\begin{cases} \omega_n - \lambda_3 = 3 \\ \omega_n^2 - \lambda_3\omega_n = 2 \\ -\lambda_3\omega_n^2 = K^* \end{cases}$$

解得

$$\begin{cases} \omega_n = \dfrac{2}{3} \\ \lambda_3 = -2.33 \\ K^* = 1.04 \end{cases}$$

故 $\zeta = 0.5$ 时的 K 值以及相应的闭环极点为

$$K = K^*/2 = 0.52$$

$$\lambda_1 = -0.33 + j0.58, \ \lambda_2 = -0.33 - j0.58, \ \lambda_3 = -2.33$$

在所求得的 3 个闭环极点中,λ_3 至虚轴的距离与 λ_1(或 λ_2)至虚轴的距离之比为

$$\frac{2.34}{0.33} \approx 7(倍)$$

可见,λ_1、λ_2 是系统的主导闭环极点。于是,可由 λ_1、λ_2 所构成的二阶系统来估算原三阶系统的动态性能指标。原系统闭环增益为 1,因此相应的二阶系统闭环传递函数为

$$\Phi_2(s) = \frac{0.33^2 + 0.58^2}{(s+0.33-j0.58)(s+0.33+j0.58)} = \frac{0.667^2}{s^2 + 0.667s + 0.667^2}$$

将 $\begin{cases} \omega_n = 0.667 \\ \zeta = 0.5 \end{cases}$ 代入公式得

$$\sigma\% = e^{-\zeta\pi/\sqrt{1-\zeta^2}} = e^{-0.5\times3.14/\sqrt{1-0.5^2}} = 16.3\%$$

$$t_s = \frac{3.5}{\zeta\omega_n} = \frac{3.5}{0.5\times0.667} = 10.5 \text{ s}$$

原系统为 I 型系统,系统的静态速度误差系数计算为

$$K_v = \lim_{s\to0} sG(s) = \lim_{s\to0} s \cdot \frac{K}{s(s+1)(0.5s+1)} = K = 0.525$$

系统在单位斜坡信号作用下的稳态误差为

$$e_{ss} = \frac{1}{K_v} = \frac{1}{K} = 1.9$$

【例 4-11】 控制系统结构图如图 4-17(a)所示,试绘制系统根轨迹,并确定 $\zeta = 0.5$ 时系统的开环增益 K 值及对应的闭环传递函数。

解:开环传递函数为

$$G(s)H(s) = \frac{K^*(s+4)}{s(s+2)(s+3)} \cdot \frac{s+2}{s+4} = \frac{K^*}{s(s+3)} \qquad \begin{cases} K = K^*/3 \\ v = 1 \end{cases}$$

根据法则,系统有 2 条根轨迹分支,均趋于无穷远处。

实轴上的根轨迹

$$[-3, 0]$$

分离点

$$\frac{1}{d} + \frac{1}{d+3} = 0$$

解得 $d = -3/2$。

系统根轨迹如图 4-18 所示。

当 $\zeta = 0.5$ 时,$\beta = 60°$。作 $\beta = 60°$ 直线与根轨迹交点坐标为

$$\lambda_1 = -\frac{3}{2} + j\frac{3}{2}\tan 60° = -\frac{3}{2} + j\frac{3}{2}\sqrt{3}$$

$$K^* = \left| -\frac{3}{2} + j\frac{3}{2}\sqrt{3} \right| \cdot \left| -\frac{3}{2} + j\frac{3}{2}\sqrt{3} + 3 \right| = 9$$

$$K = \frac{K^*}{3} = 3$$

图 4-17 系统结构图

图 4-18 根轨迹图

闭环传递函数为

$$\Phi(s) = \cfrac{\cfrac{K^*(s+1)}{s(s+2)(s+3)}}{1 + \cfrac{K^*}{s(s+3)}} = \frac{K^*(s+4)}{(s^2+3s+K^*)(s+2)} = \frac{9(s+4)}{(s^2+3s+9)(s+2)}$$

注意:本题中由于开环传递函数中出现了零、极点对消现象,两条根轨迹反映的只是随根轨迹增益 K^* 变化的两个闭环特征根。这时应导出 $\Phi(s)$,补回由于零、极点对消而丢失的闭环零、极点,然后再计算系统动态性能指标。

4.4.2 开环零、极点分布对系统性能的影响

开环零、极点的分布决定着系统根轨迹的形状。如果系统的性能不尽人意,可以通过调整控制器的结构和参数,改变相应的开环零、极点的分布,调整根轨迹的形状,改善系统的性能。

1. 增加开环零点对根轨迹的影响

【例 4-12】 三个单位反馈系统的开环传递函数分别为

$$G_1(s) = \frac{K^*}{s(s^2+2s+2)} \qquad G_2(s) = \frac{K^*(s+3)}{s(s^2+2s+2)} \qquad G_3(s) = \frac{K^*(s+2)}{s(s^2+2s+2)}$$

试分别绘制三个系统的根轨迹。

解:三个系统的零、极点分布及根轨迹分别如图 4-19(a)(b)(c)所示。

从图 4-19 中可以看出,增加一个开环零点使系统的根轨迹向左偏移。提高了系统的稳定度,有利于改善系统的动态性能,而且,开环负实零点离虚轴越近,这种作用越显著;若增加的开环零点和某个极点重合或距离很近时,构成偶极子,则二者作用相互抵消。因此,可以通过加入开环零点的方法,抵消有损于系统性能的极点。

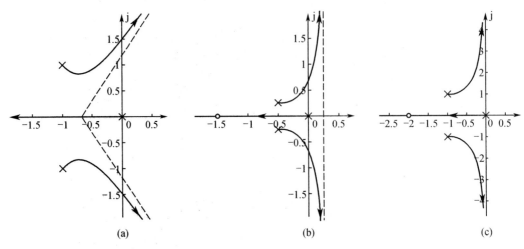

图 4-19　根轨迹图

2. 增加开环极点对根轨迹的影响

【例 4-13】　三个单位反馈系统的开环传递函数分别为

$$G_1(s) = \frac{K^*}{s(s+1)}, \quad G_2(s) = \frac{K^*}{s(s+1)(s+2)}, \quad G_3(s) = \frac{K^*}{s^2(s+1)}$$

试分别绘制三个系统的根轨迹。

解：三个系统的零、极点分布及根轨迹分别如图 4-20(a)(b)(c)所示。

从图 4-20 中可以看出，增加一个开环极点使系统的根轨迹向右偏移。这样，降低了系统的稳定度，不利于改善系统的动态性能，而且，开环负实极点离虚轴越近，这种作用越显著。

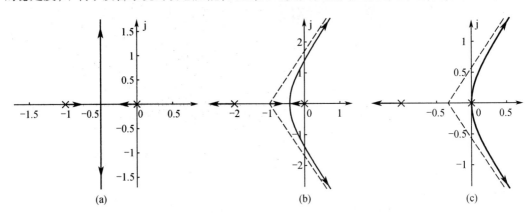

图 4-20　根轨迹图

【例 4-14】　三个系统的开环传递函数分别为

$$G(s)H_1(s) = \frac{K^*}{s(s+1)} \quad G(s)H_2(s) = \frac{K^*(s+2)}{s(s+1)(s+3)} \quad G(s)H_3(s) = \frac{K^*(s+3)}{s(s+1)(s+2)}$$

试分别绘制三个系统的根轨迹。

解：三个系统的零、极点分布及根轨迹分别如图 4-21(a)，(b)，(c)所示。

从图 4-21(b)中可以看出，当 $|z_c| < |p_c|$ 时，增加的开环零点靠近虚轴，起主导作用。

此时,零点矢量幅角大于极点矢量幅角,即 $\angle(s-z_c) > \angle(s-p_c)$ $(\phi_c > \theta_c)$。这对零、极点为原开环传递函数附加超前角 $+(\varphi_c-\theta_c)$,相当于附加开环零点的作用使根轨迹向左偏移,改善了系统动态性能。当 $|z_c| > |p_c|$ 时,极点为原开环传递函数附加滞后角 $-(\phi_c-\theta_c)$,相当于附加开环极点的作用使根轨迹向右偏移。

图 4-21 根轨迹图

因此,合理选择校正装置参数,设置相应的开环零、极点位置,可以改善系统动态性能。

习 题

1. 系统的开环传递函数为

$$G(s)H(s) = \frac{K^*}{(s+1)(s+2)(s+4)}$$

试证明 $s_1 = -1+\mathrm{j}\sqrt{3}$ 在根轨迹上,并求出相应的根轨迹增益 K^* 和开环增益 K。

2. 已知单位反馈系统的开环传递函数 $G(s) = \dfrac{2s}{(s+4)(s+b)}$,试绘制参数 b 从零变化到无穷大时的根轨迹,并写出 $s=-2$ 这一点对应的闭环传递函数。

3. 已知单位反馈系统的开环传递函数,试概略绘出系统根轨迹。

(1) $G(s) = \dfrac{K}{s(0.2s+1)(0.5s+1)}$

(2) $G(s) = \dfrac{K(s+1)}{s(2s+1)}$

(3) $G(s) = \dfrac{K^*(s+5)}{s(s+2)(s+3)}$

(4) $G(s) = \dfrac{K^*(s+1)(s+2)}{s(s-1)}$

4. 已知单位反馈系统的开环传递函数为

$$G(s) = \frac{K}{s(0.02s+1)(0.01s+1)}$$

要求:(1)绘制系统的根轨迹;

(2)确定系统临界稳定时开环增益 K 的值;

(3)确定系统临界阻尼比时开环增益 K 的值。

5. 已知系统的开环传递函数为 $G(s)H(s) = \dfrac{K^*}{s(s^2+8s+20)}$,要求绘制根轨迹并确定系统阶跃响应无超调时开环增益 K 的取值范围。

第5章　线性系统的频域分析

频域分析法是一种图解分析法,是一种间接的研究控制系统性能的工程方法。它是根据系统的开环频率特性,分析和判断闭环系统的稳定性、动态性和稳态性能,因而可以避免繁杂的求解运算,计算量较小。

频域分析法研究系统的依据是频率特性,频率特性是控制系统的又一种数学模型,具有明确的物理意义,可用实验的方法来确定,因此,对于难以获得数学模型的系统来说,具有很重要的实际意义。频域分析法还能方便地分析系统参数变化对系统的影响,指出改善系统性能的途径。

建立在频率特性基础上的分析控制系统的频域法弥补了时域分析法中存在的不足,因而获得了广泛的应用。频域分析法具有以下特点:

(1)控制系统及其元部件的频率特性可以运用分析法或者实验法获得,并可用多种形式的曲线来表示,因而系统分析和控制器设计可以应用图解法进行。

(2)频率特性的物理意义明确。频域性能指标和时域性能指标之间有相对应的关系。

(3)控制系统的频域设计可以兼顾动态响应和噪声抑制两方面的要求。

另外,频域分析还可以推广到研究某些非线性系统。

本章将介绍频率特性的基本概念、典型环节与开环系统的频率特性、频率域稳定判据、闭环系统的频率特性等内容。

5.1　频率特性的基本概念

5.1.1　RC 网络

频率特性又称频率响应,它是系统(或元件)对不同频率正弦输入信号的响应特性。下面我们以一个简单的 RC 网络为例,说明频率特性的概念,如图 5-1 所示的电路。其微分方程为

图 5-1　RC 电路

$$RC\frac{\mathrm{d}c(t)}{r(t)}+c(t)=r(t)$$

令 $T=RC$,为电路的惯性时间常数,则网络的传递函数为

$$\frac{C(s)}{R(s)}=\frac{1}{Ts+1} \tag{5-1}$$

若在网络输入正弦电压,即

$$r(t)=A\sin \omega t$$

则由式(5-1)有

$$C(s)=\frac{1}{Ts+1}R(s)=\frac{1}{Ts+1}\times\frac{A\omega}{s^2+\omega^2}$$

经拉氏逆变换,得到电容两端的电压为

$$c(t) = \frac{A\omega T}{1 + \omega^2 T^2} e^{-\frac{t}{T}} + \frac{A}{\sqrt{1 + \omega^2 T^2}} \sin(\omega t - \arctan \omega T)$$

上式中，$c(t)$ 第一项为瞬态分量，随着时间的无限增长，瞬态分量衰减为零；第二项为稳态分量。令 $\varphi(\omega) = -\arctan \omega T$，显然，$RC$ 电路的稳态响应为

$$c(\infty) = \lim_{t \to \infty} c(t) = \frac{A}{\sqrt{1 + \omega^2 T^2}} \sin(\omega t + \phi) \tag{5-2}$$

由式（5-2）可知，当输入为正弦信号时，网络的稳态输出仍然是与输入电压同频率的正弦信号，输出的幅值是输入的 $\dfrac{1}{\sqrt{1 + \omega^2 T^2}}$ 倍，相角比输入滞后了 $\arctan \omega T$。

将输出的稳态响应和输入正弦信号用复数向量表示，则有

$$G(j\omega) = \frac{1}{1 + j\omega T} = A(\omega) e^{j\varphi} \tag{5-3}$$

我们称式（5-3）为 RC 网络的频率特性，其中 $A(\omega) = \left| \dfrac{1}{1 + j\omega T} \right| = \dfrac{1}{\sqrt{1 + \omega^2 T^2}}$ 称为 RC 网络的幅频特性，$\varphi(\omega) = -\arctan \omega T$ 称作相频特性。显然，他们都是频率 ω 的函数。

5.1.2　频率特性的定义

系统在正弦信号的作用下，其输出的稳态分量称为频率响应，结构图如图 5-2 所示。

图 5-2　系统结构图

设线性定常系统的传递函数为 $G(s)$，输入量和输出量分别为 $r(t)$ 和 $c(t)$，且输入信号为正弦信号 $r(t) = A\sin \omega t$。与上面对 RC 网络的分析相似，可以得到

$$R(s) = \frac{A\omega}{s^2 + \omega^2} \tag{5-4}$$

$$C(s) = G(s)R(s) = G(s)\frac{A\omega}{s^2 + \omega^2} = G(s)\frac{A\omega}{(s + j\omega)(s - j\omega)} \tag{5-5}$$

设系统输出变量中的稳态分量和瞬态分量分别为 $c_s(t)$ 和 $c_t(t)$，则有

$$C(s) = C_s(s) + C_t(s) \tag{5-6}$$

$$C_s(s) = \frac{A_1}{s + j\omega} + \frac{A_2}{s - j\omega} \tag{5-7}$$

其中 A_1 和 A_2 为待定系数，则有

$$c_s(t) = A_1 e^{-j\omega t} + A_2 e^{j\omega t} \tag{5-8}$$

$$A_1 = G(s)\frac{A\omega}{(s + j\omega)(s - j\omega)}(s + j\omega) \Big|_{s = -j\omega} \tag{5-9}$$

$$A_2 = G(s)\frac{A\omega}{(s + j\omega)(s - j\omega)}(s - j\omega) \Big|_{s = j\omega} \tag{5-10}$$

将式（5-9）和式（5-10）代入式（5-8）中，考虑到 $G(j\omega)$ 和 $G(-j\omega)$ 为共轭复数，并利用数学中的欧拉公式，可以推导出

$$c_s(t) = A|G(j\omega)|\sin(\omega t + \varphi) \tag{5-11}$$

式中，$G(j\omega)$ 就是令 $G(s)$ 中的 s 等为 $j\omega$ 所得到的复数量；$|G(j\omega)|$ 为复量 $G(j\omega)$ 的模，$\varphi = \angle G(j\omega)$ 为复量 $|G(j\omega)|$ 的相位，也就是输出信号对于输入信号的相位差。

综上所述，对于线性定常系统，若传递函数为 $G(s)$，当输入量是正弦信号时，其稳态响应 $c_s(t)$ 是同一频率的正弦信号，此时，称稳态响应的幅值与输入信号的幅值之比，即

$$\frac{A|G(j\omega)|}{A} = |G(j\omega)| \tag{5-12}$$

为系统的幅频特性，称 $c_s(t)$ 与 $r(t)$ 之间的相位差 $\phi = \angle G(j\omega)$ 为系统的相频特性。幅频特性和相频特性统称为系统的频率特性，或称频率响应。

5.1.3 频率特性的表示方法

频率特性有 3 种表示方法：

1. 指数表示

$$G(j\omega) = A(\omega)e^{j\varphi(\omega)} \tag{5-13}$$

2. 极坐标表示

$$G(j\omega) = A(\omega)\cos\phi(\omega) + jA(\omega)\sin\phi(\omega) = |G(j\omega)|\angle G(j\omega) \tag{5-14}$$

3. 直角坐标表示

$$G(j\omega) = U(\omega) + jV(\omega) \tag{5-15}$$

上式中，$U(\omega)$ 称为实频特性，$V(\omega)$ 称为虚频特性，其中

$$\begin{cases} U(\omega) = A(\omega)\cos\varphi(\omega) \\ V(\omega) = A(\omega)\sin\varphi(\omega) \end{cases} \tag{5-16}$$

$$\begin{cases} A(\omega) = |G(j\omega)| = \sqrt{U^2(\omega) + V^2(\omega)} \\ \varphi(\omega) = \angle G(j\omega) = \arctan\dfrac{V(\omega)}{U(\omega)} \end{cases} \tag{5-17}$$

5.1.4 频率特性与传递函数之间的关系

系统的频率特性 $G(j\omega)$ 是系统传递函数 $G(s)$ 的特殊形式。它们之间的关系为

$$G(j\omega) = G(s)\Big|_{s=j\omega} \tag{5-18}$$

频率特性是定义在复平面虚轴上的传递函数，因此，频率特性和系统的微分方程、传递函数一样反映了系统的固有特性。各数学模型之间的关系如图 5-3 所示。

图 5-3　各数学模型之间的关系

5.1.5　频率特性的性质

(1)频率特性描述了系统的内在特性,与外界因素无关。当系统结构参数给定时,则频率特性也完全确定。因此,频率特性也是一种数学模型。

(2)频率特性是在系统稳定的前提下求得的,不稳定系统则无法直接观察到稳态响应。从理论上讲,系统动态过程的稳态分量总可以分离出来,而且其规律并不依赖于系统的稳定性。可将频率特性的概念扩展为线性系统正弦输入作用下,输出稳态分量和输入的复数比。因此,频率特性是一种稳态响应。

(3)系统的稳态输出量与输入量具有相同的频率,且 $G(j\omega)$、$A(\omega)$、$\varphi(\omega)$ 都是频率 ω 的复变函数,都随频率 ω 的改变而改变,而与输入幅值无关。

(4)频率特性反映了系统性能,不同的性能指标对系统频率特性提出不同的要求。反之,由系统的频率特性也可确定系统的性能指标。

(5)实际的自动控制系统都具有 ω 升高、幅频特性 $A(\omega)$ 衰减的特性,该特性称为低通滤波器特性。

(6)频率特性一般适用于线性元件或系统的分析,也可推广应用到某些非线性系统的分析。

(7)频率特性的分析方法是一种图解分析,其最大的特点就是将系统的频率特性用曲线表示出来,计算量小,非常直观。常用的分析方法有两种:奈奎斯特图(Nyquist 图)分析法和伯德图(Bode 图)分析法,将在下面 5.2 节和 5.3 节中介绍。

【例 5-1】　设某线性系统的传递函数为

$$G(s) = \frac{10s}{s+1}$$

试计算系统的频率特性。

解:令 $s=j\omega$,代入上式,得

$$G(j\omega) = \frac{10j\omega}{(j\omega+1)} = \frac{10j\omega(-j\omega+1)}{(j\omega+1)(-j\omega+1)} = \frac{10\omega^2 + 10j\omega}{\omega^2+1}$$

系统的幅频特性为

$$|G(j\omega)| = \frac{10\omega}{\sqrt{\omega^2+1}}$$

系统的相频特性为

$$\varphi = \angle G(j\omega) = \arctan\frac{1}{\omega}$$

系统的频率特性为

$$G(j\omega) = |G(j\omega)|e^{j\angle G(j\omega)} = \frac{10\omega}{\sqrt{\omega^2+1}}e^{j\arctan\frac{1}{\omega}}$$

5.2 奈奎斯特图分析法

奈奎斯特图又称极坐标图,或称幅相特性图,它在直角坐标或极坐标平面上,以 ω 为自变量,当 ω 由 $0\to\infty$ 时,画出频率特性 $G(j\omega)$ 的点的轨迹,这个平面称为 $G(s)$ 的复平面。

绘制奈奎斯特图的依据就是 5.1.3 节中介绍的频率特性表示法,大部分的情况下,不必逐点准确绘图,只需画出简图即可。基本过程是,找出 $\omega=0$ 及 $\omega\to\infty$ 时的 $G(j\omega)$ 的位置,以及另外一到两个关键点,再把它们联结起来,并标上 ω 的变化情况,就成了奈奎斯特简图。绘制奈奎斯特简图主要依据是相频特性 $\phi=\angle G(j\omega)$,同时参考幅频特性 $|G(j\omega)|$,有时也需要利用实频特性 $U(\omega)$ 和虚频特性 $V(\omega)$。

奈奎斯特图的优点是,在一张图上就可以较容易地得到全部频率范围内的频率特性,利用图形可以较容易地对系统进行定性分析;缺点是,不能明显地表示出各个环节对系统的影响和作用。

5.2.1 典型环节的奈奎斯特图

1. 比例环节

比例环节的传递函数

$$G(s) = K \tag{5-19}$$

频率特性

$$G(j\omega) = K \tag{5-20}$$

幅频特性

$$|G(j\omega)| = K \tag{5-21}$$

相频特性

$$\angle G(j\omega) = 0 \tag{5-22}$$

实频特性

$$U(\omega) = K$$

虚频特性

$$V(\omega) = 0 \tag{5-23}$$

显然,上述特性与 ω 的变化无关,故比例环节的奈奎斯特图为实轴上的一个点,如图 5-4 所示。

2. 积分环节

积分环节传递函数为

$$G(s) = \frac{1}{s} \tag{5-24}$$

频率特性

$$G(j\omega) = \frac{1}{j\omega} = -j\frac{1}{\omega} = \frac{1}{\omega}e^{-j\frac{\pi}{2}} \tag{5-25}$$

幅频特性

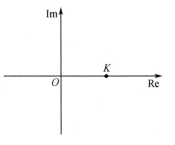

图 5-4 比例环节的
奈奎斯特图

$$|G(j\omega)| = \frac{1}{\omega} \tag{5-26}$$

相频特性

$$\angle G(j\omega) = -\frac{\pi}{2} \tag{5-27}$$

实频特性

$$U(\omega) = 0 \tag{5-28}$$

虚频特性

$$V(\omega) = -\frac{1}{\omega} \tag{5-29}$$

根据奈奎斯特图的基本图法,找出几个关键点,可得到表5-1。

表5-1　积分环节各关键点

ω	$\|G(j\omega)\|$	$\angle G(j\omega)$	$U(\omega)$	$V(\omega)$
0	∞	$-90°$	0	$-\infty$
1	1	$-90°$	0	-1
∞	0	$-90°$	0	0

根据表5-1中的关键点和 ω 的变化情况,可知积分环节奈奎斯特图是负虚轴,如图5-5所示。

3. 微分环节

微分环节传递函数

$$G(s) = s \tag{5-30}$$

频率特性

$$G(j\omega) = j\omega = \omega e^{j\frac{\pi}{2}} \tag{5-31}$$

幅频特性

$$|G(j\omega)| = \omega \tag{5-32}$$

相频特性

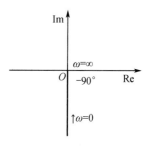

图5-5　积分环节的
奈奎斯特图

$$\angle G(j\omega) = \frac{\pi}{2} \tag{5-33}$$

实频特性

$$U(\omega) = 0 \tag{5-34}$$

虚频特性

$$V(\omega) = \omega \tag{5-35}$$

根据上述各式,可得到表5-2。

表5-2 微分环节各关键点

ω	$\mid G(j\omega)\mid$	$\angle G(j\omega)$	$U(\omega)$	$V(\omega)$
0	0	90°	0	0
1	1	90°	0	1
∞	∞	90°	0	∞

根据表5-2中的关键点和 ω 的变化情况,可知微分环节的奈奎斯特图是正虚轴,如图5-6所示。

4. 惯性环节

惯性环节传递函数

$$G(s) = \frac{1}{Ts + 1} \tag{5-36}$$

频率特性

$$G(j\omega) = \frac{1}{j\omega T + 1} \tag{5-37}$$

图5-6 微分环节的
奈奎斯特图

幅频特性

$$\mid G(j\omega)\mid = \frac{1}{\sqrt{T^2\omega^2 + 1}} \tag{5-38}$$

相频特性

$$\angle G(j\omega) = 0 - \arctan T\omega = -\arctan T\omega \tag{5-39}$$

实频特性

$$U(\omega) = \frac{1}{T^2\omega^2 + 1} \tag{5-40}$$

虚频特性

$$V(\omega) = -\frac{T\omega}{T^2\omega^2 + 1} \tag{5-41}$$

根据上述各式,可得到表5-3。

表5-3 惯性环节各关键点

ω	$\mid G(j\omega)\mid$	$\angle G(j\omega)$	$U(\omega)$	$V(\omega)$
0	1	0°	1	0
ω	$1/T$	−45°	1/2	−1/2
∞	0	−90°	0	0

根据表5-3中的关键点和 ω 的变化情况,可知惯性环节的奈奎斯特图在第四象限,由实频特性和虚频特性可以推得

$$\left[U(\omega) - \frac{1}{2}\right]^2 + [V(\omega)]^2 = \left(\frac{1}{2}\right)^2$$

可以看出这是一个圆,圆心为(1/2,j0),半径为1/2。因此,惯性环节的奈奎斯特图是第四

象限的圆,如图 5-7 所示。

5. 一阶微分环节

一阶微分环节传递函数

$$G(s) = \tau s + 1 \tag{5-42}$$

频率特性

$$G(j\omega) = j\omega\tau + 1 \tag{5-43}$$

幅频特性

$$|G(j\omega)| = \sqrt{\tau^2\omega^2 + 1} \tag{5-44}$$

相频特性

$$\angle G(j\omega) = \arctan \tau\omega \tag{5-45}$$

实频特性

$$U(\omega) = 1 \tag{5-46}$$

虚频特性

$$V(\omega) = \tau\omega \tag{5-47}$$

根据上述各式,可得到表 5-4。

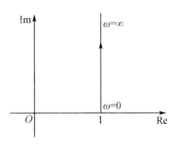

图 5-7　惯性环节的
奈奎斯特图

表 5-4　一阶微分环节各关键点

ω	$\lvert G(j\omega) \rvert$	$\angle G(j\omega)$	$U(\omega)$	$V(\omega)$
0	0	0°	1	0
$1/\tau$	$\sqrt{2}$	45°	1	1
∞	∞	90°	1	∞

根据表 5-4 中的关键点和 ω 的变化情况,可知一阶微分环节的奈奎斯特图是一条第一象限内过点 $(1, j0)$ 且平行于虚轴的直线,如图 5-8 所示。

6. 振荡环节

振荡环节传递函数

$$G(s) = \frac{1}{T^2s^2 + 2\xi Ts + 1} \tag{5-48}$$

频率特性

$$G(j\omega) = \frac{1}{(1 - T^2\omega^2) + j2\xi T\omega} \tag{5-49}$$

幅频特性

$$|G(j\omega)| = \frac{1}{\sqrt{(1 - T^2\omega^2)^2 + (2\xi T\omega)^2}} \tag{5-50}$$

相频特性

图 5-8　一阶微分环节的
奈奎斯特图

$$\angle G(j\omega) = \begin{cases} -\arctan\dfrac{2\xi T\omega}{1-T^2\omega^2} & \omega \leqslant \dfrac{1}{T} \\ -180° - \arctan\dfrac{2\xi T\omega}{1-T^2\omega^2} & \omega > \dfrac{1}{T} \end{cases} \tag{5-51}$$

实频特性

$$U(\omega) = \frac{1-T^2\omega^2}{(1-T^2\omega^2)^2 + (2\xi T\omega)^2} \tag{5-52}$$

虚频特性

$$V(\omega) = \frac{-2\xi T\omega}{(1-T^2\omega^2)^2 + (2\xi T\omega)^2} \tag{5-53}$$

根据上述各式,可得到表 5-5。

表 5-5 振荡环节各关键点

ω	$\lvert G(j\omega) \rvert$	$\angle G(j\omega)$	$U(\omega)$	$V(\omega)$
0	1	0°	1	0
ω	$1/2\xi$	-90°	0	$-1/2\xi$
∞	0	-180°	0	0

根据表 5-5 中的关键点和 ω 的变化情况,可知振荡环节的奈奎斯特图开始于正实轴的 $(1, j0)$ 点,顺时针经第四象限后,与负虚轴相交于 $(0, -j/2\xi)$ 点,然后进入第三象限,在原点与负实轴相切并终止于坐标原点,如图 5-9 所示。

7. 延迟环节

延迟环节传递函数

$$G(s) = e^{-\tau s} \tag{5-54}$$

频率特性

$$G(j\omega) = e^{-j\tau\omega} \tag{5-55}$$

幅频特性

$$\lvert G(j\omega) \rvert = \sqrt{\tau^2\omega^2 + 1} \tag{5-56}$$

相频特性

$$\angle G(j\omega) = -\tau\omega \text{ rad} = -57.3°\tau\omega \tag{5-57}$$

可见,当 ω 由 $0\to\infty$ 时,$\angle G(j\omega)$ 由 $0\to-\infty$,由于 $\lvert G(j\omega) \rvert = \sqrt{\tau^2\omega^2+1}$,因此延迟环节的奈奎斯特图是一个单位圆,如图 5-10 所示。

图 5-9 振荡环节的奈奎斯特图

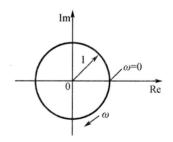

图 5-10 延迟环节的奈奎斯特图

5.2.2　奈奎斯特图的画法

设开环传递函数 $G(s)$ 由 n 个典型环节 $G_1(s)G_2(s)\cdots G_n(s)$ 串联构成,则系统的频率特性为

$$G(j\omega) = G_1(j\omega)G_2(j\omega)\cdots G_n(j\omega) = A_1(\omega)e^{j\phi_1(\omega)}A_2(\omega)e^{j\phi_2(\omega)}\cdots A_n(\omega)e^{j\phi_n(\omega)}$$
$$= A(\omega)e^{j\varphi(\omega)} \tag{5-58}$$

式中

$$\begin{cases} A(\omega) = A_1(\omega)A_2(\omega)\cdots A_n(\omega) \\ \phi(\omega) = \phi_1(\omega) + \phi_2(\omega) + \cdots + \phi_n(\omega) \end{cases} \tag{5-59}$$

由式(5-59)可以看出,系统的开环频率特性即是由各组成系统的典型环节的频率特性叠加而成。且在实际工程当中,往往只需要画出频率特性的大致图形即可,并不需要画出准确的曲线,因此,可以将系统在 s 平面的零、极点的分布图画出来,令 $s=j\omega$ 沿虚轴变化,当 ω 由 $0\to\infty$ 时,分析各零、极点指向 $s=j\omega$ 的复向量的变化趋势,就可以推断各典型环节频率特性的变化规律,从而概略地画出系统的开环奈奎斯特曲线。

绘制奈奎斯特曲线要把握好开环频率特性的三个要点:

(1)开环奈奎斯特曲线的起点 $\omega=0$ 和终点 $\omega\to\infty$。

(2)开环奈奎斯特曲线与实轴的交点。

(3)开环奈奎斯特曲线的变化范围(象限、单调性等)。

【例5-2】　已知某单位负反馈系统的开环传递函数为

$$G(s) = \frac{2s + 1}{s^2(0.5s + 1)(s + 1)}$$

试画出系统的奈奎斯特曲线。

解:系统的型别为2型,零、极点分布图如图5-11所示。

(1)起点

$$G(j0_+) = \infty \angle -180°$$

(2)终点

$$G(j\infty) = 0 \angle -270°$$

(3)与坐标轴的交点

$$G(j\omega) = \frac{-(1 + 2.5\omega^2) - j(0.5 - \omega^2)}{\omega^2(1 + 0.25\omega^2)(1 + \omega^2)}$$

令虚部为0,可以求得对应的 $\omega_g=0.707$,则曲线与坐标轴交点为

$$\mathrm{Re}[G(j\omega_g)] = -2.67$$

因此,系统的奈奎斯特曲线如图5-12所示。

图5-11

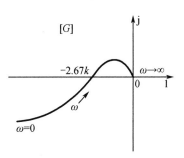

图5-12

5.3 开环系统的伯德图分析法

5.3.1 伯德图的基本概念

伯德图又称为频率特性的对数坐标图或对数频率特性图。伯德图容易绘制,从图形上容易看出某些参数变化和某些环节对系统性能的影响,所以它在频率特性法中成为应用得最广的图示法。

伯德图包括幅频特性图和相频特性图,分别表示频率特性的幅值和相位与角频率之间的关系。两种图的横坐标都是角频率 $\omega(\mathrm{rad/s})$,采用对数分度,即横轴上标示的是角频率 ω,但它的长度实际上是 $\lg\omega$。采用对数分度的一个优点是可以将很宽的频率范围清楚地画在一张图上,从而能同时清晰地表示出频率特性在低频段、中频段和高频段的情况,这对于分析和设计控制系统非常重要。

频率由 ω 变到 2ω 即频率变化一倍称为一倍频程。频率由 ω 变到 10ω 称为 10 倍频程或 10 倍频,记为 dec。频率轴采用对数分度,频率比相同的各点间的横轴方向的距离相同,如 ω 为 0.1,1,10,100,1 000 的各点间横轴方向的间距相等。由于 $\lg 0=-\infty$,所以横轴上画不出频率为 0 的点。具体作图时,横坐标轴的最低频率要根据所研究的频率范围选定。对数分度示意图如图 5-13 所示。

图 5-13 对数分度示意图

对数幅频特性图的纵坐标表示 $20\lg|G(\mathrm{j}\omega)|$,单位为 dB(分贝),采用线性分度。纵轴上 0 dB 表示 $|G(\mathrm{j}\omega)|=1$,纵轴上没有 $|G(\mathrm{j}\omega)|=0$ 的点。对数幅频特性就是以 $20\lg|G|$ 为纵坐标,以 $\lg\omega$ 为横坐标所绘出的曲线。相频特性图纵坐标是 $\angle G(\mathrm{j}\omega)$,单位是(°)或 rad,线性分度。由于纵坐标是线性分度,横坐标是对数分度,所以伯德图绘制在单(半)对数坐标纸上。两种图按频率上下对齐,容易看出同一频率时的幅值和相位。

幅频特性图中纵坐标是幅值的对数 $20\lg|G(\mathrm{j}\omega)|$,如果传递函数是基本环节传递函数相乘除的形式,则幅频特性就可以由这些环节幅频特性的代数和得到。手工绘制幅频特性图时往往采用直线代替复杂的曲线,所以对数幅频特性图容易绘制。手工绘相频特性图时只画 $\omega\to 0$、$\omega\to\infty$ 及中间关键点的准确值,其余点为近似值。

5.3.2 典型环节的伯德图

1. 比例环节

传递函数 $G(s)=K$，频率特性 $G(j\omega)=K$，故有

$$20\lg|G(j\omega)|=20\lg K \tag{5-60}$$

$$\angle G(j\omega)=0° \tag{5-61}$$

放大环节的伯德图如图 5-14 所示。对数幅频特性是平行于横轴的直线，与横轴相距 $20\lg K$ dB。当 $K>1$ 时，直线位于横轴上方；当 $K<1$ 时，直线位于横轴下方。相频特性是与横轴相重合的直线。K 的数值变化时，幅频特性图中的直线 $20\lg K$ 向上或向下平移，但相频特性不变。

(a) 幅频特性

(b) 相频特性

图 5-14 放大环节的伯德图

2. 积分环节

传递函数和频率特性见式(5-24)至式(5-27)，对数幅频特性为

$$20\lg|G(j\omega)|=20\lg\frac{1}{\omega}=-20\lg\omega \tag{5-62}$$

由于横坐标实际上是 $\lg\omega$，把 $\lg\omega$ 看成横轴的自变量，而纵轴是函数 $20\lg|G(j\omega)|$，可见式(6-63)是一条直线，斜率为-20。当 $\omega=1$ 时，$20\lg|G(j\omega)|=0$，该直线在 $\omega=1$ 处穿越横轴(或称 0 dB 线)，见图 5-15(a)。由于

$$20\lg\frac{1}{10\omega}-20\lg\frac{1}{\omega}=-20\lg10\omega+20\lg\omega=-20\text{ dB} \tag{5-63}$$

可见在该直线上，频率由 ω 增大到 10 倍变成 10ω 时，纵坐标数值减少 20 dB，故记其斜率为-20 dB/dec。因为 $\angle G(j\omega)=-90°$，所以相频特性是通过纵轴上-90°且平行于横轴的直线，如图 5-15(b)所示。

如果 n 个积分环节串联，则传递函数为

$$G(s) = \frac{1}{s^n} \tag{5-64}$$

对数幅频特性为

$$20\lg |G(j\omega)| = 20\lg \frac{1}{\omega^n} = -20n\lg \omega \tag{5-65}$$

它是一条斜率为 $-20n$ dB/dec 的直线,并在 $\omega = 1$ 处穿越 0 dB 线。因为

$$\angle G(j\omega) = -n \cdot 90° \tag{5-66}$$

所以它的相频特性是通过纵轴上 $-n \cdot 90°$ 且平行于横轴的直线。

如果一个放大环节 K 和 n 个积分环节串联,则整个环节的传递函数和频率特性分别为

$$G(s) = \frac{K}{s^n} \tag{5-67}$$

$$G(j\omega) = \frac{K}{j^n \omega^n} \tag{5-68}$$

(a) 幅频特性

(b) 相频特性

图 5-15　积分环节的 Bode 图

相频特性见式(5-66),对数幅频特性为

$$20\lg |G(j\omega)| = 20\lg \frac{K}{\omega^n} = 20\lg K = -20n\lg \omega \tag{5-69}$$

这是斜率为 $-20n$ dB/dec 的直线,它在 $\omega = \sqrt[n]{K}$ 处穿越 0 dB 线;它也通过 $\omega = 1$、$20\lg |G(j\omega)| = 20\lg K$ 这一点。

3. 纯微分环节

传递函数和频率特性见式(6-30)至式(6-33),对数频率特性为

$$20\lg |G(j\omega)| = 20\lg \omega \tag{5-70}$$

$$\angle G(j\omega) | = 90° \tag{5-71}$$

由式(5-70)可知,纯微分环节对数频率特性是一条斜率为 20 的直线,直线通过横轴上

$\omega=1$ 的点,如图 5-16(a)所示。因为

$$20\lg 10\omega-20\lg \omega=20\lg 10+20\lg \omega-20\lg \omega=20 \text{ dB}$$

可见在该直线上,频率每增加 10 倍,纵坐标的数值便增加 20 dB,故称直线斜率是 20 dB/dec。

由式(5-71)知,相频特性是通过纵轴上 90°点且与横轴平行的直线,如图 5-16(b)所示。

(a) 幅频特性

(b) 相频特性

图 5-16 纯微分环节的伯德图

4. 惯性环节

惯性环节的传递函数和频率特性见式(5-36)至式(5-39)。对数幅频特性为

$$20\lg \left| G(j\omega) \right|=20\lg \frac{1}{\sqrt{T^2\omega^2+1}}=-20\lg\sqrt{T^2\omega^2+1} \tag{5-72}$$

准确的对数幅频特性是一条比较复杂的曲线。为了简化,一般用直线近似地代替曲线。当 $\omega\leqslant 1/T$ 时,略去 $T\omega$,式(5-72)变成

$$20\lg \left| G(j\omega) \right|\approx-20\lg 1=0 \text{ dB} \tag{5-73}$$

这是与横轴重合的直线。当 $\omega\geqslant 1/T$ 时,略去 1,式(5-72)变成

$$20\lg \left| G(j\omega) \right|\approx-20\lg T\omega=-20\lg T-20\lg \omega \tag{5-74}$$

这是一条斜率为-20 dB/dec 的直线,它在 $\omega=1/T$ 处穿越 0 dB 线。上述两条直线在 0 dB 线上的 $\omega=1/T$ 处相交,称角频率 $\omega=1/T$ 为转折频率或交接频率,并称这两条直线形成的折线为惯性环节的渐近线或渐近幅频特性。幅频特性曲线与渐近线的图形见图 5-17(a)。它们在 $\omega=1/T$ 附近的误差较大,误差值由式(5-72)、式(5-73)、式(5-74)计算,典型数值列在表 5-6 中,最大误差发生在 $\omega=1/T$ 处,误差为-3 dB。渐近线容易画,误差也不大,所以绘惯性环节的对数幅频特性曲线时,一般都绘渐近线。绘渐近线的关键是找到转折频率 $1/T$。低于转折频率的频段,渐近线是 0 dB 线;高于转折频率的部分,渐近线是斜率为-20 db/dec 的直线。必要时可根据表 5-6 或式(5-72)对渐近线进行修正而得到精确的幅频特性曲线。

表 5-6　惯性环节渐近幅频特性误差表

ωT	0.1	0.25	0.4	0.5	1.0	2.0	2.5	4.0	10
误差/dB	-0.04	-0.26	-0.65	-1.0	-3.01	-1.0	-0.65	-0.26	-0.04

相频特性按式(5-39)绘制,如图 5-17(b)所示。相频特性曲线有 3 个关键处:$\omega = 1/T$ 时,$\angle G(j\omega) = -45°$;$\omega \to 0$ 时,$\angle G(j\omega) \to 0°$;$\omega \to \infty$ 时,$\angle G(j\omega) = -90°$。

(a) 幅频特性

(b) 相频特性

图 5-17　惯性环节的 Bode 图

5. 一阶微分环节

传递函数和频率特性见式(5-42)至式(5-45),对数幅频特性为

$$20\lg|G(j\omega)| = 20\lg\sqrt{\tau^2\omega^2 + 1} \tag{5-75}$$

$$\angle G(j\omega) = \arctan \tau\omega \tag{5-76}$$

式(5-75)表示一条曲线,通常用如下所述的直线渐近线代替它。

当 $\omega \leqslant 1/\tau$ 时略去 $\tau\omega$,得

$$20\lg|G(j\omega)| = 20\lg 1 = 0 \text{ dB} \tag{5-77}$$

当 $\omega \geqslant 1/\tau$ 时略去 1,得

$$20\lg|G(j\omega)| = 20\lg\sqrt{\tau^2\omega^2} = 20\lg \tau\omega = 20\lg \tau + 20\lg \omega \tag{5-78}$$

式(5-77)表示 0 dB 线,式(5-78)表示一条斜率为 20 dB/dec 的直线,该直线通过 0 dB 线上 $\omega = 1/\tau$ 点。这两条直线相交于 0 dB 线上 $\omega = 1/\tau$ 点。这两条直线形成的折线就称为一阶微分环节的渐近线或渐近幅频特性,它们交点对应的频率 $1/\tau$ 称为转折频率。一阶微分环节的精确幅频特性曲线和渐进线如图 5-18(a)所示,它们之间的误差可由式(5-75)、式(5-77)、式(5-78)计算。最大误差发生在转折频率 $\omega = 1/\tau$ 处,数值为 3 dB。通常以渐

近线作为对数幅频特性曲线,必要时给以修正。

根据式(5-76)可绘出相频特性曲线,见图5-18(b)。其中3个关键位置是:$\omega = 1/\tau$时,$\angle G(j\omega) = 45°$;$\omega \to 0$时,$\angle G(j\omega) = 0°$;;$\omega \to \infty$时,$\angle G(j\omega) = 90°$。

(a) 幅频特性

(b) 相频特性

图5-18 一阶微分环节的伯德图

6. 振荡环节

振荡环节的传递函数、频率特性见式(5-48)至式(5-51),而对数幅频特性为

$$20\lg|G(j\omega)| = -20\lg\sqrt{(1-\tau^2\omega^2)^2 + (2\zeta T\omega)^2} \tag{5-79}$$

可见对数幅频特性是角频率 ω 和阻尼比 ζ 的二元函数,它的精确曲线相当复杂,一般以渐近线代替。当 $\omega \le 1/T$ 时,略去上式中的 $T\omega$ 可得

$$20\lg|G(j\omega)| = -20\lg 1 = 0 \text{ dB} \tag{5-80}$$

当 $\omega \ge 1/T$ 时,略去1和 $2\zeta T\omega$ 可得

$$20\lg|G(j\omega)| = -20\lg T^2\omega^2 = -40\lg T\omega = -40\lg T - 40\lg \omega \text{ dB} \tag{5-81}$$

式(5-80)表示横轴,式(5-81)表示斜率为-40 dB/dec的直线,它通过横轴上 $\omega = 1/T = \omega_n$ 处。这两条直线交于横轴上 $\omega = 1/T$ 处。称这两条直线形成的折线为振荡环节的渐近线或渐近幅频特性,如图5-19所示。它们交点所对应的频率 $\omega = 1/T = \omega_n$ 同样称为转折频率或交接频率。一般可以用渐近线代替精确曲线,必要时进行修正。

图5-19 振荡环节的渐近
幅频特性

振荡环节的精确幅频特性与渐近线之间的误差由式(5-79)、式(5-80)、式(5-81)计算,它是 ω 与 ζ 的二元函数,如图5-20所示。可见这个误差值可能很大,特别是在转折频率处误差最大。所以往往要利用图5-20或式(5-79)对渐近线进行修正,特别是在转折频率附近进行修正。$\omega = 1/T$ 时的精确值是 $-20\lg 2\zeta$ dB。精确的对数幅频特性曲线如图5-20所示。

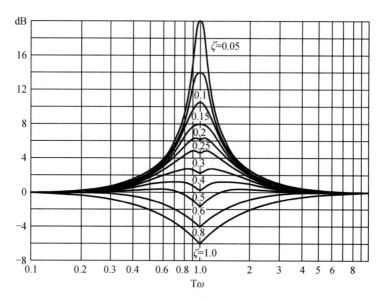

图 5-20　振荡环节对数幅频特性误差曲线

由式(5-51)可绘出相频特性曲线,如图 5-21 所示。相频特性同样是 ω 与 ζ 的二元函数。曲线的典型特征是:$\omega=1/T=\omega_n$ 时,$\angle G(j\omega)=-90°$;$\omega\to 0$ 时,$\angle G(j\omega)\to 0°$;$\omega\to\infty$ 时,$\angle G(j\omega)\to-180°$。

图 5-21　振荡环节的伯德图

7. 二阶微分环节

二阶微分环节的传递函数、频率特性为

$$G(s) = \tau^2 s^2 + 2\zeta\tau s + 1 (\zeta < 1) \qquad (5-82)$$
$$G(j\omega) = 1 - \tau^2\omega^2 + j2\zeta\tau\omega \qquad (5-83)$$

对数幅频特性和相频特性分别为

$$20\lg|G(j\omega)| = 20\lg\sqrt{(1 - \tau^2\omega^2)^2 + (2\zeta\tau\omega)^2} \qquad (5-84)$$

$$\angle G(j\omega) = \begin{cases} \arctan\dfrac{2\zeta\tau\omega}{1 - \tau^2\omega^2} & (\omega \leqslant 1/\tau) \\[3mm] 180° + \arctan\dfrac{2\zeta\tau\omega}{1 - \tau^2\omega^2} & (\omega > 1/\tau) \end{cases} \qquad (5-85)$$

由式(5-84)、式(5-85)和式(5-79)、式(5-51)知,二阶微分环节与振荡环节的对数频率特性关于横轴对称。二阶微分环节的渐近线方程是

$$20\lg|G(j\omega)| = 0 \text{ dB} \qquad (\omega \leqslant 1/\tau) \qquad (5-86)$$
$$20\lg|G(j\omega)| = 40\lg\tau\omega = 40\lg\tau + 40\lg\omega \qquad (\omega \geqslant 1/\tau) \qquad (5-87)$$

上述两条直线相交于横轴上 $\omega = 1/\tau$ 处,$\omega = 1/\tau$ 称为转折频率。其中式(5-87)表示斜率为 40 dB/dec 的直线,它通过横轴上 $\omega = 1/\tau$ 点。二阶微分环节的伯德图见图 5-22。

(a) 幅频特性

(b) 相频特性

图 5-22 二阶微分环节的伯德图

8. 延迟环节

延迟环节的传递函数、频率特性见式(5-54)至式(5-57)。对数幅频特性为
$$20\lg|G(j\omega)| = 20\lg 1 = 0 \text{ dB} \qquad (5-88)$$

根据式(5-88)、式(5-57)可绘出延迟环节的频率特性对数坐标图,$\tau = 0.5$ s 的图形见图 5-23。

5.3.3 开环传递函数的伯德图画法

系统的开环传递函数 $G(s)$ 一般容易写成如下的基本环节传递函数相乘的形式:
$$G(s) = G_1(s)G_2(s)\cdots G_n(s) \qquad (5-89)$$
式中,$G_1(s),G_2(s),\cdots,G_n(s)$ 为基本环节的传递函数。对应的开环频率特性为

(a) 幅频特性

(b) 相频特性

图 5-23　延迟环节的伯德图

$$G(j\omega) = G_1(j\omega)G_2(j\omega)\cdots G_n(j\omega) \tag{5-90}$$

开环对数幅频特性函数和相频特性函数分别为

$$20\lg|G(j\omega)| = 20\lg|G_1(j\omega)| + 20\lg|G_2(j\omega)| + \cdots + 20\lg|G_n(j\omega)| \tag{5-91}$$

$$\angle G(j\omega) = \angle G_1(j\omega) + \angle G_2(j\omega) + \cdots + \angle G_n(j\omega) \tag{5-92}$$

可见开环对数频率特性等于相应的基本环节对数频率特性之和。这就是开环对数频率特性图容易绘制的原因,所以一般总是绘制开环半对数坐标图。

在绘对数幅频特性图时,可以用基本环节的直线或折线渐近线代替精确幅频特性,然后求它们的和,得到折线形式的对数幅频特性图,这样可以明显减少计算和绘图工作量。必要时可以对折线渐近线进行修正,以便得到足够精确的对数幅频特性。

任一段直线渐近线可看成 $G(s)=k_i/s^n$ 的幅频特性,则有 $|G(j\omega)|=k_i/\omega^n$,因此任一段渐近线的方程为 $20\lg|G|=-20n\lg\omega+20\lg k_i$,$\lg\omega$ 前的系数是斜率。

在求直线渐近线的和时,要用到下述规则:在平面坐标图上,几条直线相加的结果仍为一条直线,其斜率等于各直线斜率之和。如果 $y_1=a_1+k_1x$,$y_2=a_2+k_2x$,则 $y=y_1+y_2=a_1+a_2+(k_1+k_2)x$。

绘制开环对数幅频特性图可采用下述步骤。

(1)将开环传递函数写成基本环节相乘的形式。

(2)计算各基本环节的转折频率,并标在横轴上。最好同时标明各转折频率对应的基本环节渐近线的斜率。

(3)设最低的转折频率为 ω_1,先绘 $\omega<\omega_1$ 的低频区图形,在此频段范围内,只有积分(或纯微分)环节和放大环节起作用,其对数幅频特性见式(5-69)。

(4)按着由低频到高频的顺序将已画好的直线或折线图形延长。每到一个转折频率,折线发生转折,直线的斜率就要在原数值之上加上对应的基本环节的斜率。在每条折线上应注明斜率。

(5)如有必要,可对上述折线渐近线加以修正,一般在转折频率处进行修正。

【例5-3】 已知开环传递函数为

$$G(s) = \frac{100\left(\frac{1}{30}s+1\right)}{s\left(\frac{1}{16}s^2+\frac{1}{4}s+1\right)\left(\frac{1}{200}s+1\right)}$$

绘制系统的开环对数频率特性曲线。

解:

(1)该传递函数各基本环节的名称、转折频率和渐近线斜率,按频率由低到高的顺序排列如下:放大环节与积分环节,-20 dB/dec;振荡环节,$\omega_1 = 4$ rad/s,-40 dB/dec;一阶微分环节,$\omega_2 = 30$ rad/s,20 dB/dec;惯性环节,$\omega_3 = 200$ rad/s,-20 dB/dec。将各基本环节的转折频率依次标在频率轴上,如图5-24(a)所示。

(2)最低的转折频率为 $\omega_1 = 4$ rad/s。当 $\omega_1 < 4$ rad/s 时,对数幅频特性就是 100/s 的对数幅频特性,斜率为-20 dB/dec 的直线。直线位置由下述条件之一确定:当 $\omega=1$ 时,纵坐标为 20lg 100 = 40 dB;$\omega=100$ 时,直线过 0 dB线,见图5-24(a)。

(3)将上述直线绘制转折频率 $\omega_1 = 4$ rad/s,在此位置把直线斜率变为-20-40=-60 dB/dec。将折线绘制在 $\omega_2 = 30$ rad/s 处,在此频率变为-60+20=-40 dB/dec。将折线绘制 $\omega_3 = 200$ rad/s 处,在此斜率变为-40-20=-60 dB/dec。这样

(a) 例中的对数幅频特性

(b) 例中的对数相频特性

图5-24 例5-3图

就得到全部开环对数幅频渐近线,如图5-24(a)所示。如果有必要,可对渐近线进行修正。

(4)求相频特性。根据频率特性代数表达式,分子相位减去分母的相位就是相频特性函数。或者,将各基本环节的相频特性相加,如式(5-92)所示,也可求出相频特性。对于本例,有

$$\angle G(j\omega) = \arctan\frac{\omega}{30} - 90° - \arctan\frac{\omega}{200} + \angle G_1(j\omega)$$

式中,$\angle G_1(j\omega)$ 表示振荡环节的相频特性,且有

$$\angle G_1(j\omega) = \begin{cases} -\arctan\dfrac{4\omega}{16-\omega^2} & (\omega \leqslant 4) \\ -180° - \arctan\dfrac{4\omega}{16-\omega^2} & (\omega > 4) \end{cases}$$

相频特性一般只绘相频特性的近似曲线。$\angle G_1(j\omega)$ 的典型数据是:$\omega\rightarrow 0$ 时,$\angle G_1(j\omega)\rightarrow 0°$;$\omega=4$ 时,$\angle G_1(j\omega) = -90°$;$\omega\rightarrow\infty$ 时,$\angle G_1(j\omega)\rightarrow -180°$。根据这些数据就可绘出相频特性的近似图形。

5.4 系统的闭环频率特性

在工程实际中,有时需要了解闭环频率特性,并以此分析和设计系统。

5.4.1 闭环频率特性

由于开环和闭环频率特性间有着确定的关系,因而可以通过开环频率特性求取系统的闭环频率特性。设某单位反馈系统的开环传递函数为 $G(s)$,其闭环传递函数为

$$\Phi(s) = \frac{G(s)}{1 + G(s)} \tag{5-93}$$

对应的闭环频率特性为

$$\Phi(j\omega) = \frac{G(j\omega)}{1+G(j\omega)} = \frac{A(\omega)e^{j\varphi(\omega)}}{1+A(\omega)e^{j\varphi(\omega)}} = M(\omega)e^{j\alpha(\omega)} \tag{5-94}$$

式(5-94)描述了开环频率特性与闭环频率特性之间的关系。如果已知 $G(j\omega)$ 曲线上的一点,就可由式(5-94)确定闭环频率特性曲线上相应的一点。在工程上,常用等 M 圆、等 N 圆和尼可尔斯(Nicoles)曲线来表示闭环系统的频率特性,并应用图解法去绘制。显然,这些方法既烦琐又很费时间。为此,现在这个工作已由 MATLAB 软件去实现,从而大大提高了绘图的效率和精度。本节我们仅仅分析闭环频率特性与时域性能指标间的关系,有关 MATLAB 的应用将在第 9 章中介绍。

5.4.2 闭环频率特性曲线的绘制

1. 等 M 圆

根据开环奈奎斯特曲线,应用等 M 圆图,可以作出闭环幅频特性曲线,应用等 N 圆图,可以作出闭环相频特性曲线。

设系统的开环传递函数为 $G(s)$,其开环频率特性按照直角坐标表示见式(5-15),闭环频率特性由式(5-94)表示,将式(5-15)和式(5-94)代入式(5-93),可得

$$M = \left| \frac{G}{1+G} \right| = \left| \frac{U+jV}{1+U+jV} \right| = \sqrt{\frac{U^2 + V^2}{(1+U)^2 + V^2}} \tag{5-95}$$

两边取平方,并整理可得

$$\left(U - \frac{M^2}{1-M^2} \right)^2 + V^2 = \left(\frac{M}{1-M^2} \right)^2 \quad (M \neq 1) \tag{5-96}$$

可以看出,如果 M 为常数,则式(5-96)即为以 U 为 X 轴,以 V 为 Y 轴的 G 平面上圆的方程,圆心为 $\left(\dfrac{M^2}{1-M^2}, j0 \right)$,半径为 $\left| \dfrac{M}{1-M^2} \right|$。因此,在 G 平面上,等 M 轨迹就是一组等 M 圆图,如图 5-25 所示。

由图可看出:当 $M>1$ 时,随着 M 增大,等 M 圆越来越小,最后收敛于 $(-1,j0)$ 点,各等 M 圆的圆心位于点 $(-1,j0)$ 左边;当 $M<1$ 时,随着 M 的减小,等 M 圆也越来越小,最后收敛于原点,各等 M 圆的圆心位于原点的右边;当 $M=1$ 时,等 M 圆变成一条过 $(-0.5,j0)$ 点平行于虚轴的直线。因此,$M>1$ 的等 M 圆在 $M=1$ 直线的左边,$M<1$ 的等 M 圆在 $M=1$ 直线的

右边。等 M 圆既对称于 $M=1$ 的直线,又对称于实轴。

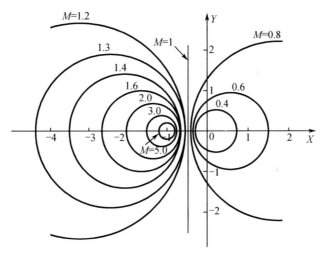

图 5-25   等 M 圆图

2. 等 N 圆

同上面所述,将式(5-15)和式(5-94)代入式(5-93),可得

$$\Phi(j\omega) = \frac{G(j\omega)}{1 + G(j\omega)} = \frac{U + jV}{1 + U + jV} = \frac{U + U^2 + V^2 + jV}{(1 + U)^2 + V^2} \tag{5-97}$$

若用 N 来表示闭环相频特性的正切,则有

$$N = \tan\alpha(\omega) = \frac{\mathrm{Im}\,\Phi(j\omega)}{\mathrm{Re}\,\Phi(j\omega)} = \frac{V}{U + U^2 + V^2} \tag{5-98}$$

由式(5-98)整理可得

$$\left(U + \frac{1}{2}\right)^2 + \left(V - \frac{1}{2N}\right)^2 = \frac{N^2 + 1}{4N^2} \tag{5-99}$$

若 N 为常数,则式(5-99)也是一个圆,圆心为 $\left(-0.5, j\dfrac{1}{2N}\right)$,半径为 $\dfrac{\sqrt{N^2+1}}{2N}$。不管 N 等于多少,当 $U = V = 0$ 时,和 $U = -1$,$V = 0$ 时式(5-99)总是成立的,因此每个圆都过 $(-1, j0)$ 点。图 5-26 即为将 α 作为自变量的等 N 圆图。

由图 5-26 可以看出,当 $\alpha = 60°$ 和 $\alpha = -120°$ 时,对应同一个等 N 圆,正弦函数第一、三象限关于原点对称的角度的对应值是相等的,这说明 N 圆是多值的。

3. 闭环频率特性曲线

利用等 M 圆图和等 N 圆图,开环幅相曲线与等 M 圆和等 N 圆的交点,便可得到相应频率的 M 值和 N 值(或 α 值),如图 5-27 所示。

图 5-26 等 N 圆图   图 5-27 闭环频率特性曲线

5.4.3 闭环频率指标

在已知闭环系统稳定的条件下,可以只根据系统的闭环幅频特性曲线,对系统的动态响应过程进行定性分析和定量估算。

图 5-28 为闭环系统的幅频特性曲线

衡量系统性能的闭环频率指标主要有如下几项:

1. 零频幅值 M_0

$\omega=0$ 时的闭环幅频特性值称为零频幅值 M_0,也称为闭环系统的增益,或者说是系统单位阶跃响应的稳态值,即 $M_0 = 20\lg|\Phi(j0)|$,它主要反映系统的稳态精度。

2. 谐振峰值 M_r

闭环幅频特性的最大值和零频幅值的比值

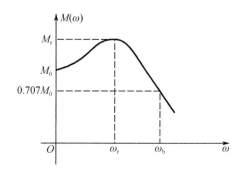

图 5-28 闭环系统的幅频
特性曲线

称为谐振峰值 M_r,即 $M_r = M_{max}/M_0$。M_r 大,表明系统对某个频率的正弦输入信号反映强烈,有振荡的趋向。这意味着系统的相对稳定性较差,系统的阶跃响应会有较大的超调量。

3. 谐振频率 ω_r

谐振频率是指出现谐振峰值 M_r 时对应的角频率。

4. 带宽频率 ω_b

带宽频率是闭环幅频特性 $M(\omega)$ 降低到其零频值的 0.707 倍时所对应的频率。通常把区间 $[0,\omega_b]$ 对应的频率范围称为通频带或频带宽度(简称带宽)。控制系统的带宽反映系统静态噪声滤波特性,同时带宽也用于衡量瞬态响应的特性。闭环带宽大,高频信号分量容易通过系统达到输出端,系统上升时间就短。相反,闭环带宽小,系统时间响应慢,快速性就差。

5.5 频域性能指标与时域性能指标之间的关系

控制系统性能的优劣通常是以性能指标来衡量的,由于研究方法和应用领域不同,性能指标有很多种,大体上,控制系统的性能指标可分为两种,时域性能指标和频域性能指标。

5.5.1 时域性能指标

时域性能指标包括稳态性能指标和动态性能指标。

(1)稳态性能指标

稳态性能指标主要表征系统的控制精度,主要是指系统的稳态误差 e_{ss}。

(2)动态性能指标

动态性能指标主要表征系统瞬态响应的品质,主要包括调节时间 t_s、峰值时间 t_p、上升时间 t_r、超调量 σ、振荡次数 N。其中比较常用的是 t_s 和 σ。

5.5.2 频域性能指标

频域性能指标包括开环频域指标和闭环频域指标。

(1)开环频域指标

开环频域指标一般是根据系统的开环频率特性曲线给出,包括剪切频率 ω_c、相角裕量 γ、幅值裕量 K_g。其中比较常用的是 ω_c 和 γ。

(2)闭环频域指标

闭环频域指标一般是根据系统的闭环幅频特性曲线给出,包括谐振峰值 M_r、谐振频率 ω_r、带宽频率 ω_b。

5.5.3 频域指标与时域指标之间的关系

在工程上,一般都习惯采用频率法进行系统的综合与校正,因此,需要找到频域指标与时域指标之间存在的关系,以便进行两种指标的互换。

频域指标与时域指标可以由以下近似公式相互转换:

1. 二阶系统频域指标与时域指标的关系

对于二阶系统来说,频域指标与时域指标之间的关系能够用准确的数学公式表达出来,一般采用阻尼比 ζ 和无阻尼自然振荡角频率 ω_n 来描述。

谐振峰值

$$M_r = \frac{1}{2\zeta\sqrt{1-\zeta^2}}, \quad \zeta \leq 0.707$$

谐振频率

$$\omega_r = \omega_n \sqrt{1-2\zeta^2}, \quad \zeta \leq 0.707$$

截止频率

$$\omega_b = \omega_n \sqrt{1-2\zeta^2 + \sqrt{2-4\zeta^2+4\zeta^4}}$$

剪切频率

$$\omega_c = \omega_n \sqrt{\sqrt{1+4\zeta^4} - 2\zeta^2}$$

相角裕量

$$\gamma = \arctan \frac{2\zeta}{\sqrt{\sqrt{1+4\zeta^4}-2\zeta^2}}$$

上升时间

$$t_r = \frac{\pi - \arctan \frac{\sqrt{1-\zeta^2}}{\zeta}}{\omega_n \sqrt{1-\zeta^2}}$$

峰值时间

$$t_p = \frac{\pi}{\omega_n \sqrt{1-\zeta^2}}$$

调节时间

$$t_s = \frac{3 \sim 4}{\zeta \omega_n}$$

超调量

$$\sigma\% = e^{-\zeta\pi/\sqrt{1-\zeta^2}} \times 100\%$$

2. 高阶系统频域指标与时域指标的关系

对于高阶系统来说,很难建立准确的数学关系,仅可做近似处理,即将高阶系统降阶为低阶系统来建立近似的数学关系,如下所示。

谐振峰值

$$M_r = \frac{1}{|\sin \gamma|}$$

超调量

$$\sigma = 0.16 + 0.4(M_r - 1) \quad 1 \leq M_r \leq 1.8$$

调节时间

$$t_s = \frac{K_0 \pi}{\omega_c} \quad (\Delta = 5\%)$$

$$K_0 = 2 + 1.5(M_r - 1) + 2.5(M_r - 1)^2 \quad 1 \leq M_r \leq 1.8$$

5.6 频率域中的稳定性分析

在时域中,应用劳斯稳定判据可以分析闭环系统的稳定性,但它也有明显的缺点。首先,应用劳斯稳定判据必须知道闭环系统的特征方程,在实际的工程当中,有些系统的传递函数是不能够用分析法直接列写出来的,这样也就无法列写系统的特征方程;其次,应用劳斯稳定判据不能够指出系统的稳定程度(稳定裕度)。

基于以上原因,奈奎斯特(Nyquist)于1932年提出了另一种在频率域中判定闭环系统稳定性的方法,称为奈奎斯特稳定判据。这个判据主要的特点是,利用开环系统的幅相频率特性(奈奎斯特图)来判定闭环系统的稳定性,而且还能够指出系统的稳定程度,即相对稳定性,进而可以找到改善系统动态性能(包括稳定性)的途径,因此,奈奎斯特稳定判据在频率域控制理论中有着很重要的地位。

奈奎斯特稳定判据不同于代数判据,它是利用图形来判断系统稳定性,因此可以认为是一种几何判据。奈奎斯特稳定判据的理论基础是复变函数理论中的辐角定理,也称映射定理。

5.6.1 辅助函数的构造

对于图5-29所示的控制系统结构图,其开环传递函数为

$$G(s)H(s) = \frac{M(s)}{N(s)} \tag{5-100}$$

相应的闭环传递函数为

$$\Phi(s) = \frac{G(s)}{1 + G(s)H(s)} = \frac{G(s)}{1 + \frac{M(s)}{N(s)}} = \frac{N(s)G(s)}{N(s) + M(s)} \tag{5-101}$$

式中,$M(s)$为开环传递函数的分子多项式,阶次为m;$N(s)$为开环传递函数的分母多项式,阶次为n,并且满足$n \geq m$。

由式(5-100)可以看出,$N(s)$为开环特征多项式;由式(5-101)可以看出,$N(s)+M(s)$为闭环特征多项式。

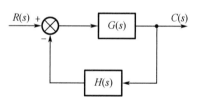

图5-29 控制系统结构图

将上述闭环特征多项式和开环特征多项式做除法,构成一个辅助函数:

$$F(s) = \frac{N(s) + M(s)}{N(s)} = 1 + G(s)H(s) \tag{5-102}$$

由式(5-102)可以看出,辅助函数$F(s)$的分子与分母的阶次都是n阶,也就是说,其零点和极点数相等。设辅助函数$F(s)$的零点和极点分别为z_i和$p_i(i=0,1,2,\cdots,n)$,则辅助函数$F(s)$可以表示为

$$F(s) = \frac{(s - z_1)(s - z_2) \cdots (s - z_n)}{(s - p_1)(s - p_2) \cdots (s - p_n)} \tag{5-103}$$

综上所述,可以看出辅助函数$F(s)$具有以下特点。

（1）辅助函数 $F(s)$ 是闭环特征多项式和开环特征多项式之比，其零点和极点分别为系统的闭环极点和开环极点。

（2）辅助函数 $F(s)$ 的零点和极点的个数相同，都是 n 个。

（3）辅助函数 $F(s)$ 与开环传递函数 $G(s)H(s)$ 之间只相差一个常数 1，故其几何意义为：F 平面上的坐标原点就是 G 平面上的点 $(-1,j0)$，如图 5-30 所示。

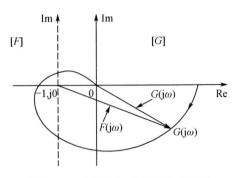

图 5-30　F 平面与 G 平面的关系图

5.6.2　辅角定理

式（5-103）的辅助函数中，s 为复数，$F(s)$ 为复变函数，由于式（5-102）的分子 $N(s)+M(s)$ 为图 5-27 系统的闭环特征多项式，$N(s)$ 为开环特征多项式，因此，z_i 为 $F(s)$ 的零点，也是闭环系统的极点，p_i 为 $F(s)$ 的极点，也是开环系统的极点。

设 $F(s)$ 为一单值复变函数，$F(s)$ 在 s 平面上除奇点外，处处解析，即要求 $F(s)$ 不通过 s 平面上的任一极点和零点，当 s 在 s 平面上取点 s_1 或绕一封闭曲线 Γ_s 变化时，$F(s)$ 在 s 平面上的变化情况如下：

（1）对应于 s 平面上的解析点 s_1，在 $F(s)$ 平面上就有一点 $F(s_1)$ 与之对应。

（2）如果 s_1 在 s 平面上沿任一条封闭曲线 Γ_s 连续变化，则 $F(s)$ 在 $F(s)$ 平面上就有一条封闭曲线 Γ_F 与之对应。

（3）上述对应关系称为映射，曲线 Γ_F 称为曲线 Γ_s 的像，而曲线 Γ_s 称为原像。只要函数 $F(s)$ 在曲线 Γ_s 内及曲线 Γ_s 上是解析的，且曲线 Γ_s 满足 $F'(s) \neq 0$，则这种映射称为保角映射。

显然，s 平面上 $F(s)$ 的零点映射到 $F(s)$ 平面上的原点，s 平面上的 $F(s)$ 极点映射到 $F(s)$ 平面上为无穷远点，如图 5-31 所示。

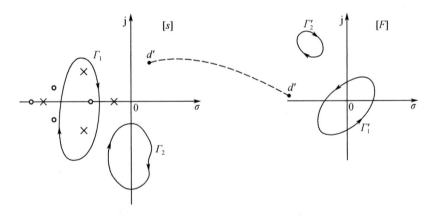

图 5-31　s 平面与 F 平面的映射关系

幅角定理描述如下：

如果函数 $F(s)$ 在 s 平面的封闭曲线 Γ_s 上解析，且不为零，在曲线 Γ_s 内除有限个极点外,也处处解析,当曲线 Γ_s 包围有 $F(s)$ 的 Z 个零点及 P 个极点(可以有多重极点和多重零点,但曲线 Γ_s 不能通过 $F(s)$ 的任何极点和零点)时,那么当动点 $s=s_1$ 沿闭合曲线 Γ_s 顺时针方向环绕一周时,映射曲线 Γ_F 顺时针方向包围 $F(s)$ 平面原点的周数为

$$N = Z - P \tag{5-104}$$

式中　N——曲线 Γ_F 包围 $F(s)$ 平面原点的周数;

　　　　Z——曲线 Γ_s 包围 $F(s)$ 的零点数;

　　　　P——曲线 Γ_s 包围 $F(s)$ 的极点数。

当 $N>0$ 时,表示向量 $F(s)$ 沿曲线 Γ_F 顺时针绕 $F(s)$ 平面原点的周数,此时曲线 Γ_s 包围 $F(s)$ 的零点数大于极点数;当 $N=0$ 时,表示向量 $F(s)$ 的曲线 Γ_F 既不包围 $F(s)$ 平面的原点,也不包围无限远点,此时曲线 Γ_s 包围 $F(s)$ 的零点数等于极点数;当 $N<0$ 时,表示向量 $F(s)$ 沿曲线 Γ_F 逆时针绕 $F(s)$ 平面原点的周数。此时曲线 Γ_s 包围 $F(s)$ 的极点数大于零点数。

式(5-104)表明,当已知特征函数 $F(s)$ 的极点在 s 平面上被封闭曲线 Γ_s 包围的个数 P,以及 $F(s)$ 在 $F(s)$ 平面上包围坐标原点的次数 N 时,即可由式(5-104)求得特征函数 $F(s)$ 的零点在 s 平面上被封闭曲线 Γ_s 包围的个数 Z。

5.6.3 奈奎斯特稳定判据

(1)利用上述的辐角定理,就可以证明奈奎斯特稳定判据。其内容如下:

闭环系统稳定的充分必要条件是:当 ω 由 $-\infty \to +\infty$ 变化时,开环频率特性 $G(j\omega)H(j\omega)$ 的奈奎斯特曲线逆时针包围点 $(-1,j0)$ 的圈数 N,等于系统开环传递函数 $G(s)H(s)$ 位于右半平面的极点数 P,即 $N=P$ 时,闭环系统稳定,否则 $(N \ne P)$ 闭环系统不稳定。

上述判据中,P 为开环传递函数位于右半平面极点的个数,即具有正实部极点的个数。若 $P=0$,称系统为开环稳定的,若 $P \ne 0$,则称系统为开环不稳定。

(2)常见的系统一般为开环稳定的系统,即 $P=0$,这时奈奎斯特稳定判据可以叙述为:

若系统开环稳定,则闭环也稳定的充分必要条件是:当 ω 由 $-\infty \to +\infty$ 变化时,开环频率特性 $G(j\omega)H(j\omega)$ 的奈奎斯特曲线不包围点 $(-1,j0)$,系统各稳定状态如图5-32所示。

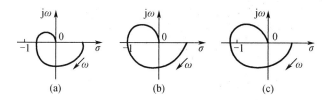

图 5-32　系统开环奈奎斯特曲线

如果开环频率特性 $G(j\omega)H(j\omega)$ 的奈奎斯特曲线,当 ω 由 $-\infty \to +\infty$ 变化时刚好通过点 $(-1,j0)$,表明特征函数 $F(s)$ 存在虚轴上的零点,也就是闭环系统的极点在 s 平面的虚轴上,则闭环系统处于临界稳定状态。

(3)为了简单起见,通常只画出开环频率特性 $G(j\omega)H(j\omega)$ ω 由 $0 \to +\infty$ 变化时的奈奎斯特曲线,而另一半曲线可由以实轴为对称轴通过镜像得到。此时奈奎斯特稳定判据可以叙述为奈奎斯特曲线逆时针包围点 $(-1,j0)$ 的圈数 $N=P/2$。

5.6.4 对数频率特性的稳定判据

奈奎斯特稳定判据是频域分析法的重要内容,其主要是利用奈奎斯特图来判定系统是否稳定。但在实际中,奈奎斯特图相对于伯德图来说不容易画出,并且系统的频域分析设计也通常是在伯德图上进行的。因此,将奈奎斯特稳定判据引申到伯德图上,以开环对数频率特性曲线(伯德图)来判别闭环系统的稳定性,就成了对数频率特性的稳定判据,它实际上是奈奎斯特稳定判据的另一种形式。

在伯德图上运用奈奎斯特稳定判据的关键是,如何确定 $G(j\omega)H(j\omega)$ 包围点 $(-1,j0)$ 的圈数。系统的开环频率特性的奈奎斯特图与伯德图存在一定的关系,如图 5-33 所示。

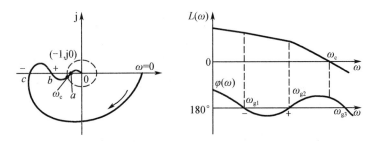

图 5-33 奈奎斯特图与伯德图的关系

(1)奈奎斯特图上 $|G(j\omega)H(j\omega)|=1$ 的单位圆与伯德图上的 0 dB 线相对应。

(2)单位圆外部,即 $|G(j\omega)H(j\omega)|>1$ 部分,对应于伯德图的 $L(\omega)>0$ 部分,即零分贝线以上部分;单位圆内部,即 $0<|G(j\omega)H(j\omega)|<1$ 部分,对应于伯德图 $L(\omega)<0$ 部分,即零分贝线以下部分。

(3)奈奎斯特图上的负实轴对应于伯德图上的 $\varphi(\omega)=-180°$ 线。

(4)奈奎斯特图中发生在负实轴上 $(-1,-\infty)$ 区段的正、负穿越,在伯德图中映射成为在对数幅频特性曲线 $L(\omega)>0$ dB 的频段内,沿频率 ω 增加方向,相频特性曲线 $\varphi(\omega)$ 从下向上穿越 $-180°$ 线,称为正穿越 N_+,而从上向下穿越 $-180°$ 线,称为负穿越 N_-。

综上所述。采用对数频率特性曲线时,奈奎斯特稳定判据可以表述为:当 ω 由 $0\to+\infty$ 变化时,在开环对数幅频特性曲线 $L(\omega)\geqslant0$ dB 的频段内,相频特性曲线 $\varphi(\omega)$ 对 $-180°$ 线的正穿越与负穿越次数之差为 $\dfrac{P}{2}$,即 $N_+-N_-=\dfrac{P}{2}$(P 为 s 右半平面开环极点数),则闭环系统稳定。

【例 5-4】 已知某闭环控制系统,其开环传递函数为

$$G(s)H(s)=\frac{K}{s^2(Ts+1)}$$

试用对数频率特性的稳定判据判断系统的稳定性。

解:

(1)由开环传递函数可以看出,系统的开环极点为 0 和 $-\dfrac{1}{T}$,没有 s 右半平面的极点。

(2)绘制系统的开环伯德图(图 5-34)

(3)开环系统有两个积分环节,即系统的型别 $\nu=2$,对应的相角为 $-180°$,且系统有一个

惯性环节,对应的相角为0°→-180°之间。因此,系统总体的相角小于-180°。由对数频率特性的稳定判据,可知系统闭环稳定。

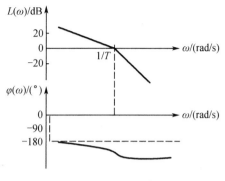

图 5-34 开环伯德图

5.7 系统的相对稳定性分析

系统在运行过程中,参数发生变化是常有的事,而一旦发生了参数变化,就可能会使系统由稳定变成不稳定。因此,为了系统能够始终在正常的状态下工作,不仅要求系统是稳定的,而且还要求系统有足够的稳定程度。

由奈奎斯特稳定判据可知,若系统开环传递函数没有右半平面的极点,且闭环系统是稳定的,那么,开环系统的奈奎斯特曲线离(-1,j0)点越远,则闭环系统的稳定程度越高;开环系统的奈奎斯特曲线离(-1,j0)点越近,则其闭环系统的稳定程度越低,这就是所谓的相对稳定性。相对稳定性在工程分析和应用中有着很重要的意义。

相对稳定性也称为稳定裕度,它是通过奈奎斯特曲线对(-1,j0)点的靠近程度来衡量的,其定量表示通常为相角裕量 γ 和增益裕量 K_g。它们也是系统的动态性能指标。

5.7.1 相角裕量

相角裕量也称为相位裕度,它反映了相角的变化对系统稳定性的影响。在介绍相角裕量之前,首先引入剪切频率的概念。

开环频率特性幅值为1时所对应的角频率称为幅值穿越频率,也称剪切频率,记为 ω_c。在奈奎斯特图中,开环奈奎斯特图穿越单位圆的点所对应的角频率就是剪切频率 ω_c;在伯德图中,开环幅频特性穿越 0 dB 线的点所对应的角频率就是剪切频率 ω_c。如图 5-35所示。

开环频率特性 $G(j\omega)H(j\omega)$ 在剪切频率 ω_c 处所对应的相角与-180°之差,称为相角裕度,记为 γ,计算公式如下:

$$\gamma = \angle G(j\omega_c)H(j\omega_c) - (-180°) = 180° + \angle G(j\omega_c)H(j\omega_c) \qquad (5-105)$$

在极坐标图上,相角裕量表示的就是负实轴绕原点转到 $G(j\omega_c)H(j\omega_c)$ 时所转过的角度,逆时针转动为正角度,顺时针转动为负角度。不难理解,对于开环稳定的系统,若 $\gamma<0°$,表示 $G(j\omega)H(j\omega)$ 的曲线包围点(-1,j0),相应的闭环系统是不稳定的;反之,若 $\gamma>0°$,则相应的闭环系统是稳定的。一般 γ 越大,系统的相对稳定性也就越好。

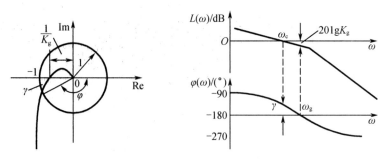

图 5-35 相角裕量和幅值裕量的图形表示

相角裕量 γ 的含义是指,对于闭环稳定系统,如果系统开环相频特性再滞后 γ 度,则系统将处于临界稳定状态。在工程上,通常要求 γ 在 $30° \sim 60°$ 之间,过高的相角裕量是不易实现的。

5.7.2 增益裕量

增益裕量也称幅值裕度,是用于表示 $G(j\omega)H(j\omega)$ 曲线在负实轴上相对于点 $(-1, j0)$ 的靠近程度。

在奈奎斯特图上,开环频率特性 $G(j\omega)H(j\omega)$ 曲线与负实轴交于点 g, g 点的频率 ω_g 称为相位穿越频率,此时,ω_g 处的相角 $\varphi(\omega_g) = -180°$,幅值为 $|G(j\omega_g)H(j\omega_g)|$。我们定义开环频率特性幅值 $|G(j\omega_g)H(j\omega_g)|$ 的倒数为增益裕量,用 K_g 来表示,即

$$K_g = \frac{1}{|G(j\omega_g)H(j\omega_g)|} \tag{5-106}$$

在伯德图上,ω_g 为相频特性上相角 $-180°$ 所对应的频率,而增益裕量 K_g 要用分贝来表示,即

$$20\lg K_g = -20\lg|G(j\omega_g)H(j\omega_g)| \quad \text{dB} \tag{5-107}$$

对于最小相位系统,当 $|G(j\omega_g)H(j\omega_g)| < 1$ 或 $20\lg|G(j\omega_g)H(j\omega_g)| < 0$ 时,即 $K_g > 1$ 或 $20\lg K_g > 0$ 时,称增益裕量为正,闭环系统稳定;反之,当 $|G(j\omega_g)H(j\omega_g)| > 1$ 或 $20\lg|G(j\omega_g)H(j\omega_g)| > 0$ 时,即 $K_g < 1$ 或 $20\lg K_g < 0$ 时,称增益裕量为负,闭环系统不稳定。而当 $|G(j\omega_g)H(j\omega_g)| = 1$ 或 $20\lg|G(j\omega_g)H(j\omega_g)| = 0$ 时,系统处于临界稳定状态。

由上面分析可知,增益裕量 K_g 表示系统到达临界状态时系统增益所允许增大的倍数。一个良好的系统,一般要求 $K_g = 2 \sim 3.16$,或 $20\lg K_g = 6 \sim 10$ dB。

必须要指出的是,对于开环不稳定的系统,不能用相角裕量和增益裕量来判别其闭环系统的稳定性。

习　　题

1. 设单位负反馈系统的开环传递函数为

$$G(s) = \frac{10}{s+1}$$

当输入信号 $r(t) = 2\sin(t+30°)$ 作用到系统上时,试求系统的稳态输出。

2. 若系统的单位阶跃响应为

$$c(t) = 1 - 2e^{-4t} + e^{-5t}$$

试求其频率特性。

3. 某放大装置的传递函数为

$$G(s) = \frac{K}{Ts+1}$$

现测得其频率响应,当 $\omega = 1 \text{ s}^{-1}$ 时,幅频 $A = 12/2$,相 $\varphi = -\pi/4$,则比例系数 K 和时间常数 T 分别为多少?

4. 画出下列传递函数的奈奎斯特图。

$(1) G(s) = \dfrac{10(s+1)}{s^2}$

$(2) G(s) = \dfrac{10}{s(s+1)(s+2)}$

5. 画出下列传递函数的伯德图。

$(1) G(s) = \dfrac{10}{s(s+1)}$

$(2) G(s) = \dfrac{100}{(2s+1)(5s+1)}$

$(3) G(s) = \dfrac{10(2s+1)}{s^2(s+1)(10s+1)}$

$(4) G(s) = \dfrac{20(s+0.5)}{s(s+0.2)(s^2+s+1)}$

6. 最小系统的伯德图如图 5-36 所示,试写出对应的传递函数。

图 5-36 习题 6 图

7. 已知反馈系统的开环传递函数为 $G(s)H(s) = \dfrac{K}{s(s+1)}$ ，试用奈奎斯特判据判断系统的稳定性。

8. 已知某单位负反馈控制系统的开环传递函数为 $G(s) = \dfrac{1+as}{s^2}$ ，绘制奈奎斯特曲线，判别系统的稳定性；并用劳斯判据验证其正确性。

第6章　线性系统的设计与校正

对于一个控制系统来说,如果它的各个元件及其参数已经给定,就要分析它能否满足所要求的各项性能指标,我们一般把解决这类问题的过程称为系统的分析。在上述章节中,我们已经讨论了控制系统的几种基本分析方法,这些方法都是可以对控制系统的性能指标进行定性的分析和定量的计算。

在实际工程控制问题中,还有另一类问题需要考虑,即事先确定系统要满足的性能指标,要求设计一个系统并选择适当的参数来满足性能指标的要求,或者对原有系统增加某些必要的元件或环节,使其性能指标得到进一步的改善。这类问题我们称为系统的设计与校正。

6.1　概　　述

控制系统的设计与校正工作是从分析被控对象开始的。首先,要根据被控对象的具体情况选择执行元件;其次,要根据测量精度、抗扰能力、被测信号的性质等因素选择合适的测量变送元件;第三,为了放大偏差信号和驱动执行元件,还要设置合适的放大器。被控对象、执行元件、测量元件和放大元件就组成了系统中的不可变部分,即固有部分。

但是固有部分一般不能满足性能指标的要求,因此还要由设计者再加入一些适当的元件或装置去补偿和提高系统的性能,使系统性能全面满足设计要求。这些另外加入的元件或装置就称为补偿元件或补偿装置,又称校正元件或校正装置。

6.1.1　设计与校正的基本原则

在经典控制理论中,校正方法主要有时域法、根轨迹法和频率特性法,其中应用较多的是时频率特性法。而在频率特性法中,又以系统的开环对数频率特性来进行分析和设计的应用最多。伯德图的绘制方法简便,可以确切地提供稳定性和稳定裕度的信息,而且还能大致衡量闭环系统稳态和动态的性能。因此,伯德图是自动控制系统设计和应用中普遍使用的方法。

在定性地分析系统性能时,通常将伯德图分成低、中、高三个频段,频段的分割界限是大致的,不同文献上的分割方法也不尽相同,这并不影响对系统性能的定性分析。图 6-1 绘出了自动控制系统的典型伯德图。

三个频段的特征可以判断系统的性能。

（1）低频段

低频段通常是指对数幅频特性的渐近线在第一个转折频率左边的频段,这一段的特性完全由开环增益和积分环节决定。由低频部分的斜率和直线位置可求出系统的型别和

图 6-1　自动控制系统的典型伯德图

开环放大系数,因此,低频段主要反映系统的稳态性能,要有足够高的放大系数,有时也要求系统型别。也可以说,系统的稳态性能指标取决于开环对数幅频特性的低频部分。

(2)中频段

中频段是指对数幅频特性在剪切频率附近的频段,剪切频率 ω_c 属于其中,这一频段集中反映了闭环系统的动态性能。在相角裕量 γ 一定的情况下,ω_c 的大小决定了系统响应速度的大小,即快速性。经验表明,为了使闭环系统稳定,并具有足够的相角裕量,开环对数幅频特性最好以 -20 dB/dec 的斜率穿过 0 dB 线,并能保持足够的长度。如果以 -40 dB/dec 穿过 0 dB 线,则闭环系统可能不稳定,即使稳定,相角裕量往往也较小,如果以 -60 dB/dec 或更大的斜率穿过 0 dB 线,则系统肯定不稳定。

(3)高频段

比剪切频率 ω_c 高出许多倍的频率范围称为高频段,是由小时间常数的环节构成的,由于其转折频率均远离剪切频率 ω_c,所以对系统的动态性能影响不大。高频段主要反映系统对输入端高频信号的抑制能力,高频段的分贝值越低,说明系统对高频信号的衰减作用越大,即系统的抗高频干扰越强,因此一般要求其有比较负的斜率,幅值衰减得快一些。

用频率特性法进行校正设计时,通常采用两种方法:分析法和综合法。

(1)分析法

分析法也称试探法,首先要分析原系统的稳态和动态性能,同时考虑系统性能指标的要求,选择校正装置形式,然后确定校正装置参数,最后校验。如果不满足要求,则重新选择参数,如果多次选择参数仍不满足要求,则要考虑更换校正装置的形式。

分析法比较直观,物理上易于实现,但是要求设计者有一定的工程设计经验。

(2)综合法

综合法也称为期望特性法,它根据系统性能指标的要求,确定系统期望的对数幅频特性,再与原系统进行比较,确定校正方式、装置和参数。

综合法具有广泛的理论意义,但是希望的校正装置传递函数可能很复杂,因而在物理上难以准确实现。

需要说明的是,无论是分析法还是综合法,一般都仅适用于最小相位系统。

6.1.2　校正方式

对于稳态性能和动态性能有一定要求的系统,为使系统的各项指标均满足要求,就必须设计改变系统的结构,或在原系统中附加一些具有某种典型环节特性的装置,来有效地改善整个系统的控制性能,以达到所要求的指标。这些能使控制系统满足性能指标的附加装置,称为校正装置。

校正装置的形式及它们和系统其他部分的连接方式,称为系统的校正方式。一般来说,校正方式可以分为串联校正、反馈校正和复合校正三种。

串联校正装置一般连接在系统误差测量点之后和放大器之前,串接于系统前向通道之中;反馈校正装置连接在系统局部反馈通道之中。两者的连接方式如图 6-2 所示。

复合校正方式是在反馈控制回路中,加入前馈校正通路,组成一个有机的整体,如图 6-3 所示。其中图 6-3(a)为按输入补偿的复合控制形式,前馈校正装置接在系统参考输入之后及主反馈作用点之前的前向通道上,这种校正装置的作用相当于对给定信号进行整形或滤波后,再送入反馈系统,因此又可称为前置滤波器;图 6-3(b)为按扰动补偿的复合控制形式,前馈校正装置接在系统可测扰动作用点与误差测量点之间,对扰动信号进行直接或间接测量,并经变换后接入系统,形成一条附加的对扰动影响进行补偿的通道。

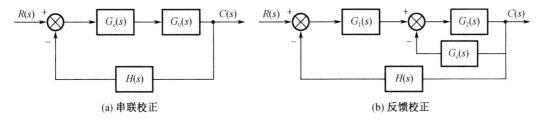

(a) 串联校正　　　　　　　　　　(b) 反馈校正

图 6-2　串联校正和反馈校正

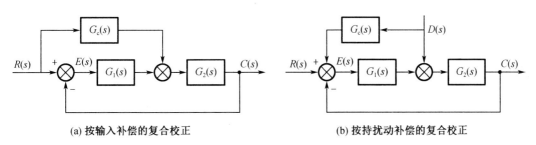

(a) 按输入补偿的复合校正　　　　　　　(b) 按持扰动补偿的复合校正

图 6-3　复合校正

在控制系统设计与校正之中,较常用的校正方式为串联校正和反馈校正两种。但在实际中,具体选用哪种校正方式并不是固定的,而是要根据系统中的信号性质、可实现性、元件的选择、抗扰性要求、经济性要求等因素来决定的。

一般来说,串联校正设计比反馈校正设计要简单些,也比较容易对信号进行各种必要形式的变换。本书重点介绍串联校正方式。

串联校正方法中,根据补偿环节的相位及其变化情况,又可分为超前校正、滞后校正、滞后-超前校正三种;根据运算规律,串联校正又包括比例(P)控制、积分(I)控制、微分(D)控制等基本控制规律以及这些基本控制规律的组合。这些内容将在下面章节分别讨论。

串联校正常用的校正网络大体可分为两种:无源校正网络和有源校正网络,具体参见附录2。

6.1.3　自动控制系统设计的基本步骤

在控制系统的设计中,目前工程上多采用频域法。如果系统是最小相位系统并且是单位负反馈,由于系统的开、闭环传递函数之间具有确定的关系,那么利用这一特征,只要绘出未校正系统的开环频率特性曲线,根据对系统性能指标的要求,绘出系统期望的开环幅频特性,即可求出串联校正装置的传递函数。工程上这项工作通常也被称为系统的综合。

自动控制系统的一般设计方法如下。

(1)根据系统的静、动态性能指标,以及经济性、可靠性等方面的要求,确定初步设计方案,选择元部件,拟定整个系统的原理电路图。

(2)根据自动控制系统的结构、各单元间的相互关系和参数,确定系统固有部分的数学模型。

（3）对系统固有部分的数学模型进行相应的线性化处理与简化，并在此基础上求出系统固有部分的开环频率特性。

（4）根据系统的静态和动态性能指标的要求，确定系统的预期开环频率特性。所谓预期开环频率特性就是满足系统性能指标的典型系统的开环对数频率特性。

（5）以系统固有部分的开环频率特性为基础，将系统校正成为典型系统。其方法是：将系统的预期开环频率特性与固有部分的开环频率特性进行比较，得到校正装置的开环频率特性，并以此确定校正装置的结构与参数。这种校正方法称为预期开环频率特性校正法。

（6）通过仿真或现场实验、调试，对系统某些部分的结构和参数进行修正，使系统满足性能指标的要求。

6.2 串联超前校正

校正装置输出信号在相位上超前其输入信号，即校正装置具有正的相位特性，这种校正装置称为超前校正装置，对系统的校正称为超前校正。

超前校正就是利用其正的相位角来增加系统的相角裕量，从而达到改善系统动态性能的目的。超前校正时，应该使校正装置的最大超前相角出现在系统的开环剪切频率处。

6.2.1 串联超前校正的基本形式

通常，超前校正是指具有下述传递函数的装置：

$$G_c(s) = \frac{aTs+1}{Ts+1} = \frac{\dfrac{1}{\omega_1}s+1}{\dfrac{1}{\omega_2}s+1} \quad (a>1, \omega_1 < \omega_2) \tag{6-1}$$

式中，a 为超前网络分度系数，T 为时间常数，$\omega_1 = \dfrac{1}{aT}$，$\omega_2 = \dfrac{1}{T}$。

a 和 T 的取值要根据具体的网络实现来确定，如图 6-4 所示。其中

$$a = \frac{R_1+R_2}{R_2}, \quad T = \frac{R_1 R_2}{R_1+R_2}C$$

超前校正装置的伯德图如图 6-5 所示。

图 6-4 无源超前校正装置

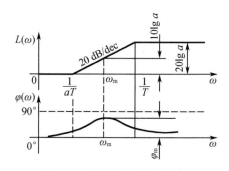

图 6-5 超前校正装置伯德图

可以看出,超前校正网络的相角是正的,即 $\angle G_c(j\omega)>0$。可由频率特性法求得超前校正网络的相角为

$$\angle G_c(j\omega) = \arctan(aT\omega) - \arctan(T\omega) = \arctan\frac{\omega}{\omega_1} - \arctan\frac{\omega}{\omega_2}$$

$$= \arctan\frac{aT\omega - T\omega}{1 + aT^2\omega^2} \tag{6-2}$$

由图 6-1 可以看出, $\angle G_c(j\omega)>0$ 且有一个最大值点。根据高等数学中的极大值原理,可知有如下关系成立

$$\frac{d\angle G_c(j\omega)}{d\omega} = 0$$

由此,即可求得的最大超前相位角 $\angle G_{cm}(j\omega)$ 及其对应的角频率 ω_m,如下:

$$\angle G_{cm} = \arctan\frac{a - 1}{2\sqrt{a}} \tag{6-3}$$

$$\omega_m = \sqrt{\omega_1\omega_2} = \frac{1}{\sqrt{a}\,T} \tag{6-4}$$

式(6-3)说明,由此,即可求得的最大超前相位角 $\angle G_{cm}(j\omega)$ 仅与分度系 a 有关,a 值选得越大,超前网络的微分效应越强。为了保持较高的系统信噪比,实际选用的 a 值一般不超过 20,此时 $\angle G_{cm}<65°$。如果 a 再增加,$\angle G_{cm}$ 增加得很慢,而且物理上也较难实现。此外,由图 6-4 可以明显看 ω_m 出处的对数幅值为

$$L_c(\omega_m) = 20\lg|G_c(j\omega_m)| = 20\lg\sqrt{a} = 10\lg a \tag{6-5}$$

另外,最大超前角频率 ω_m 是 ω_1 和 ω_2 的几何中心,因此有

$$\lg\omega_m = \frac{1}{2}(\lg\omega_1 + \lg\omega_2) \tag{6-6}$$

式(6-3)也可以写成

$$\angle G_{cm} = \arcsin\frac{a - 1}{a + 1} \tag{6-7}$$

从而可以得出 a 的计算公式

$$a = \frac{1 + \sin\angle G_{cm}}{1 - \sin\angle G_{cm}} \tag{6-8}$$

6.2.2 串联超前校正的设计步骤

(1)根据系统对稳态误差的要求,确定系统的开环增益 K。

(2)利用确定好的开环增益 K 画出系统的伯德图,并计算出待校正系统的相角裕量 γ_0。

(3)根据步骤 2 中计算出的相角裕量 γ_0 和要求的相角裕量 γ,确定需要增加的相角 $\angle G_c$,即

$$\angle G_c = \gamma - \gamma_0 + \Delta\gamma \tag{6-9}$$

式中,$\Delta\gamma$ 是考虑到加入校正装置影响剪切频率的位置而附加的相角裕量,$\Delta\gamma$ 的大小一般是根据经验确定,而且不会太大,通常在 5°~10° 之间。

(4)根据式(6-8)计算 a 的值,根据式(6-5)计算 ω_m 的值,为了超前校正网络在已校正

系统剪切频率处提供最大的相位超前角,取 ω_m 等于校正后系统的开环剪切频率 ω_c,即 $\omega_c = \omega_m$,并根据式(6-4)求解出时间常数 T,从而将参数 a 和 T 都确定了出来。

（5）根据步骤4中确定的 a 和 T 的值,求取校正装置的转折频率 $\omega_1 = \dfrac{1}{aT}$,$\omega_2 = \dfrac{1}{T}$,从而由式(6-1)得出超前校正装置的传递函数 $G_c(s)$。

（6）为了补偿超前校正装置引起的幅值衰减,还需要将系统增益增大 $1/a$ 倍。

（7）写出校正后系统的整体传递函数,为

$$G(s) = \frac{1}{a}G_c(s)G_0(s) \tag{6-10}$$

（8）画出校正后系统的开环频率特性,检验系统的性能指标是否满足要求。

【例6-1】 设某系统结构如下(图6-6):

要求系统在单位斜坡输入时,位置输出稳态误差 $e_{ss} \leq 0.1$,开环系统截止频率 $\omega_c' \geq 4.4$ rad/s,相角裕量 $\gamma' \geq 45°$,幅值裕量 $K_g' \geq 10$ dB。试设计串联无源超前网络。

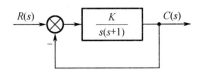

图6-6 【例6-1】系统结构图

解:

（1）系统为单位负反馈的 I 型系统,且 $r(t) = t$,有 $e_{ss} \leq 0.1$,可以求得 $K \geq 10$。选取 $K = 10$,则未校正系统的开环传递函数为

$$G(s) = \frac{10}{s(s+1)}$$

（2）根据 $G(s)$ 求得 $G(j\omega)$,并绘制未校正系统的 Bode 图(图6-7)。

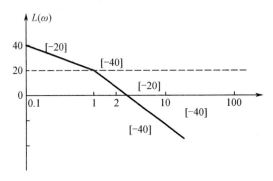

图6-7

可求得未校正系统的剪切频率 $\omega_c = 3.16 < \omega_c' = 4.4$,未校正系统的相角裕量 $\gamma_0 = 180° + (-90° - \arctan \omega_c) = 17.6° < \gamma'$,增益裕量 $K_g = \infty$。

（3）由式(6-9)确定需要增加的相角为

$$\angle G_c = \gamma' - \gamma_0 + \Delta\gamma = 45° - 17.6° + 5° = 32.4°$$

（4）由求得的未校正系统的指标可以看出,剪切频率和相角裕量都小于要求。其中相角裕量小的原因主要是中频段的斜率为 -40 db/dec 所造成的,故选择超前校正。

选取 $\omega_m = \omega_c' = 4.4$ rad/s,对应的幅值为 $L(\omega_c') = -6$ dB。由式(6-5)可以求得 $\lg a = 6$,

因此,$a \approx 4$。再根据式(6-4)求得参数 $T = \dfrac{1}{\omega_{\mathrm{m}}\sqrt{a}} \approx 0.114$ s。

(5)根据所求得的参数 a 和 T 的值,求取校正装置的转折频率 $\omega_1 = \dfrac{1}{aT} = 2.19$,$\omega_2 = \dfrac{1}{T} = 8.77$,从而由式(6-1)得出超前校正装置的传递函数 $G_{\mathrm{c}}(s)$。

(6)由于超前网络的引入,使得整个系统的开环增益提高了 4 倍,为补偿这一变化,可将系统中放大器的放大系数降低四分之一,方可保证系统的 e_{ss} 要求。因此最终得到超前装置的传递函数为

$$G_{\mathrm{c}}(s) = \frac{1}{4} \times \frac{0.456s+1}{0.114s+1}$$

(7)校正后系统的传递函数为

$$G_{\mathrm{c}}(s) \cdot G(s) = \frac{1}{4} \times \frac{0.456s+1}{0.114s+1} \cdot \frac{10}{s(s+1)} = \frac{2.5(0.456s+1)}{s(s+1)(0.114s+1)}$$

画出校正后系统的 Bode 图如图 6-8 所示。

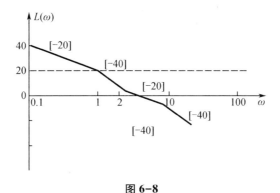

图 6-8

由图 6-8 可知,满足了要求的性能指标。

6.3　串联滞后校正

校正装置输出信号在相位上落后其输入信号,即装置具有负的相位特性,这种校正装置称为滞后校正装置,对系统的校正称为滞后校正。

滞后校正主要是利用其高频幅值衰减特性,使已校正系统的开环剪切频率下降,从而使系统获得足够的相角裕量,因此滞后网络的最大滞后角应该避免发生在系统剪切频率附近。

串联滞后校正装置还可以利用其低通滤波特性,将系统高频部分的幅值衰减,降低系统的剪切频率,提高系统的相角裕量,以改善系统的稳定性和其他动态性能,但应同时保持未校正系统在要求的开环剪切频率附近的相频特性曲线基本不变。

串联滞后适用的场合是,系统剪切频率和相角裕量符合指标要求,也就是满足动态性能,但是开环放大系数低于指标要求。

6.3.1　串联滞后校正的基本形式

通常,滞后校正是指具有下述传递函数的装置:

$$G_{c}(s) = \frac{bTs + 1}{Ts + 1} = \frac{\dfrac{1}{\omega_1}s + 1}{\dfrac{1}{\omega_2}s + 1} \quad (b < 1, \omega_1 > \omega_2) \tag{6-11}$$

式中　b——滞后网络的分度系数,表示滞后深度;

　　　　T——时间常数,$T = (R_1 + R_2)C$。

$$\omega_1 = \frac{1}{bT}$$

其中,$b = \dfrac{R_2}{R_1 + R_2}$。

$$\omega_2 = \frac{1}{T}$$

b 和 T 的取值要根据具体的网络实现来确定,具体参见图 6-9。

滞后校正装置的伯德图如图 6-10 所示。

图 6-9　滞后校正装置电路图

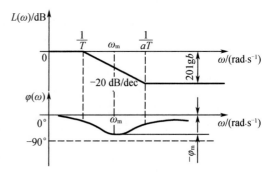

图 6-10　滞后校正装置的伯德图

$$\angle G_{c}(j\omega) = \arctan(bT\omega) - \arctan(T\omega)$$

$$= \arctan\frac{\omega}{\omega_1} - \arctan\frac{\omega}{\omega_2}$$

$$= \arctan\frac{bT\omega - T\omega}{1 + bT^2\omega^2} \tag{6-12}$$

可以看出,$\angle G_{c}(j\omega) < 0$ 且有一个最小值点。根据高等数学中的极小值原理,可知有如下关系成立:

$$\frac{\mathrm{d}\angle G_{c}(j\omega)}{\mathrm{d}\omega} = 0$$

由此,即可求得的最小超前相位角 $\angle G_{cm}(j\omega)$ 及其对应的角频率 ω_m,如下:

$$\angle G_{cm} = \arctan\frac{b - 1}{2\sqrt{b}} \tag{6-13}$$

$$\omega_{\mathrm{m}} = \sqrt{\omega_1 \omega_2} = \frac{1}{\sqrt{b} \, T} \tag{6-14}$$

$$\lg \omega_{\mathrm{m}} = \frac{1}{2}(\lg \omega_1 + \lg \omega_2) \tag{6-15}$$

其中,式(6-13)也可以写成

$$\angle G_{\mathrm{cm}} = \arcsin \frac{b-1}{b+1} \tag{6-16}$$

从而可以得出 b 的计算公式

$$b = \frac{1 + \sin \angle G_{\mathrm{cm}}}{1 - \sin \angle G_{\mathrm{cm}}} \tag{6-17}$$

根据要求的稳态性能确定系统的开环增益 K。

采用无源滞后网络进行串联校正时,主要是利用其高频幅值衰减的特性,以降低系统的开环截止频率,提高系统的相角裕量。因此,要尽量避免最大滞后角发生在已校正系统开环截止频率 ω_{c}'' 附近,选择滞后网络参数时,通常使网络的交接频率 $1/(bT)$ 远小于 ω_{c}'',一般取:

$$\frac{1}{bT} = \frac{\omega_{\mathrm{c}}''}{10} \tag{6-18}$$

此时,滞后网络在此处产生的相角滞后按下式确定:

$$\varphi_{\mathrm{c}}(\omega_{\mathrm{c}}'') = \arctan bT\omega_{\mathrm{c}}'' - \arctan T\omega_{\mathrm{c}}''$$

根据两角和的三角函数公式,并代入式(6-17)及 $b<1$ 关系,上式可化简为

$$\varphi_{\mathrm{c}}(\omega_{\mathrm{c}}'') \approx \arctan [0.1(b-1)] \tag{6-19}$$

6.3.2 串联滞后校正的设计步骤

(1)根据要求的稳态性能确定系统的开环增益 K。

(2)利用已确定的开环增益 K 画出待校正系统的伯德图,确定待校正系统的剪切频率 $\omega_{\mathrm{c}0}$、相角裕量, γ_0 和幅值裕量 K_{g0}。

(3)根据相角裕量的要求值 γ,因为滞后校正在新的剪切频率处会产生一定的相角滞后,还应考虑加入相角补偿 $\Delta\gamma$,在 Bode 图上求出未校正系统相角裕量求出 $\gamma' = \gamma + \Delta\gamma$ 所对应的频率值作为校正后系统的剪切频率 ω_{c}。一般取 $\Delta\gamma = 5° \sim 10°$。

(4)计算滞后校正网络参数 b 的值。由于滞后校正的幅值衰减为 $20\lg b$,而且在待校正系统的开环对数幅频特性上,可以计算出 ω_{c} 的值在滞后校正环节上所对应的 $20\lg |G_0(\mathrm{j}\omega_{\mathrm{c}})|$ 的值,再根据下述公式计算的 b 值:

$$20\lg b = -20\lg |G_0(\mathrm{j}\omega_{\mathrm{c}})| \tag{6-20}$$

(5)计算滞后校正网络参数 T 的值。由于滞后校正会使系统的相角裕量减小,因此要尽可能地避免这种不利影响,所以一般要求 bT 的值要远小于校正后系统的剪切频率 ω_{c},通常取

$$\frac{1}{bT} = \frac{\omega_{\mathrm{c}}}{20} \sim \frac{\omega_{\mathrm{c}}}{10} \tag{6-21}$$

可以由此计算出 T 的值。

(6)检验系统的性能指标是否满足要求。

【例6-2】 设单位反馈系统的开环传递函数为

$$G_0(s) = \frac{K}{s(0.1s+1)(0.2s+1)}$$

试设计串联校正装置,使系统满足下列指标:静态速度误差系统等于30,$\omega_c \geqslant$ 2.3,$\gamma \geqslant 40°$。

解:

(1)根据要求的稳态性能确定系统的开环增益$K=30$。

(2)画出未校正系统的伯德图

通过频率分析的方法,可以计算出未校正系统的剪切频率为$\omega_{c0}=11.45$,相角裕量为$\gamma_0=180°-90°-\arctan 0.1\omega_{c0}-\arctan 0.2\omega_{c0}=-25.28°$。

(3)根据相角裕量的要求值$\gamma=40°$,并考虑相角补偿$\Delta\gamma$,这里取6°,可以由此求得$\gamma'=\gamma+\Delta\gamma=40°+6°=46°$,并进而求取其对应的频率作为校正后系统的剪切频率,这里可以采取试凑法进行,取几个相应的ω_c'值,看它是否满足相角裕量。经试凑,取$\omega_c'=2.7$。

(4)由上步中求得的校正后系统剪切频率ω_c'计算其值在滞后校正环节上所对应的$20\lg b=-20\lg |G_0(j\omega_c)|=21$ dB,再由式(6-19)求得$b=0.09$。

(5)由式(6-21)计算出T的值为

$$T=41$$

(6)滞后网络的传递函数为

$$G_c(s) = \frac{3.7s+1}{41s+1}$$

(7)校正后系统的传递函数为

$$G(s) = G_0(s)G_c(s)K_c = \frac{30(3.7s+1)}{s(0.1s+1)(0.2s+1)(41s+1)}$$

校正过程伯德图如图6-11所示。

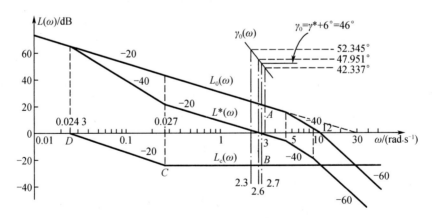

图6-11 校正过程伯德图

由图6-11可以看出,设计后满足了性能指标要求。

6.4 串联滞后-超前校正

若校正装置在某一频率范围内具有负的相位特性,而在另一频率范围内却具有正的相位特性,这种校正装置称为滞后-超前校正装置,对系统的校正称为滞后-超前校正。

一般来说,当待校正系统不稳定,且要求校正后系统的响应速度、相角裕量和稳态精度较高,单独采用超前或滞后无法满足要求时,即可以同时采用这两种方法,也就是滞后-超前校正。其中超前校正部分可以提高系统的相角裕量,同时使频带变宽,改善系统的动态性能;滞后校正部分则主要用来提高系统的稳态性能。

6.4.1 串联滞后-超前校正的基本形式

滞后-超前校正是指具有下述传递函数形式的环节:

$$G_c(s) = \frac{(T_a s + 1)(T_b s + 1)}{(\alpha T_a s + 1)\left(\dfrac{T_b}{\alpha} s + 1\right)} \quad (\alpha > 1) \tag{6-22}$$

其电路图如图 6-12 所示。

式中,$T_a = R_1 C_1$,$T_b = R_2 C_2$,$T_{ab} = R_1 C_2$ 且一般来说,$\omega_1 < \omega_2 < \omega_3 < \omega_4$。滞后-超前校正网络的伯德图如图 6-13 所示。

图 6-12 滞后-超前校正网络的电路图

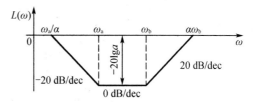

图 6-13 滞后-超前校正网络的伯德图

利用滞后-超前校正进行设计,主要思路就是先滞后再超前,使得系统性能完全满足指标的要求。其参数的确定方法可以参考超前校正和滞后校正。

6.4.2 串联滞后-超前校正的设计步骤

(1)根据系统稳态性能的要求确定开环增益 K。

(2)利用已确定的开环增益 K 绘制待校正系统的开环对数幅频特性曲线,并求出待校正系统的剪切频率 ω_{c0}、相角裕量 γ_0 和幅值裕量 K_{g0}。

(3)在未校正系统的伯德图上,选择斜率由-20 变为-40 的转折频率点作为超前部分的转折频率 ω_b。这种选法可以降低已校正系统的阶次,而且可以保证中频区斜率为期望的-20,并有足够的宽度。

(4)由响应速度的要求选择校正后系统的截止频率 ω_c,并由下式确定 α。

$$-20\lg \alpha + L(\omega_c) + 20\lg(T_b \omega_c) = 0 \tag{6-23}$$

（5）根据对相角裕量 γ 的要求估算出滞后部分的转折频率 ω_a。

（6）写出滞后-超前装置的传递函数,画出校正后系统的伯德图,并校验已校正系统的各项性能指标是否满足要求。

这里需要说明的是,串联滞后-超前校正装置参数的确定,在很大程度上依赖设计者的经验和技巧,而且设计过程带有试探性。因此,上述所介绍的步骤只作为参考。

【例 6-3】 设单位反馈系统的开环传递函数

$$G_0(s) = \frac{K}{s\left(\frac{1}{6}s+1\right)\left(\frac{1}{2}s+1\right)}$$

要求设计校正装置使系统满足: $K_g \geqslant 10$ dB, $K_v \geqslant 180$, $\gamma \geqslant 45°$。

解:

（1）根据 $K_v \geqslant 180$ 的要求,确定开环放大倍数 $K = 180$。

（2）根据 $K = 10$ 画出未校正系统的伯德图（图 6-14）。

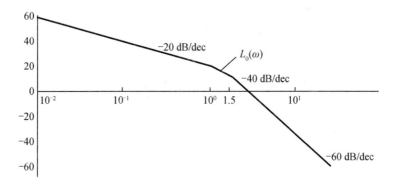

图 6-14 未校正系统的伯德图

由图可求得未校正系统的剪切频率为 $\omega_{c0} = 12.6$,相角裕量为 $\gamma = -55°$,幅值裕量为 $K_g = -30$,故系统是不稳定的。若串入超前校正,虽然可以增大相角裕量,满足对 γ 的要求,但幅值裕量却无法同时满足;若串入滞后校正,利用它的高频幅值衰减使剪切频率前移,能够满足对 K_g 的要求,但要同时满足 γ 的要求,则很难实现,因此,采用滞后-超前校正。

（3）首先确定校正后系统的剪切频率 ω_c。一般可选未校正系统相频特性上相角为 $-180°$ 的频率作为校正后系统的剪切频率。从未校正系统的 Bode 图中可得,为了利用滞后超前部分微分段的特性,可取 $\omega_b = 2$,于是待校正系统对数幅频特性在 $\omega_c \leqslant 6$ 区间内,其斜率均为 -20 dB/dec。

根据指标要求 $\gamma \geqslant 45°$,可以算可校正后系统的剪切频率 $\omega_c \geqslant 3.2$。考虑到要求中频段斜率为 -20 dB/dec,因此 ω_c 应该在 3.2~6 之间选取。由于中频段要有一定的宽度,因此选取 $\omega_c = 3.5$,相应的 $L(\omega_c) + 20\lg(T_b\omega_c) = 34$,由式（6-23）可得 $\dfrac{1}{\alpha} = 0.02$。

根据指标要求 $\gamma \geqslant 45°$,利用相角裕量要求,可以确定校正网络参数 ω_a。已经校正系统的相角裕量为

$$\gamma = 180 + \arctan \frac{\omega_c}{\omega_a} - 90 - \arctan \frac{\omega_c}{6} - \arctan \frac{50\omega_c}{\omega_a} - \arctan \frac{\omega_c}{100}$$

$$= 57.7° + \arctan \frac{3.5}{\omega_a} - \arctan \frac{175}{\omega_a}$$

考虑到 $\omega_a < \omega_b = 2$,故可取 $-\arctan (175/\omega_b) \approx 90°$。因为要求 $\gamma \geqslant 45°$,所以上式可简化为

$$\arctan \frac{3.5}{\omega_a} = 77.3°$$

从而求得 $\omega_a = 0.78$。

于是,可得校正网络的传递函数为

$$G_c(s) = \frac{(1.28s+1)(0.5s+1)}{(64s+1)(0.01s+1)}$$

(6)可以用计算的方法检验已校正后系统的各指标,其都满足了要求。

6.5 串联 PID 控制概述

PID 是指比例-积分-微分的简称,PID 控制器又称为 PID 调节器。在工业生产控制的发展过程中,PID 控制是历史最久、应用最广的基本控制方式,它具有原理简单、使用方便、适应性和鲁棒性强、性能稳定等特点,因此广泛应用于工业过程控制中。

常用 PID 控制系统框图如图 6-15 所示

图 6-15 PID 控制系统框图

PID 控制器是一种线性控制器,它根据参考输入 $r(t)$ 与输出 $c(t)$ 构成偏差信号 $e(t)$

$$e(t) = r(t) - c(t)$$

将偏差信号的比例(P)、积分(I)和微分(D)通过线性组合构成控制量,对被控对象进行控制,故称为 PID 控制器。其控制规律为

$$u(t) = K_P \left[e(t) + \frac{1}{T_I} \int_0^t e(t) \, dt + T_D \frac{de(t)}{dt} \right] \tag{6-24}$$

写成传递函数形式为

$$G_c(s) = \frac{U(s)}{E(s)} = K_P \left(1 + \frac{1}{T_I s} + T_D s \right) \tag{6-25}$$

式中　K_P——比例系数;

　　T_I——积分时间常数;

　　T_D——微分时间常数。

PID 控制器各环节的作用为

（1）比例环节：即时成比例的反映控制系统的偏差信号，一旦偏差产生，控制器便立即产生控制作用，以减少偏差。

（2）积分环节：主要用于消除静差，提高系统的精度。积分作用的强弱取决于积分时间常数 T_1，T_1 越大，积分作用越弱，T_1 越小，积分作用越强。

（3）微分环节：能反映偏差信号的变化快慢，并能够在偏差信号变得太大之前，在系统中引入一个有效的早期修正信号，从而加快系统的动作速度，减小调节时间。

设计者的任务就是如何恰当地组合这些环节，选择合适的参数，以便使系统能够全面满足性能指标的要求。下面就分别介绍一些基本控制规律。

6.5.1　比例（P）控制器

比例控制器也称为 P 调节器，它就是一个放大倍数可调的放大器，其伯德图如图 6-16 所示。最常见的 P 控制器可以由模拟电路中的集成运放来实现，如图 6-17 所示。

图 6-16　P 调节器的图

图 6-17　P 调节器的模拟电路实现

P 控制器的控制规律为

$$u(t) = K_P e(t) \tag{6-26}$$

写成传递函数形式为

$$G_c(s) = \frac{U(s)}{E(s)} = K_P \tag{6-27}$$

式中，K_P 为控制器的增益，提高 K_P 就可以提高系统的开环放大系数，而开环放大系数可以对系统的稳态性能和快速性产生影响。

例如，设某系统方框图，如图 6-18 所示。

图 6-18

当 K 分别取 1(校正前)和 0.5(校正后)的时候,系统整体的开环对数频率特性(伯德图)。

由图 6-19 可知,当 $K=1$ 时,系统的剪切频率 $\omega_c=13.5$,计算得到相角裕量 $\gamma=12.3°$;当 $K=0.5$ 时,系统的剪切频率 $\omega_c=9.2$,相角裕量 $\gamma=23.3°$。

图 6-19

由此,可以得出 K_P 对系统的影响:

(1)K_P 越大,系统的剪切频率变大,系统频带变宽,使得系统的响应速度变快;

(2)K_P 越大,系统的相角裕量越低,系统的稳定性越差;

(3)K_P 越大,稳态误差越小,稳态性能越好。

可以看出,采用比例(P)控制器可以减小系统的稳态误差,提高响应度,但是却会降低系统的稳定性,可能会让系统变得不稳定。

由上面分析可知,K_P 的值的变化对系统的稳态性能和动态性能的影响是互相矛盾的,因此,只采用 P 调节器一般很难同时满足系统对稳态性能和动态性能的要求。在工程中,一般把 P 调节器与其他的控制规律结合起来应用。

6.5.2　积分(I)控制器

积分控制器也称 I 调节器,它具有积分控制作用,它的输出信号是输入信号的积分,即

$$u(t)=\frac{1}{T_1}\int_0^t e(t)\,dt \tag{6-28}$$

写成传递函数形式,为

$$G_c(s)=\frac{1}{T_1 s} \tag{6-29}$$

其模拟电路实现如图 6-20 所示。

由于积分控制器的输出是对输入信号的积分,因此也可以说,输入对输入信号的积累,只要输入不为零,那么其输出便会随时间的增长而不断地增加,直到输入为零,积分作用才停止,此时输出也保持一定的值。而且加入了积分控制器之后,相当于系统多了一个积分环节,也就是提高了系统的型别。

正是积分控制器的这些性质,可以消除系统的稳态误差。但是它的相位角是 $-90°$,这样会使系统的相角裕量明

图 6-20　I 调节器的模拟
电路实现

显减小,使系统振荡变强,超调增大,甚至导致系统不稳定。

需要说明的是,一般在工程中,积分控制器很少会单独使用,一般都与比例和微分控制器配合使用。

6.5.3 微分(D)控制器

微分控制器又称 D 调节器,它的输出是与其输入信号的化变率成正比的,即

$$u(t) = T_{\mathrm{D}}\frac{\mathrm{d}e(t)}{\mathrm{d}t} \tag{6-30}$$

其传递函数为

$$G_{\mathrm{c}}(s) = T_{\mathrm{D}}s \tag{6-31}$$

其模拟电路实现如图 6-21 所示。

可以看出,微分控制器把输入信号的变化趋势及时地反映到输出量上,使对系统的控制作用提前产生。采用微分控制器能够增大系统的阻尼,降低最大超调,从而改变系统的稳定度。

由于这种控制器只能在输入信号发生变化的过程中才会起作用,当输入信号趋于定值或变化缓慢时,它的作用就会消失,其输出为零。因此,微分控制器不能单独使用到系统之中,在实际工程里,一般都是以比例-微分或比例-积分-微分的形式出现。

图 6-21　D 调节器的模拟电路实现

6.5.4 比例-积分(PI)控制器

比例-积分控制器又称 PI 调节器,它的输出信号同时与输入信号本身及其积分成比例,即

$$u(t) = K_{\mathrm{P}}\left[e(t) + \frac{1}{T_{\mathrm{I}}}\int_0^t e(t)\right] \tag{6-32}$$

其传递函数为

$$G_{\mathrm{c}}(s) = \frac{U(s)}{E(s)} = K_{\mathrm{P}}\left(1 + \frac{1}{T_{\mathrm{I}}s}\right) = \frac{K_{\mathrm{P}}(T_{\mathrm{I}}s + 1)}{T_{\mathrm{I}}s} \tag{6-33}$$

PI 控制器的模拟电路实现如图 6-22 所示。

PI 控制器是比例环节与积分环节的组合,因此它同时具有比例和积分的优点,又能够相互弥补两者的缺点,它可以在保证系统稳定性的基础上,提高系统的型别和开环放大系数,而且其相位角为 $\angle G_{\mathrm{c}}(\mathrm{j}\omega) = -90° + \arctan(T_{\mathrm{I}}\omega)$,只要参数选择合适,就不会过多地减小相角裕量。其开环伯德图如图 6-23 所示。

可以看出,PI 控制器的相角是负值,所以它是一种滞后校正装置。PI 控制器的可调参数有两个 K_{P} 和 T_{I},如果仅从系统稳定性的角度来看,显然 T_{I} 越大 K_{P} 越小越好,但是如

图 6-22　PI 调节器的模拟电路实现

果值 T_I 太大，K_P 太小，会使 PI 控制器的控制作用不灵敏，其输出就不能及时地反映输入的变化，从而降低系统的快速性。因此，对 PI 控制器的参数进行调整时，要根据系统的实际需求来进行。

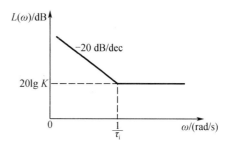

6.5.5 比例-微分(PD)控制器

比例-微分控制器又称 PD 调节器，它的输出信号同时与输入信号本身及其微分成比例，即

$$u(t) = K_P\left[e(t) + T_D\frac{de(t)}{dt}\right] \quad (6-34)$$

写成传递函数形式为

$$G_c(s) = \frac{U(s)}{E(s)} = K_P(1 + T_D s) \quad (6-35)$$

比例-微分控制器的模拟电路实现如图 6-24 所示。

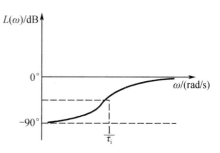

图 6-23 PI 调节器的开环伯德图

比例-微分控制器是比例环节与微分环节的组合，从物理的角度来说，它可以降低系统的最大超调，改善动态性能，从频率特性的角度来说，它可以增加系统的相角裕量，使系统的振荡减弱。

PD 调节器的开环伯德图如图 6-25 所示。

由图可知，PD 调节器具有正的相位角，因此它是一种超前校正装置。它有两个参数可以调节——K_P 和 T_D，它可以增加系统的阻尼，改善系统的稳定性，加快系统响应速度，但是它不能提高系统的稳态精度。此外，T_D 不能过大，否则会使转

图 6-24 PD 调节器的模拟电路实现

折频率过小，使微分对输入信号中的噪声产生明显的放大作用，对系统不利。

需要说明的是，PD 调节器在物理上是不可实现的，因为它分子的阶次高于分母的阶次，故只能够近似实现。

6.5.6 比例-积分-微分(PID)控制器

比例-积分-微分控制器又称 PID 调节器，它的输出信号同时与输入信号、输入信号的积分、输入信号的微分成比例，其表达式和传递函数分别见式(6-24)和式(6-25)。

PID 调节器的模拟电路实现如图 6-26 所示。

式(6-25)的传递函数表达式可以进行一些变化，如下：

$$G_c(s) = \frac{U(s)}{E(s)} = K_P\left(1 + \frac{1}{T_I s} + T_D s\right) = \frac{K_P(T_I T_D s^2 + T_I s + 1)}{T_I s} \quad (6-36)$$

式中，将分子的部分 $T_I T_D s^2 + T_I s + 1$ 进行因式分解，可以求得 $T_I T_D s^2 + T_I s + 1 = 0$ 的两个根为

图 6-25　PD 调节器的开环伯德图　　　　图 6-26　PID 调节器的模拟电路实现

$$s_{1,2} = \frac{-T_I \pm \sqrt{T_I^2 - 4T_I T_D}}{2T_I T_D} \qquad (6-37)$$

当 $T_I^2 - 4T_I T_D > 0$，即 $\dfrac{4T_D}{T_I} < 1$ 时，s_1 和 s_2 为两个负实根，于是式（6-36）可以写成

$$G_c(s) = \frac{K_P(\tau_1 s + 1)(\tau_2 s + 1)}{T_I s} \qquad (6-38)$$

其中，τ_1 和 τ_2 分别为式的两个负实根。

式（6-38）也是 PID 调节器的一种形式。

PID 调节器的伯德图如图 6-27 所示。

由图 6-27 可以看出，PID 调节器是一种滞后-超前校正装置，它同时具有 PI 调节器和 PD 调节器的作用，前者用于提高系统的稳态精度，后者用于改善系统的动态性能，两者相辅相成，互补不足，使校正后的系统具有更加优良的性能，因此 PID 调节器在工程中有着非常广泛的应用。

需要说明的是，PID 调节器在物理上是不可实现的环节，因为其分子的阶次高于分母的阶次。实际中的 PID 调节器的传递函数往往和标准形式略有不同并稍微复杂，以使得控制器在物理上能够实现并且容易实现。

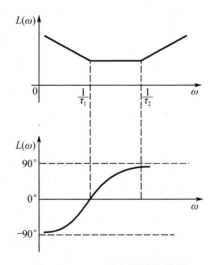

图 6-27　PID 调节器的伯德图

习　　题

1. 已知单位负反馈系统的开环传递函数 $G(s) = \dfrac{K_0}{s^2(0.2s+1)}$，试用频率法设计串联超前校正装置，使系统的相角裕量 $\gamma \geqslant 35°$，静态加速度误差系数 $K_a = 10\ s^{-1}$。

2. 已知单位负反馈系统的开环传递函数 $G(s) = \dfrac{K_0}{s\left(\dfrac{1}{2}s+1\right)\left(\dfrac{1}{6}s+1\right)}$，试用频率法设计串联滞后校正装置，使系统的相位裕度为 $\gamma = 40°\pm2°$，增益裕量不低于 10 dB，静态速度误差系数 $K_v = 7s^{-1}$，剪切频率 $\omega_c \geqslant 1\ rad/s$。

3. 已知单位负反馈系统的开环传递函数 $G(s) = \dfrac{K_0}{s(s+2)(s+40)}$，试用频率法设计串联滞后-超前校正装置，使系统的相角裕量 $\gamma \geqslant 40°$，静态速度误差系数 $K_v = 20\ s^{-1}$。

4. 一个位置随动系统如图 6-28 所示。

位置随动系统

图 6-28　位置随动系统

其中，自整角机、相敏放大 $G_1(s) = \dfrac{1.25\times5}{0.007s+1}$，可控硅功率放大 $G_2(s) = \dfrac{40}{0.00167s+1}$，执行电机 $G_3(s) = \dfrac{23.98}{0.0063s^2+0.9s+1}$，减速器 $G_4(s) = \dfrac{0.1}{s}$。

对系统进行超前-滞后串联校正。要求校正后的系统在稳定的前提下，满足指标：

（1）幅值裕量 $K_g > 18$，相角裕量 $\gamma > 35°$；

（2）系统对阶跃响应的超调量 $\sigma < 36\%$，调节时间 $t_s < 0.3$；

（3）系统的跟踪误差 $e_{ss} < 0.002$。

5. 晶闸管-直流电机调速系统如图 6-29 所示。

图 6-29

对系统进行串联校正,要求校正后的系统在稳定的前提下,满足指标:

(1)相角裕量 $\gamma > 40°$,增益裕量 $K_g > 13$。

(2)在阶跃信号作用下,系统超调量 $\sigma < 25\%$,调节时间 $t_s < 0.15$。

第7章　现代控制理论基础

在经典控制理论中,用传递函数来设计和分析单输入-单输出系统,这是一种行之有效的方法。但传递函数只能反映出系统输出变量与输入变量之间的外部关系,而了解不到系统内部的变化情况。此外,传递函数描述又是建立在零初始条件的前提下。故它不能包含系统的全部信息,也难以有效地处理多输入-多输出系统。因此,在设计多变量和时变系统时,采用经典控制理论会遇到很大的困难。

在20世纪50年代蓬勃兴起的航天技术的推动下,1960年前后开始了从经典控制理论到现代控制理论的过渡,其中一个重要标志就是卡尔曼系统地将状态空间概念引入至现代控制理论中来。现代控制理论正是在引入状态和状态空间概念的基础上发展起来的。

现代控制理论中的线性系统理论运用状态空间法描述输入-状态-输出诸变量间的因果关系,不但反映了系统的输入-输出外部特性,而且揭示了系统内部的结构特性,是一种既适用于单输入-单输出系统又适用于多输入-多输出系统,既可用于线性定常系统又可用于线性时变系统的有效分析和综合方法。

在现代控制理论中,用状态变量法来描述系统,即状态空间模型,这也是一种描述系统的数学模型,这时系统是用一阶矩阵-向量微分方程来描述的,采用矩阵表示法可以使系统的数学表达式简洁明了,并且易于用计算机求解,同时也为时变及多变量系统的分析研究提供了有力的工具。由于状态空间法是线性系统理论中最重要和影响最广的分支,所以本章只介绍线性系统的状态空间法。

7.1　状态空间法基础

7.1.1　系统数学描述的两种基本方法

一个典型的控制系统是由被控对象、传感器、执行器和控制器组成的,其结构如图7-1所示。

图7-1　典型的控制系统结构

其中,被控过程具有若干输入端和输出端,环境对系统的作用称为系统的输入,也可称为控制,用向量 $\boldsymbol{u}=[u_1,u_2,\cdots,u_p]^\mathrm{T}$ 表示,系统对环境的作用称为系统的输出,也可称为观测,用向量 $\boldsymbol{y}=[y_1,y_2,\cdots,y_q]^\mathrm{T}$ 表示,以上两个都是系统的外部变量。描述系统内部每个时刻所处状况的变量称为系统的内部变量,用向量 $x = [x_1, x_2, \cdots, x_n]^T$ 表示,如图 7-2 所示。

系统的数学描述是反映系统变量间因果关系和变换关系的一种数学模型。系统的数学描述通常有两种基本类型。

1. 系统的外部描述,即输入-输出描述

这种描述将系统看成一个"黑箱",只是反映系统外部变量间即输入-输出间的因果关系,而不去表征系统的内部结构和内部变量。前面章节中介绍的传递函数就属于这种描述方式。

2. 系统内部描述,即状态空间描述

这种描述是基于系统内部结构分析的一类数学模型,通常由两个数学方程组成:一个是反映系统内部变量 x 和输入变量 u 之间因果关系的数学表达式,常具有微分方程或差分方程的形式,称为状态方程;另一个是表征系统内部变量 x 及输入量 u 和输出量 y 之间转换关系的数学表达式,具有代数方程的形式,称为输出方程。

外部描述仅描述系统的外部特性,不能反映系统的内部结构特性,而具有完全不同内部结构的两个系统也可能具有相同的外部特性,因而外部描述通常只是对系统的一种不完全的描述。内部描述则是对系统的一种完全的描述,它能完全表征系统的所有动力学特征。仅当在系统具有一定属性的条件下,两种描述才具有等价关系。

7.1.2　状态空间描述常用的基本概念

在介绍现代控制理论之前,需要首先定义状态、状态变量、状态向量和状态空间。

1. 状态

能完整描述和唯一确定系统时域行为或运行过程的一组独立(数目最小)的变量称为系统的状态。动力学系统的状态可以定义为信息的集合。在已知未来外部输入的情况下,这些信息对于确定系统未来的行为是必要且充分的。

因此,动力学系统在时间 t 的状态是由 t_0 时的状态和 $t \geq t_0$ 时的输入唯一确定,而它是与 t_0 前的状态和输入无关的。

2. 状态变量

描述系统状态的各个变量称为状态变量,动力学系统的状态变量是确定动力学系统状态的最小一组变量。

如果以最少的 n 个变量 $x_1(t)$、$x_2(t)$、$\cdots$、$x_n(t)$ 就能完全描述动力学系统的行为(即当 $t \geq t_0$ 时输入和 $t = t_0$ 时的初始状态给定后,系统的状态将完全可以被确定),那么这样的 n 个变量 $x_1(t)$、$x_2(t)$、$\cdots$、$x_n(t)$ 就是系统的一组状态变量。

这里要说明的是,状态变量的选择并不是唯一的,同一个系统可能有多种不同的状态变量选取方法,状态变量也不一定在物理上可测量,有时只具有数学意义,但没有任何物理意义。但是,在实际问题中,应该尽可能选择容易测量的量作为状态变量,以便实现状态的前馈和反馈等设计要求。

3. 状态向量

如果完全描述一个给定系统的动态行为需要 n 个状态变量,那么可将这些状态变量看

图 7-2　系统方框图表示

作向量 $\boldsymbol{x}(t)$ 的各个分量,即

$$\boldsymbol{x}(t) = \begin{bmatrix} x_1(t) \\ x_2(t) \\ \vdots \\ x_n(t) \end{bmatrix}$$

则向量 $\boldsymbol{x}(t)$ 称为 n 维状态向量。

4. 状态空间

以各状态变量作为坐标轴所组成的 n 维空间叫作状态空间。状态向量可用状态空间中的一个点来表示。

5. 状态轨线

系统在某个时刻的状态,在状态空间可以看作一个点。随着时间的推移,系统状态不断变化,并在状态空间中描述出一条轨迹,这种轨迹称为状态轨线,也称状态轨迹。

7.1.3 线性系统的状态空间表达式

线性系统可以分为连续系统和离散系统,这里我们只讨论连续系统。线性系统的状态空间表达式又称动态方程,它包括两部分内容。

1. 状态方程

描述系统状态变量与输入变量之间关系的一阶向量微分或差分方程称为系统的状态方程,它不含输入的微积分项。一般情况下,状态方程既是非线性的,又是时变的,可以表示为

$$\dot{\boldsymbol{x}}(t) = \boldsymbol{A}(t)\boldsymbol{x}(t) + \boldsymbol{B}(t)\boldsymbol{u}(t)$$

2. 输出方程

描述系统输出变量与系统状态变量和输入变量之间函数关系的代数方程称为输出方程,当输出由传感器得到时,又称为观测方程。输出方程的一般形式为

$$\boldsymbol{y}(t) = \boldsymbol{C}(t)\boldsymbol{x}(t) + \boldsymbol{D}(t)\boldsymbol{u}(t)$$

通常来说,如果状态 x、输入 u、输出 y 的维数分别为 n、p、q,则称矩阵 $\boldsymbol{A}(t)$ 为系统矩阵或状态矩阵,称 $n \times n$ 矩阵 $\boldsymbol{B}(t)$ 为控制矩阵或输入矩阵,称 $n \times p$ 矩阵 $\boldsymbol{C}(t)$ 为观测矩阵或输出矩阵,称 $n \times q$ 矩阵 $\boldsymbol{D}(t)$ 为前馈矩阵或输入输出矩阵。

在线性系统的状态空间表达式中,如果系统矩阵的各元素都是常数,则称该系统为线性定常系统,否则为线性时变系统。这里我们重点讨论线性定常系统,其状态空间表达式的一般形式为

$$\begin{aligned} \dot{\boldsymbol{x}}(t) &= \boldsymbol{A}\boldsymbol{x}(t) + \boldsymbol{B}\boldsymbol{u}(t) \\ \boldsymbol{y}(t) &= \boldsymbol{C}\boldsymbol{x}(t) + \boldsymbol{D}\boldsymbol{u}(t) \end{aligned} \tag{7-1}$$

当输出方程中的 D 恒等于 0 时,系统称为绝对固有系统,否则称为固有系统。为了书写方便,我们通常把固有系统简记为系统 (A,B,C,D),而记相应的绝对固有系统为系统 (A, B,C)。

线性系统的状态空间表达式通常用结构图来表示。线性连续时间系统的结构图如图7-3 所示。

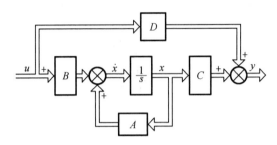

图 7-3　线性连续时间系统的结构图

图 7-3 中的 I 为 $n \times n$ 单位矩阵，s 是拉普拉斯算子，s 和 z 均为标量。每一个方块的输入-输出关系规定为

$$输出向量=(方块所示矩阵)\times(输入向量)$$

7.1.4　线性定常连续系统状态空间表达式的建立

建立状态空间表达式的方法主要有两种：一是直接根据系统的物理模型建立相应的微分方程或差分方程，继而选择有关的物理量作为状态变量，从而导出其状态空间表达式；二是由已知的系统其他数学模型经过转化而得到状态空间表达式。

1. 由系统物理模型建立状态空间表达式

【例 7-1】　建立如图 7-4 所示的 RLC 网络的电路方程，选择状态变量并建立相应的状态空间表达式。

图 7-4　RLC 网络图

有明确物理意义的常用变量主要有：电流、电阻器电压、电容器的电压与电荷、电感器的电压与磁通。根据独立性要求，电阻器的电压与电流、电容器的电压与电荷、电感器的电流与磁通这三组变量不能选作为系统的状态。

根据 KVL 电压定律，有

$$Ri + L\frac{\mathrm{d}i}{\mathrm{d}t} + \frac{1}{C}\int i\mathrm{d}t = e$$

电路输出量 y 为

$$y = e_c = \frac{1}{C}\int i\mathrm{d}t$$

解 1：设状态变量为电感器电流和电容器电压，即

$$x_1 = i$$

$$x_2 = \frac{1}{C}\int i\mathrm{d}t$$

则状态方程为

$$\dot{x}_1 = -\frac{R}{L}x_1 - \frac{1}{L}x_2 + \frac{1}{L}e$$

$$\dot{x}_2 = \frac{1}{C}x_1$$

输出方程为

$$y = x_2$$

其向量-矩阵形式为

$$\begin{bmatrix} \dot{x}_1 \\ \dot{x}_2 \end{bmatrix} = \begin{bmatrix} -\dfrac{R}{C} & -\dfrac{1}{L} \\ \dfrac{1}{C} & 0 \end{bmatrix} \begin{bmatrix} x_1 \\ x_2 \end{bmatrix} + \begin{bmatrix} \dfrac{1}{L} \\ 0 \end{bmatrix} e$$

$$y = \begin{bmatrix} 0 & 1 \end{bmatrix} \begin{bmatrix} x_1 \\ x_2 \end{bmatrix}$$

简记为

$$\dot{x} = Ax + be$$
$$y = cx$$

式中

$$\dot{x} = \begin{bmatrix} \dot{x}_1 \\ \dot{x}_2 \end{bmatrix}, \quad x = \begin{bmatrix} x_1 \\ x_2 \end{bmatrix}, \quad A = \begin{bmatrix} -\dfrac{R}{C} & -\dfrac{1}{L} \\ \dfrac{1}{C} & 0 \end{bmatrix}, \quad b = \begin{bmatrix} \dfrac{1}{L} \\ 0 \end{bmatrix}, \quad c = \begin{bmatrix} 0 & 1 \end{bmatrix}$$

解 2: 设状态变量为电容器电流和电荷, 即

$$x_1 = i, \quad x_2 = \int i\,\mathrm{d}t$$

则有

$$\begin{bmatrix} \dot{x}_1 \\ \dot{x}_2 \end{bmatrix} = \begin{bmatrix} -\dfrac{R}{L} & -\dfrac{1}{LC} \\ 1 & 0 \end{bmatrix} \begin{bmatrix} x_1 \\ x_2 \end{bmatrix} + \begin{bmatrix} \dfrac{1}{L} \\ 0 \end{bmatrix} e, \quad y = \begin{bmatrix} 0 & \dfrac{1}{C} \end{bmatrix} \begin{bmatrix} x_1 \\ x_2 \end{bmatrix}$$

解 3: 设状态变量为

$$x_1 = \frac{1}{C}\int i\,\mathrm{d}t + Ri, \quad x_2 = \frac{1}{C}\int i\,\mathrm{d}t$$

其中, x_1 为无明确意义的物理量, 可以推出

$$\dot{x}_1 = \dot{x}_2 + R\frac{\mathrm{d}i}{\mathrm{d}t} = \frac{1}{RC}(x_1 - x_2) + \frac{R}{L}(-x_1 + e)$$

$$\dot{x}_2 = \frac{1}{C}i = \frac{1}{RC}(x_1 - x_2)$$

$$y = x_2$$

其向量-矩阵形式为

$$\begin{bmatrix} \dot{x}_1 \\ \dot{x}_2 \end{bmatrix} = \begin{bmatrix} \dfrac{1}{RC} - \dfrac{R}{L} & -\dfrac{1}{RC} \\ \dfrac{1}{RC} & -\dfrac{1}{RC} \end{bmatrix} \begin{bmatrix} x_1 \\ x_2 \end{bmatrix} + \begin{bmatrix} \dfrac{R}{L} \\ 0 \end{bmatrix}$$

$$y = \begin{bmatrix} 0 & 1 \end{bmatrix} \begin{bmatrix} x_1 \\ x_2 \end{bmatrix}$$

由例 7-1 可见,系统的状态空间表达式不具有唯一性。选取不同的状态变量,便会有不同的状态空间表达式,但它们都描述了同一系统。可以推断,描述同一系统的不同状态空间表达式之间一定存在着某种线性变换关系。

2. 由系统其他数学模型建立状态空间表达式

(1)系统输入量中不含导数项

系统输入量中不含导数项的单输入-单输出线性定常连续系统微分方程的一般形式为

$$y^{(n)} + a_{n-1} y^{(n-1)} + a_{n-2} y^{(n-2)} + \cdots + a_1 \dot{y} + a_0 y = \beta_0 u$$

选 n 个状态变量为

$$x_1 = y, x_2 = \dot{y}, \cdots, x_n = y^{(n-1)}$$

有

$$\left. \begin{array}{l} \dot{x}_2 = x_3 \\ \dot{x}_2 = x_3 \\ \dot{x}_{n-1} = x_n \\ \dot{x}_n = -a_0 x_1 - a_1 x_2 - \cdots - a_{n-1} x_n + \beta u \\ y = x_1 \end{array} \right\}$$

得到动态方程

$$\dot{x} = Ax + bu$$

$$y = cx$$

式中:

$$x = \begin{bmatrix} x_1 \\ x_2 \\ \cdots \\ x_{n-1} \\ x_n \end{bmatrix}, \quad A = \begin{bmatrix} 0 & 1 & 0 & \cdots & 0 \\ 0 & 0 & 1 & \cdots & 0 \\ \cdots & \cdots & \cdots & \cdots & \cdots \\ 0 & 0 & 0 & \cdots & 1 \\ -a_0 & -a_1 & -a_2 & \cdots & -a_{n-1} \end{bmatrix}, \quad b = \begin{bmatrix} 0 \\ 0 \\ \cdots \\ 0 \\ \beta_0 \end{bmatrix}, \quad c = \begin{bmatrix} 1 & 0 & \cdots & 0 \end{bmatrix}$$

(2)系统输入量中含有导数项

系统输入量中含有导数项的单输入-单输出线性定常连续系统微分方程的一般形式为

$$y^{(n)} + a_{n-1} y^{(n-1)} + \cdots + a_1 \dot{y} + a_0 y = u^{(n)} + b_{n-1} u^{(n-1)} + \cdots + b_1 \dot{u} + b_0 u$$

一般输入导数项的次数小于或等于系统的阶数 n。首先研究情况,为了避免在状态方程中出现输入导数项,可按如下规则选择一组状态变量,设

$$\left. \begin{array}{l} x_1 = y - h_0 u \\ x_i = \dot{x}_{i-1} - h_{i-1} u \quad i = 2, 3, \cdots, n \end{array} \right\}$$

其展开式为

$$x_1 = y - h_0 u$$
$$x_2 = \dot{x}_1 - h_1 u = \dot{y} - h_0 \dot{u} - h_1 u$$
$$x_3 = \dot{x}_2 - h_2 u = \ddot{y} - h_0 \ddot{u} - h_1 \dot{u} - h_2 u$$
$$\cdots$$
$$x_n = \dot{x}_{n-1} - h_{n-1} u = y^{(n-1)} - h_0 u^{(n-1)} - h_1 u^{(n-2)} - \cdots - h_{n-1} u$$

(7-2)

式中，$h_0, h_1, \cdots, h_{n-1}$ 是 n 个待定常数。

由上式的第一个方程可得输出方程是

$$y = x_1 + h_0 u$$

其余 $(n-1)$ 个状态方程为

$$\dot{x}_1 = x_2 + h_1 u$$
$$\dot{x}_2 = x_3 + h_2 u$$
$$\cdots$$
$$\dot{x}_{n-1} = x_n + h_{n-1} u$$

对式(7-2)求导，有

$$\dot{x}_n = y^{(n)} - h_0 u^{(n)} - h_1 u^{(n-1)} - \cdots - h_{n-1} \dot{u}$$
$$= (-a_{n-1} y^{(n-1)} - \cdots - a_1 \dot{y} - a_0 y + b_0 u^{(n)} + \cdots + b_0 u) - h_0 u^{(n)} - h_1 u^{(n-1)} - \cdots - h_{n-1} \dot{u}$$

由展开式将 $y^{(n-1)}, \cdots, \dot{y}, y$ 均以 x_i 及 u 的各阶导数表示，经整理可得

$$\dot{x}_n = -a_0 x_1 - \cdots - a_{n-1} x_n + (b_n - h_0) u^{(n)} + (b_{n-1} - h_1 - a_{n-1} h_0) u^{(n-1)} + \cdots +$$
$$(b_1 - h_{n-1} - a_{n-1} h_{n-2} - \cdots - a_1 h_0) \dot{u} + (b_0 - a_{n-1} h_{n-1} - \cdots - a_1 h_1 - a_0 h_0) u$$

令上式中 u 的各阶导数的系数为零，可确定各 h 值为

$$h_0 = b_n$$
$$h_1 = b_{n-1} - a_{n-1} h_0$$
$$\cdots$$
$$h_{n-1} = b_1 - a_{n-1} h_{n-2} - \cdots - a_1 h_0$$

记

$$h_n = b_0 - a_{n-1} h_{n-1} - \cdots - a_1 h_1 - a_0 h_0$$

因此有

$$\dot{x}_n = -a_0 x_1 - \cdots - a_{n-1} x_n + h_n u$$

则系统的动态方程为

$$\dot{x} = Ax + bu$$
$$y = cx + du$$

式中

$$A = \begin{bmatrix} 0 & 1 & 0 & \cdots & 0 \\ 0 & 0 & 1 & \cdots & 0 \\ \vdots & \vdots & \vdots & & \vdots \\ 0 & 0 & 0 & \cdots & 1 \\ -a_0 & -a_1 & -a_2 & \cdots & -a_{n-1} \end{bmatrix} \quad b = \begin{bmatrix} h_1 \\ h_2 \\ \vdots \\ h_{n-1} \\ h_n \end{bmatrix} \quad c = \begin{bmatrix} 1 & 0 & 0 & \cdots & 0 \end{bmatrix} \quad d = h_0$$

若输入量中仅含 m 次导数且 $m<n$，可将高于 m 次导数项的系数置0，仍可应用上述

公式。

7.1.5 系统的传递函数矩阵

初始条件为零时,输出向量的拉氏变换式与输入向量的拉氏变换式之间的传递关系称为传递函数矩阵,简称传递矩阵。设系统动态方程为

$$\dot{x}(t) = A(t)x(t) + B(t)u(t)$$
$$y(t) = C(t)x(t) + D(t)u(t)$$

令初始条件为零,对线性定常系统的动态方程进行拉氏变换,可以得到

$$X(s) = (sI - A)^{-1}BU(s)$$
$$Y(s) = [C(sI - A)^{-1}B + D]U(s) = G(s)U(s) \tag{7-3}$$

系统的传递函数矩阵(简称传递矩阵)定义为

$$G(s) = \frac{Y(s)}{U(s)} = C(sI - A)^{-1}B + D \tag{7-4}$$

若输入 u 为 p 维向量,输出 y 为 q 维向量,则 $G(s)$ 为 $q \times p$ 矩阵。则式(7-3)的展开式为

$$\begin{bmatrix} Y_1(s) \\ Y_2(s) \\ \vdots \\ Y_q(s) \end{bmatrix} = \begin{bmatrix} G_{11}(s) & G_{12}(s) & \cdots & G_{1p}(s) \\ G_{21}(s) & G_{22}(s) & \cdots & G_{2p}(s) \\ \vdots & \vdots & & \vdots \\ G_{q1}(s) & G_{q2}(s) & \cdots & G_{qp}(s) \end{bmatrix} \begin{bmatrix} U_1(s) \\ U_2(s) \\ \vdots \\ U_p(s) \end{bmatrix}$$

式中,$G_{ij}(s)(i=1,2,\cdots,q;j=1,2,\cdots,p)$ 表示第 i 个输出量与第 j 个输入量之间的传递函数。

【例7-2】 已知系统动态方程为

$$\begin{bmatrix} \dot{x}_1 \\ \dot{x}_2 \end{bmatrix} = \begin{bmatrix} 0 & 1 \\ 0 & -2 \end{bmatrix} \begin{bmatrix} x_1 \\ x_2 \end{bmatrix} + \begin{bmatrix} 1 & 0 \\ 0 & 1 \end{bmatrix} \begin{bmatrix} u_1 \\ u_2 \end{bmatrix}$$

$$\begin{bmatrix} y_1 \\ y_2 \end{bmatrix} = \begin{bmatrix} 1 & 0 \\ 0 & 1 \end{bmatrix} \begin{bmatrix} x_1 \\ x_2 \end{bmatrix}$$

试求系统的传递函数矩阵。

解: 已知

$$A = \begin{bmatrix} 0 & 1 \\ 0 & -2 \end{bmatrix}, \quad B = \begin{bmatrix} 1 & 0 \\ 0 & 1 \end{bmatrix}, \quad C = \begin{bmatrix} 1 & 0 \\ 0 & 1 \end{bmatrix}, \quad D = 0$$

故

$$(sI - A)^{-1} = \begin{bmatrix} s & -1 \\ 0 & s+2 \end{bmatrix}^{-1} = \begin{bmatrix} \dfrac{1}{s} & \dfrac{1}{s(s+2)} \\ 0 & \dfrac{1}{s+2} \end{bmatrix}$$

$$(sI - A)^{-1}B = \begin{bmatrix} 1 & 0 \\ 0 & 1 \end{bmatrix} \begin{bmatrix} \dfrac{1}{s} & \dfrac{1}{s(s+2)} \\ 0 & \dfrac{1}{s+2} \end{bmatrix} \begin{bmatrix} 1 & 0 \\ 0 & 1 \end{bmatrix} = \begin{bmatrix} \dfrac{1}{s} & \dfrac{1}{s(s+2)} \\ 0 & \dfrac{1}{s+2} \end{bmatrix}$$

7.1.6　线性系统的运动分析

1. 线性定常连续系统的自由运动

在控制 $u=0$ 的情况下,线性定常系统由初始条件引起的运动称为线性定常系统的自由运动,其状态方程为齐次状态方程,描述如式(7-5)所示。

$$\dot{\boldsymbol{x}}_1(t) = A\boldsymbol{x}(t) \tag{7-5}$$

齐次状态方程求解通常采用幂级数法和拉普拉斯变换法来求解。

（1）幂级数法

设齐次方程式 (7-5)的解是 t 的向量幂级数

$$\boldsymbol{x}(t) = b_0 + b_1 t + b_2 t^2 + \cdots + b_k t^k + \cdots \tag{7-6}$$

式中, $x, b_0, b_1, \cdots, b_k, \cdots$ 都是 n 维向量,且 $x(0)=b_0$,求导并考虑状态方程,得

$$\dot{\boldsymbol{x}}(t) = b_1 + 2b_2 t + \cdots + kb_k t^{k-1} + \cdots = A(b_0 + b_1 t + b_2 t^2 + \cdots + b_k t^k + \cdots)$$

等号两边对应的系数相等,有

$$b_1 = Ab_0$$

$$b_2 = \frac{1}{2}Ab_1 = \frac{1}{2}A^2 b_0$$

$$b_3 = \frac{1}{3}Ab_2 = \frac{1}{6}A^3 b_0$$

$$\cdots$$

$$b_k = \frac{1}{k}Ab_{k-1} = \frac{1}{k!}A^k b_0$$

$$\cdots$$

故

$$\boldsymbol{x}(t) = \left(I + At + \frac{1}{2}A^2 t^2 + \cdots + \frac{1}{k!}A^k t^k + \cdots \right)\boldsymbol{x}(0) \tag{7-7}$$

定义

$$\mathrm{e}^{At} = I + At + \frac{1}{2}A^2 t^2 + \cdots + \frac{1}{k!}A^k t^k + \cdots = \sum_{k=0}^{\infty} \frac{1}{k!}A^k t^k \tag{7-8}$$

则

$$\boldsymbol{x}(t) = \mathrm{e}^{At}\boldsymbol{x}(0) \tag{7-9}$$

由于式(7-5)具有与解式(7-9)相似的形式,故把 e^{At} 称为矩阵指数函数,简称矩阵指数。由于 $x(t)$ 是由 $x(0)$ 转移而来,对于线性定常系统,又称 e^{At} 为状态转移矩阵,记为 $\boldsymbol{\varPhi}(t)$,即

$$\boldsymbol{\varPhi}(t) = \mathrm{e}^{At} \tag{7-10}$$

（2）拉普拉斯变换法

将式(7-5)进行拉普拉斯变换,有

$$s\boldsymbol{X}(s) = A\boldsymbol{X}(s) + \boldsymbol{x}(0)$$

$$(s\boldsymbol{I} - A)\boldsymbol{X}(s) = \boldsymbol{x}(0)$$

可以得到

$$X(s) = (s\boldsymbol{I} - \boldsymbol{A})^{-1}\boldsymbol{x}(0)$$

对上式进行拉普拉斯反变换,可得

$$\boldsymbol{x}(t) = \boldsymbol{L}^{-1}\big[(s\boldsymbol{I} - \boldsymbol{A})^{-1}\big]\boldsymbol{x}(0) \tag{7-11}$$

与式(7-9)相比,有

$$e^{\boldsymbol{A}t} = \boldsymbol{L}^{-1}\big[(s\boldsymbol{I} - \boldsymbol{A})^{-1}\big] \tag{7-12}$$

式(7-12)是 $e^{\boldsymbol{A}t}$ 的闭合形式。

【例7-3】 设系统状态方程为

$$\begin{bmatrix} \dot{x}_1(t) \\ \dot{x}_2(t) \end{bmatrix} = \begin{bmatrix} 0 & 1 \\ -2 & -3 \end{bmatrix} \begin{bmatrix} x_1(t) \\ x_2(t) \end{bmatrix}$$

试用拉氏变换求解。

解:

$$s\boldsymbol{I} - \boldsymbol{A} = \begin{bmatrix} s & 0 \\ s & 0 \end{bmatrix} - \begin{bmatrix} 0 & 1 \\ -2 & -3 \end{bmatrix} = \begin{bmatrix} s & -1 \\ 2 & s+3 \end{bmatrix}$$

$$(s\boldsymbol{I} - \boldsymbol{A})^{-1} = \frac{adj(s\boldsymbol{I} - \boldsymbol{A})}{|s\boldsymbol{I} - \boldsymbol{A}|} = \frac{1}{(s+1)(s+2)} = \begin{bmatrix} s+3 & 1 \\ -2 & s \end{bmatrix}$$

$$= \begin{bmatrix} \dfrac{2}{s+1} - \dfrac{1}{s+2} & \dfrac{1}{s+1} - \dfrac{1}{s+2} \\[2mm] \dfrac{-2}{s+1} + \dfrac{2}{s+2} & \dfrac{-1}{s+1} + \dfrac{2}{s+2} \end{bmatrix}$$

$$\boldsymbol{\Phi}(t) = \boldsymbol{L}^{-1}\big[(s\boldsymbol{I} - \boldsymbol{A})^{-1}\big] = \begin{bmatrix} 2e^{-t} - e^{-2t} & e^{-t} - e^{-2t} \\ -2e^{-t} + 2e^{-2t} & -e^{-t} + 2e^{-2t} \end{bmatrix}$$

状态方程的解为

$$\begin{bmatrix} x_1(t) \\ x_2(t) \end{bmatrix} = \boldsymbol{\Phi}(t)\begin{bmatrix} x_1(0) \\ x_2(0) \end{bmatrix} = \begin{bmatrix} 2e^{-t} - e^{-2t} & e^{-t} - e^{-2t} \\ -2e^{-t} + 2e^{-2t} & -e^{-t} + 2e^{-2t} \end{bmatrix} \begin{bmatrix} x_1(0) \\ x_2(0) \end{bmatrix}$$

2. 线性定常连续系统的受控运动

在控制 u 不为的0情况下,线性定常系统在控制作用下的运动称为线性定常系统的受控运动,其状态方程为非齐次状态方程,描述如式(7-13)所示。

$$\dot{\boldsymbol{x}}(t) = \boldsymbol{A}\boldsymbol{x}(t) + \boldsymbol{B}\boldsymbol{u}(t) \tag{7-13}$$

非齐次状态方程主要有如下两种解法:积分法和拉普拉斯变换法。

(1)积分法

由式(7-13)可得

$$e^{-\boldsymbol{A}t}\big[\dot{\boldsymbol{x}}(t) - \boldsymbol{A}\boldsymbol{x}(t)\big] = e^{-\boldsymbol{A}t}\boldsymbol{B}\boldsymbol{u}(t)$$

由于

$$\frac{\mathrm{d}}{\mathrm{d}t}\big[e^{-\boldsymbol{A}t}\boldsymbol{x}(t)\big] = -\boldsymbol{A}e^{-\boldsymbol{A}t}\boldsymbol{x}(t) + e^{-\boldsymbol{A}t}\dot{\boldsymbol{x}}(t) = e^{-\boldsymbol{A}t}\big[\dot{\boldsymbol{x}}(t) - \boldsymbol{A}\boldsymbol{x}(t)\big]$$

积分后可得

$$\boldsymbol{x}(t) = e^{\boldsymbol{A}t}\boldsymbol{x}(0) + \int_0^t e^{-\boldsymbol{A}(t-\tau)}\boldsymbol{B}\boldsymbol{u}(t)\mathrm{d}\tau = \boldsymbol{\Phi}(t)\boldsymbol{x}(0) + \int_0^t \boldsymbol{\Phi}(t-\tau)\boldsymbol{B}\boldsymbol{u}(t)\mathrm{d}\tau \tag{7-14}$$

式中,第一项为零输入响应;第二项是零状态响应。通过变量代换,上式又可表示为

$$x(t) = \boldsymbol{\Phi}(t)x(0) + \int_0^t \boldsymbol{\Phi}(\tau)Bu(t-\tau)\mathrm{d}\tau$$

若取 t_0 作为初始时刻,则有

$$x(t) = \mathrm{e}^{A(t-t_0)}x(t_0) + \int_{t_0}^t \mathrm{e}^{-A(t-\tau)}Bu(\tau)\mathrm{d}\tau$$

$$= \boldsymbol{\Phi}(t-t_0)x(t_0)\int_{t_0}^t \boldsymbol{\Phi}(t-\tau)Bu(\tau)\mathrm{d}\tau \qquad (7-15)$$

(2)拉普拉斯变换法

将式(7-13)两端取拉普拉斯变换,可得

$$sX(s) - x(0) = AX(s) + BU(s)$$

$$X(s) = (sI-A)^{-1}X(0) + (sI-A)^{-1}BU(s)$$

再进行拉普拉斯反变换,有

$$x(t) = L^{-1}(sI-A)^{-1}x(0) + L^{-1}[(sI-A)^{-1}BU(s)]$$

由拉普拉斯变换的卷积定理,可以得出与式(7-14)相同的结果。

【例7-4】 设系统状态方程为 $\begin{bmatrix} \dot{x}_1 \\ \dot{x}_2 \end{bmatrix} = \begin{bmatrix} 0 & 1 \\ -2 & -3 \end{bmatrix}\begin{bmatrix} x_1 \\ x_2 \end{bmatrix} + \begin{bmatrix} 0 \\ 1 \end{bmatrix}u$ 且 $x(0) = [x_1(0)\, x_2(0)]^{\mathrm{T}}$,

试求在 $u(t) = 1(t)$ 作用下状态方程的解。

解:由于 $u(t) = 1(t)$,$u(t-\tau) = 1$,可得

$$x(t) = \boldsymbol{\Phi}(t)x(0) + \int_0^t \boldsymbol{\Phi}(\tau)B\mathrm{d}\tau$$

前面已求得

$$\boldsymbol{\Phi}(t) = \begin{bmatrix} 2\mathrm{e}^{-t} - \mathrm{e}^{-2t} & \mathrm{e}^{-t} - \mathrm{e}^{-2t} \\ -2\mathrm{e}^{-t} + 2\mathrm{e}^{-2t} & -\mathrm{e}^{-t} + 2\mathrm{e}^{-2t} \end{bmatrix}$$

可得

$$\int_0^t \boldsymbol{\Phi}(\tau)\mathrm{d}\tau = \int_0^t \begin{bmatrix} \mathrm{e}^{-\tau} - \mathrm{e}^{-2t} \\ -\mathrm{e}^{-\tau} + 2\mathrm{e}^{-2\tau} \end{bmatrix}\mathrm{d}\tau = \begin{bmatrix} -\mathrm{e}^{-\tau} + \dfrac{1}{2}\mathrm{e}^{-2\tau} \\ \mathrm{e}^{-\tau} - \mathrm{e}^{-2\tau} \end{bmatrix}\Bigg|_0^t = \begin{bmatrix} -\mathrm{e}^{-t} + \dfrac{1}{2}\mathrm{e}^{-2t} + \dfrac{1}{2} \\ \mathrm{e}^{-t} - \mathrm{e}^{-2t} \end{bmatrix}$$

$$\int_0^t \boldsymbol{\Phi}(\tau)\mathrm{d}\tau = \int_0^t \begin{bmatrix} \mathrm{e}^{-\tau} - \mathrm{e}^{-2t} \\ -\mathrm{e}^{-\tau} + 2\mathrm{e}^{-2\tau} \end{bmatrix}\mathrm{d}\tau = \begin{bmatrix} \mathrm{e}^{-\tau} - \mathrm{e}^{-2\tau} \\ \mathrm{e}^{-\tau} + 2\mathrm{e}^{-2\tau} \end{bmatrix}\Bigg|_0^t = \begin{bmatrix} -\mathrm{e}^{-t} + \dfrac{1}{2}\mathrm{e}^{-2t} + \dfrac{1}{2} \\ \mathrm{e}^{-t} - \mathrm{e}^{-2t} \end{bmatrix}$$

$$x(t) = \begin{bmatrix} x_1(t) \\ x_2(t) \end{bmatrix} = \begin{bmatrix} 2\mathrm{e}^{-t} - 2\mathrm{e}^{-2t} & \mathrm{e}^{-t} - \mathrm{e}^{-2t} \\ -2\mathrm{e}^{-t} + 2\mathrm{e}^{-2t} & -\mathrm{e}^{-t} + 2\mathrm{e}^{-2t} \end{bmatrix}\begin{bmatrix} x_1(0) \\ x_2(0) \end{bmatrix} + \begin{bmatrix} -\mathrm{e}^{-t} + \dfrac{1}{2}\mathrm{e}^{-2t} + \dfrac{1}{2} \\ \mathrm{e}^{-t} - \mathrm{e}^{-2t} \end{bmatrix}$$

7.2 线性系统的可控性和可观测性

现代控制理论中用状态方程和输出方程来描述系统,输入和输出构成系统的外部变量,而状态为系统的内部变量,这就存在着系统内的所有状态是否可受输入影响和是否可由输出反映的问题,这就是可控性和可观测性问题。

7.2.1 可控性和可观测性的定义

如果系统所有状态变量的运动都可以由输入来影响和控制而任意的初态达到原点,则称系统是完全可控的,或者更确切地说是状态完全可控的,简称为系统可控;否则,就称系统是不完全可控的,或简称为系统不可控。相应地,如果系统所有状态变量的任意形式的运动均可由输出完全反映,则称系统是状态完全可观测的,简称为系统可观测;反之,则称系统是不完全可观测的,或简称为系统不可观测。

可控性与可观测性的概念,是用状态空间描述系统引申出来的新概念,在现代控制理论中起着重要的作用。可控性、可观测性与稳定性是现代控制系统的三大基本特性。

下面举几个例子可直观地说明系统的可控性和可观测性,如图7-5所示。

图7-5 可控可观测判断

图7-5所示的结构图中,图7-5(a)中x_1受u的控制,但x_2与u无关,故系统不可控;系统输入量$y=x_1$,但x_1是受x_2影响的,y能间接获得x_2的信息,故系统是可观测的。图7-5(b)中x_1和x_2均受u的控制,故系统是可控的;但y与x_2无关,故系统是不可观测的。图7-5(c)中x_1和x_2均受u的控制,且在y中均能观测到x_1和x_2,故系统是可控可观测的。

7.2.2 线性定常系统可控性

可控性分为状态可控性和输出可控性,若不特别指明,一般指状态可控性。状态可控性只与状态方程有关,与输出方程无关。这里只讨论线性连续系统的秩判据。

线性连续定常系统状态可控性定义为:在有限时间间隔$t \in [t_0, t_f]$内,如果存在无约束的分段连续控制函数$u(t)$,能使系统从任意初态$x(t_0)$转移至任意终态$x(t_f)$,则称该系统是状态完全可控的,简称是可控的。

设状态方程为

$$\dot{x} = Ax + Bu \tag{7-16}$$

其终态解为

$$x(t_f) = e^{A(t_f - t_0)} x(t_0) + \int_{t_0}^{t_f} e^{A(t_f - t_0)} bu(\tau) d\tau \tag{7-17}$$

定义

$$\Delta x = x(t_f) - e^{A(t_f - t_0)} x(t_0) \tag{7-18}$$

显然,Δx的取值也是任意的。于是有

$$\Delta x = \int_{t_0}^{t_f} e^{A(t_f - t_0)} bu(\tau) d\tau \tag{7-19}$$

利用凯莱-哈密顿定理的推论

$$\mathrm{e}^{At} = \sum_{m=0}^{n-1} \alpha_m(\tau) A^m$$

有

$$\Delta x = \int_{t_0}^{t_f} \sum_{m=0}^{n-1} \alpha_m(\tau) A^m bu(\tau) \mathrm{d}\tau = \sum_{m=0}^{n-1} A^m b \left[\int_0^{t_f} \alpha_m(\tau) u(\tau) \mathrm{d}\tau \right]$$

令

$$u_m = \int_{t_0}^{t_f} \alpha_m(\tau) u(\tau) \mathrm{d}\tau \qquad m = 0, 1, \cdots, n-1$$

则有

$$x(0) = \sum_{m=0}^{n-1} A^m b u_m = \begin{bmatrix} b & Ab & \cdots & A^{n-1}b \end{bmatrix} \begin{bmatrix} u_0 \\ u_1 \\ n \\ u_{n-1} \end{bmatrix}$$

记

$$S = \begin{bmatrix} B & AB & \cdots & A^{n-1}B \end{bmatrix}$$

其中，n 为矩阵 A 的维数，也是状态向量数，S 称为系统的可控性判别阵。

线性定常连续系统完全可控的充分必要条件是

$$\mathrm{rank} \begin{bmatrix} B & AB & \cdots & A^{n-1}B \end{bmatrix} = n \tag{7-20}$$

即可控性判别阵 S 的秩等于矩阵 A 的维数 n。

【例 7-5】 判断下列状态方程的可控性：

$$\begin{bmatrix} \dot{x}_1 \\ \dot{x}_2 \\ \dot{x}_3 \end{bmatrix} = \begin{bmatrix} 1 & 3 & 2 \\ 0 & 2 & 0 \\ 0 & 1 & 3 \end{bmatrix} \begin{bmatrix} x_1 \\ x_2 \\ x_3 \end{bmatrix} + \begin{bmatrix} 2 & 1 \\ 1 & 1 \\ -1 & -1 \end{bmatrix} \begin{bmatrix} u_1 \\ u_2 \end{bmatrix}$$

解：求系统的可控性判别阵 S，得

$$S = [B \quad AB \quad A^2 B] = \begin{bmatrix} 2 & 1 & 3 & 2 & 5 & 4 \\ 1 & 1 & 2 & 2 & 4 & 4 \\ -1 & -1 & -2 & -2 & -4 & -4 \end{bmatrix}$$

显见 S 矩阵的第二、三行元素绝对值相同，因此

$$\mathrm{rank}\, S = 2 < 3$$

故系统不可控。

7.2.3 线性定常系统可观测性

线性连续定常系统状态可观测性定义为：已知输入 $u(t)$ 及有限时间间隔 $t \in [t_0, t_f]$ 内，测量到的输出 $y(t)$，能唯一确定初始状态 $x(t_0)$，则称该系统是状态完全可观测的，简称是可观测的。这里只讨论线性连续系统的秩判据。

线性定常连续系统式(7-16)完全可观测的充分必要条件是

$$\text{rank } V = \text{rank} \begin{bmatrix} C \\ CA \\ \cdots \\ CA^{n-1} \end{bmatrix} = n \tag{7-21}$$

或

$$\text{rank } V = \text{rank} \begin{bmatrix} C^T & A^T C^T & (A^T)^2 C^T \cdots & (A^T)^{n-1} C^T \end{bmatrix} = n \tag{7-22}$$

其中,V 为系统可观测性判别阵,简称可观测性阵,n 为状态向量数。

【例 7-6】 判断下列状态方程的可控性:

$$\dot{x}(t) = Ax(t) + Bu(t)$$
$$y(t) = Cx(t)$$

$(1) A = \begin{bmatrix} -2 & 0 \\ 0 & -1 \end{bmatrix}, B = \begin{bmatrix} 3 \\ 1 \end{bmatrix}, C = \begin{bmatrix} 1 & 0 \end{bmatrix}$

$(2) A = \begin{bmatrix} 1 & -1 \\ 1 & 1 \end{bmatrix}, B = \begin{bmatrix} 2 & -1 \\ 1 & 0 \end{bmatrix}, C = \begin{bmatrix} 1 & 0 \\ -1 & 1 \end{bmatrix}$

解:

$(1) \text{rank } V = \text{rank} \begin{bmatrix} C^T & A^T C^T \end{bmatrix} = \text{rank} \begin{bmatrix} 1 & -2 \\ 0 & 0 \end{bmatrix} = 1 < n = 2$,故系统不可观测。

$(2) \text{rank } V = \text{rank} \begin{bmatrix} C^T & A^T C^T \end{bmatrix} = \text{rank} \begin{bmatrix} 1 & -1 & 1 & 0 \\ 0 & 1 & -1 & 2 \end{bmatrix} = 2 = n$,故系统可观测。

7.3 李雅普诺夫稳定性分析

稳定性是系统的重要特性,是系统正常工作的首要条件。在经典控制理论中,我们用劳斯判据、奈奎斯特判据、对数频率判据、特征根判据等来判断线性定常系统的稳定性,但是经典控制理论中的稳定性判据大都是针对单输入-单输出的线性定常系统的,这些稳定性判据无法满足以多变量、非线性、时变为特征的现代控制系统对稳定性分析的要求。

1892 年,俄国学者李雅普诺夫建立了基于状态空间描述的稳定性理论,提出了依赖于线性系统微分方程的解来判断稳定性的第一方法(也称为间接法)和利用经验和技巧来构造李雅普诺夫函数借以判断稳定性的第二方法(也称为直接法)。李雅普诺夫提出的这一理论是确定系统稳定性的更一般的理论,不仅适用于单变量、线性、定常系统,还适用于多变量、非线性、时变系统。它有效地解决过一些用其他方法未能解决的非线性微分方程的稳定性问题,在现代控制系统的分析与设计中,得到了广泛的应用与发展。

7.3.1 李雅普诺夫稳定性的基本概念

设系统方程为

$$\dot{x} = f(x, t) \tag{7-23}$$

式中　x——n 维状态向量;

　　t——时间变量;

　　$f(x, t)$——n 维函数,其展开式为

$$\dot{x}_i = f_i(x_1, x_2, \cdots, x_n, t) \quad (i = 1, 2, \cdots, n) \tag{7-24}$$

假定方程的解为 $x(t; x_0, t_0)$，x_0 和 t_0 分别为初始状态向量和初始时间，则初始条件 x_0 必然满足 $x(t; x_0, t_0) = x_0$。

1. 平衡状态

李雅普诺夫关于稳定性的研究均针对平衡状态而言。对于所有 t，满足

$$\dot{x}_e = f(x_e, t) = 0 \tag{7-25}$$

的状态 x_e 称为平衡状态。平衡状态的各分量相对于时间不再发生变化。若已知状态方程，令 $\dot{x} = 0$ 所求得的解 x 便是一种平衡状态。

线性定常系统 $\dot{x} = Ax$，其平衡状态满足 $Ax_e = 0$，当 A 为非奇异矩阵时，系统只有唯一的零解，即只存在一个位于状态空间原点的平衡状态。若 A 为奇异矩阵，则系统存在有无穷多个平衡状态。对于非线性系统，可能有一个或多个平衡状态。

控制系统李雅普诺夫稳定性理论所指的稳定性是关于平衡状态的稳定性，反映了系统在平衡状态附近的动态行为。鉴于实际线性系统只有一个平衡状态，平衡状态的稳定性能够表征整个系统的稳定性。对于具有多个平衡状态的非线性系统来说，由于各平衡状态的稳定性一般并不相同，故须逐个加以考虑，还须结合具体初始条件下的系统运动轨迹来考虑。

2. 李雅普诺夫意义下的稳定性

设系统初始状态位于以平衡状态 x_e 为球心、δ 为半径的闭球域 $S(\delta)$ 内，即

$$\|x_0 - x_e\| \leq \delta, \ t = t_0 \tag{7-26}$$

若能使系统方程的解 $x(t; x_0, t_0)$ 在 $t \to \infty$ 的过程中，都位于以 x_e 为球心、任意规定的半径为 ε 的闭球域 $S(\varepsilon)$ 内，即

$$\|x(t; x_0, t_0) - x_e\| \leq \varepsilon, \ t \geq t_0 \tag{7-27}$$

则称系统的平衡状态 x_e 在李雅普诺夫意义下是稳定的。该定义的平面几何表示如图 7-6（a）所示。式中 $\| \bullet \|$ 为欧几里得范数，其几何意义是空间距离的尺度。例如 $\|x_0 - x_e\|$ 表示状态空间中 x_0 至点 x_e 之间距离的尺度，其数学表达式为

$$\|x_0 - x_e\| = \sqrt{(x_{10} - x_{1e})^2 + n + (x_{n0} - x_{ne})^2} \tag{7-28}$$

(a) 李雅普诺夫意义下的稳定性　　(b) 渐近稳定性　　(b) 不稳定性

图 7-6　稳定性的几何表示

实数 δ 与 ε 有关，通常也与 t_0 有关。如果 δ 与 t_0 无关，则称平衡状态是一致稳定的。应当注意，按李雅普诺夫意义下的稳定性定义，当系统做不衰减的振荡运动时，将在平

面描绘出一条封闭曲线,但只要不超出 $S(\varepsilon)$,则认为是稳定的,这与经典控制理论中线性定常系统稳定性的定义是有差异的。经典控制理论中的稳定性,指的是渐近稳定性。

3. 渐近稳定性

若系统的平衡状态 x_e,不仅具有李雅普诺夫意义下的稳定性,且有

$$\lim_{t \to \infty} \| x(t; x_0, t_0) - x_e \| = 0 \tag{7-29}$$

则称此平衡状态是渐近稳定的。这时,从 $S(\delta)$ 出发的轨迹不仅不会超出 $S(\varepsilon)$,且当 $t \to \infty$ 时收敛于 x_e,其平面几何表示如图 7-6(b)所示。可以看出,经典控制理论中的稳定性定义与此处的渐近稳定性对应。

若 δ 与 t_0 无关,且式(7-29)的极限过程与 t_0 无关,则称平衡状态是一致渐近稳定的。

4. 大范围(全局)渐近稳定性

当初始条件扩展至整个状态空间,且平衡状态均具有渐近稳定性时,称此平衡状态是大范围渐近稳定的。此时 $\delta \to \infty$,$S(\delta) \to \infty$。当 $t \to \infty$ 时,由状态空间中任一点出发的轨迹都收敛至 x_e。

对于严格线性的系统,如果它是渐近稳定的,则必定是大范围渐近稳定的,这是因为线性系统的稳定性与初始条件的大小无关。而对于非线性系统来说,其稳定性往往与初始条件的大小密切相关,系统渐近稳定不一定是大范围渐近稳定。

5. 不稳定性

如果对于某个实数 $\varepsilon > 0$ 和任一个实数 $\delta > 0$,不管这两个实数有多么小,在 $S(\delta)$ 内总存在着一个状态 x_0,使得由这一状态出发的轨迹超出 $S(\varepsilon)$,则平衡状态 x_e 称为不稳定的,见图 7-6(c)。

6. BIBS 稳定性

对任意有界的 $x(0)$,若在任意有界的输入 $u(t)$ 的作用下,$x(t)$ 均有界,则称系统 BIBS 稳定。

7. BIBO 稳定性

对任意有界的 $x(0)$,若在任意有界的输入 $u(t)$ 的作用下,$y(t)$ 均有界,则称系统 BIBO 稳定。

7.3.2 李雅普诺夫稳定性判据

1. 李雅普诺夫第一法(间接法)

李雅普诺夫第一法(间接法)是利用状态方程的解的特性来判断系统稳定性的方法,它适用于线性定常、线性时变及可线性化的非线性系统。由于本章主要研究线性定常系统,所以在此仅介绍线性定常系统的特征值判据。

线性定常系统的特征值判据:系统 $\dot{x} = Ax$ 渐近稳定的充分必要条件是:系统矩阵 A 的全部特征值均位于复平面左半部,即

$$\mathrm{Re}(\lambda_i) < 0 \quad 1, 2, \cdots, n \tag{7-30}$$

2. 李雅普诺夫第二法(直接法)

李雅普诺夫第二法(直接法)是利用李雅普诺夫函数直接对平衡状态稳定性进行判断,

无须求出系统状态方程的解。它对各种控制系统均适用。

根据物理学原理,若系统储存的能量(含动能与位能)随时间推移而衰减,系统迟早会到达平衡状态。实际系统的能量函数表达式相当难找,因此李雅普诺夫引入了广义能量函数,我们称之为李雅普诺夫函数。它与 $x_1,x_2,\cdots,x_n$ 及 t 有关,是一个标量函数,记以 $V(x,t)$;若不显含 t,则记以 $V(x)$。考虑到能量总大于零,故为正定函数,能量衰减特性用 $\dot{V}(x,t)$ 表示。遗憾的是至今仍未形成构造李雅普诺夫函数的通用方法,需要凭经验与技巧。实践表明,对于大多数系统,可先尝试用二次型函数 $x^\mathrm{T}Px$ 作为李雅普诺夫函数。

(1)标量函数定号性

①正定性

标量函数 $V(x)$ 在域 S 中,对所有非零状态($x\neq0$)有 $V(x)>0$,且 $V(0)=0$,称 $V(x)$ 在域 S 内正定。例如,$V(x)=x_1^2+x_2^2$ 是正定的。

②负定性

标量函数 $V(x)$ 在域 S 中,对所有非零状态($x\neq0$)有 $V(x)<0$,且 $V(0)=0$,称 $V(x)$ 在域 S 内正定。例如,$V(x)=-(x_1^2+x_2^2)$ 是负定的。如果 $V(x)$ 是负定的,那么 $-V(x)$ 一定是正定的。

③负(正)半定性

标量函数 $V(x)$ 在域 S 中,$V(0)=0$ 且 $V(x)$ 在域 S 内某些状态处有 $V(x)=0$ 而其他状态处均有 $V(x)<0$($V(x)>0$),则称 $V(x)$ 在域 S 内负(正)半定。设 $V(x)$ 为负半定,则 $-V(x)$ 为正半定。例如 $V(x)=-(x_1+2x_2)^2$ 是负半定的。

④不定性

标量函数 $V(x)$ 在域 S 中可正可负,则称 $V(x)$ 不定。例如 $V(x)=x_1x_2$ 是不定的。

(2)李雅普诺夫第二法定理

设系统状态方程为 $\dot{x}=f(x,t)$,其平衡状态满足 $f(0,t)=0$,不失一般性,把状态空间原点作为平衡状态,并设系统在原点邻域存在 $V(x,t)$ 对 x 的连续的一阶偏导数。

定理1:如果 $V(x,t)$ 正定,$\dot{V}(x,t)$ 负定,那么原点是渐近稳定的。

定理2:如果 $V(x,t)$ 正定,$\dot{V}(x,t)$ 负半定,且在非零状态不恒为零,那么原点是渐近稳定的。

定理3:如果 $V(x,t)$ 正定,$\dot{V}(x,t)$ 负半定,且在非零状态恒为零,那么原点是李雅普诺夫意义下稳定的。

定理4:如果 $V(x,t)$ 正定,$\dot{V}(x,t)$ 正定,那么原点是不稳定的。

这里需要说明的是,李雅普诺夫函数正定的 $V(x,t)$ 的选取是不唯一的,但只要找到一个 $V(x,t)$ 满足定理所述条件,便可对原点的稳定性做出判断,并不因选取的 $V(x,t)$ 不同而有所影响。不过至今尚无构造李雅普诺夫函数的通用方法,这是应用李雅普诺夫稳定性理论的主要障碍。如果 $V(x,t)$ 选取不当,则会导致 $\dot{V}(x,t)$ 不定的结果,这时便做不出确定的判断,需要重新选取 $V(x,t)$。

以上定理按照 $\dot{V}(x,t)$ 连续单调衰减的要求来确定系统稳定性,并未考虑实际稳定系统可能存在衰减振荡的情况,因此其条件是偏于保守的,故用稳定性定理判断稳定者必稳定,李雅普诺夫第二法诸稳定性定理所述条件都是充分条件。

具体分析时,先构造一个李雅普诺夫函数 $V(x,t)$,通常选二次型函数,求其导数 $\dot{V}(x,t)$,再将状态方程代入,最后根据 $\dot{V}(x,t)$ 的定号性判别稳定性。

7.3.3 线性定常系统的李雅普诺夫稳定性分析

下面具体说明李雅普诺夫第二法在线性定常系统稳定性分析中的应用,这里只介绍线性定常连续系统渐近稳定性的判别。

设线性定常系统的状态方程为 $\dot{x}=Ax, x(0)=x_0, t\geq 0, A$ 为非奇异矩阵,故原点是唯一平衡状态。设取正定二次型函数 $V(x)$ 作为可能的李雅普诺夫函数,即

$$V(x) = x^{\mathrm{T}}Px = \begin{bmatrix} x_1 & \cdots & x_n \end{bmatrix} \begin{bmatrix} p_{11} & \cdots & p_{1n} \\ \vdots & & \vdots \\ p_{n1} & \cdots & p_{nn} \end{bmatrix} \begin{bmatrix} x_1 \\ \vdots \\ x_n \end{bmatrix} \qquad (7-31)$$

式中,P 为对称矩阵,有 $p_{ij}=p_{ji}$。

当的各顺序主子行列式均大于零时 ,即

$$p_{11} > 0, \begin{vmatrix} p_{11} & p_{12} \\ p_{21} & p_{22} \end{vmatrix} > 0, \cdots, \begin{vmatrix} p_{11} & \cdots & p_{1n} \\ \vdots & & \vdots \\ p_{n1} & \cdots & p_{nn} \end{vmatrix} > 0$$

则 $V(x)$ 正定,且称 P 为正定矩阵。当 P 的各顺序主子行列式负、正相间时,即

$$p_{11} < 0, \begin{vmatrix} p_{11} & p_{12} \\ p_{21} & p_{22} \end{vmatrix} > 0, \cdots, (-1)^n \begin{vmatrix} p_{11} & \cdots & p_{1n} \\ \cdots & & \cdots \\ p_{n1} & \cdots & p_{nn} \end{vmatrix} > 0$$

则 $V(x)$ 负定,且称 P 为负定矩阵。若主子行列式含有等于零的情况,则 $V(x)$ 为正半定或负半定。不属以上所有情况的 $V(x)$ 不定。

考虑到系统状态方程,则有

$$\dot{V}(x) = \dot{x}^{\mathrm{T}}Px + x^{\mathrm{T}}P\dot{x} = x^{\mathrm{T}}(A^{\mathrm{T}}P + AP)x \qquad (7-32)$$

令

$$A^{\mathrm{T}}P + AP = -Q \qquad (7-33)$$

可得

$$\dot{V}(x) = -x^{\mathrm{T}}Qx \qquad (7-34)$$

根据定理1,只要 Q 矩阵正定(即 $\dot{V}(x)$ 负定),则系统是大范围一致渐近稳定的。于是线性定常连续系统渐近稳定的判定条件可表示为:给定一个正定矩阵 P,存在满足式(7-34)的正定矩阵 Q。

可以先给定一个正定的 P 矩阵,然后验证 Q 矩阵是否正定去分析稳定性。但若 P 选取不当,往往会导致 Q 矩阵不定,使得判别过程多次重复进行。因此,也可以先指定正定的 Q 矩阵,然后验证 P 矩阵是否正定。

因此可以得出下面定理5,该定理为系统的渐近稳定性判断带来实用上的极大方便。

定理5:线性定常系统 $\dot{x}=Ax$ 渐近稳定的充分必要条件为:给定正定实对称矩阵 Q,存在正定实对称矩阵 P 使式(7-33)成立。

$x^{\mathrm{T}}Px$ 是系统的一个李雅普诺夫函数,该定理为系统的渐近稳定性判断带来实用上的极大方便。这时是先给定 Q 矩阵,采用单位矩阵最为简单,再按式(7-33)计算 P 矩阵并校验其定号性。当 P 矩阵正定时,系统渐近稳定;当 P 矩阵负定时,系统不稳定;当 P 矩阵不定时,可断定为非渐近稳定。至于具体的稳定性质,尚须结合其他方法去判断,既有可能不稳

定,也有可能是李雅普诺夫意义下的稳定。总之,对于系统是否渐近稳定,只需进行一次计算。

由定理 2 可以推知,若系统状态轨迹在非零状态不存在 $\dot{V}(x)$ 恒为零时,Q 矩阵可给定为正半定的,即允许单位矩阵中主对角线上部分元素为零(取法不是唯一的,只要既简单又能导出确定的平衡状态的解即可),而解得的 P 矩阵仍应是正定的。

【例 7-7】 试用李雅普诺夫方程确定使图 7-7 所示系统渐近稳定的 K 值范围。

图 7-7

解: 由图示状态变量列写状态方程

$$\dot{x} = \begin{bmatrix} 0 & 1 & 0 \\ 0 & -2 & 1 \\ -K & 0 & -1 \end{bmatrix} x + \begin{bmatrix} 0 \\ 0 \\ K \end{bmatrix} u$$

稳定性与输入无关,可令 $u=0$。由于 $\det A = -K \neq 0$,A 非奇异,原点为唯一的平衡状态。取 Q 为正半定矩阵

$$Q = \begin{bmatrix} 0 & 0 & 0 \\ 0 & 0 & 0 \\ 0 & 0 & 1 \end{bmatrix}$$

则 $\dot{V}(x) = -x^{\mathrm{T}} Qx = -x_3^2$,$\dot{V}(x)$ 负半定。令 $\dot{V}(x) \equiv 0$,有 $x_3 \equiv 0$,考虑状态方程中 $\dot{x}_3 = -Kx_1 - x_3$,解得 $x_1 \equiv 0$;考虑到 $\dot{x}_1 = x_2$,解得 $x_2 \equiv 0$,表明唯有原点存在 $\dot{V}(x) \equiv 0$。

令 $A^{\mathrm{T}} P + PA = -Q$

$$\begin{bmatrix} 0 & 0 & -K \\ 1 & -2 & 0 \\ 0 & 1 & -1 \end{bmatrix} \begin{bmatrix} p_{11} & p_{12} & p_{13} \\ p_{12} & p_{22} & p_{23} \\ p_{13} & p_{23} & p_{33} \end{bmatrix} + \begin{bmatrix} p_{11} & p_{12} & p_{13} \\ p_{12} & p_{22} & p_{23} \\ p_{13} & p_{23} & p_{33} \end{bmatrix} \begin{bmatrix} 0 & 1 & 0 \\ 0 & -2 & 1 \\ -K & 0 & -1 \end{bmatrix} = \begin{bmatrix} 0 & 0 & 0 \\ 0 & 0 & 0 \\ 0 & 0 & -1 \end{bmatrix}$$

展开的代数方程为 6 个,即 $-2Kp_{13} = 0$,$-Kp_{23} + p_{11} - 2p_{12} = 0$,$-Kp_{33} + p_{12} - p_{13} = 0$,$2p_{12} - 2p_{22} = 0$,$p_{13} - 3p_{23} + p_{22} = 0$,$2p_{23} - 2p_{33} = 0$。

解得

$$P = \begin{bmatrix} \dfrac{K^2 + 12K}{12 - 12K} & \dfrac{6K}{12 - 2K} & 0 \\ \dfrac{6K}{12 - 2K} & \dfrac{3K}{12 - 2K} & \dfrac{K}{12 - 2K} \\ 0 & \dfrac{K}{12 - 2K} & \dfrac{6K}{12 - 2K} \end{bmatrix}$$

使 P 正定的条件为:$12 - 2K > 0$ 及 $K > 0$。故 $0 < K < 6$ 时,系统渐近稳定。由于是线性定常系统,系统大范围一致渐近稳定。

7.4 线性定常系统的状态空间设计

闭环系统性能与闭环极点密切相关,经典控制理论用调整开环增益及引入串联和反馈校正装置来配置闭环极点,以改善系统性能;而在状态空间的综合分析中,除了利用输出反馈以外,更主要的是利用状态反馈配置极点,它能提供更多的校正信息。通常不是所有的状态变量在物理上都可测量,因此,状态反馈与状态观测器的设计便构成了现代控制系统综合设计的主要内容。

从反馈信号的来源或引出点分,系统反馈主要有状态反馈和输出反馈两种基本形式;从反馈信号的作用点或注入点分,又有反馈至状态微分处和反馈至控制输入处两种基本形式。

7.4.1 状态反馈与极点配置

系统状态变量可测量是用状态反馈进行极点配置的前提。状态反馈有两种基本形式:一种为状态反馈至状态微分处;另一种为状态反馈至控制输入处。前者可以任意配置系统矩阵,从而任意配置状态反馈系统的极点,使系统性能达到最佳,且设计上只需将状态反馈矩阵与原有的系统矩阵合并即可。但是,需要为反馈控制量增加新的注入点,否则无法实施反馈控制,显然这在工程上往往是难以实现的。而后者则是状态反馈控制信号与原有的控制输入信号叠加后在原控制输入处注入,正好解决了反馈控制量的注入问题,工程可实现性较好。因此本书对后者进行重点介绍。

设单输入系统的动态方程为

$$\dot{x}(t) = Ax + Bu$$
$$y(t) = Cx$$

状态向量 x 通过待设计的状态反馈矩阵 k,负反馈至控制输入处,于是

$$u = v - kx$$

从而构成了状态反馈系统,如图 7-8 所示。

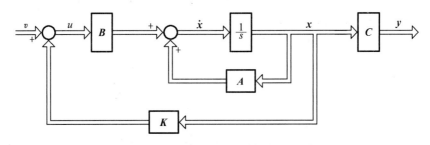

图 7-8 状态反馈至控制输入

状态反馈系统的动态方程为

$$\dot{x} = Ax + b(v - kx) = (A - bk)x + bv, \quad y = Cx$$

式中,k 为 $1 \times n$ 矩阵,$(A - bk)$ 称为闭环状态矩阵,闭环特征多项式为 $|\lambda I - (A - bk)|$。可以看出,引入反馈后,只改变了系统矩阵及其特征值,b、C 矩阵均无改变。

定理1:用状态反馈任意配置系统闭环极点的充分必要条件是系统可控,且状态反馈不

改变系统的可控性。

经典控制中的调参及校正方案,其可调参数有限,只能影响特征方程的部分系数,比如根轨迹法仅能在根轨迹上选择极点,它们往往做不到任意配置极点;而状态反馈的待选参数多,如果系统可控,特征方程的全部 n 个系数都可独立任意设置,便获得了任意配置闭环极点的效果。

对在变换后状态空间中设计的 k,应换算回到原状态空间中去,由于

$$u = v - \bar{k}\bar{x} = v - \bar{k}Px = v - kx \tag{7-35}$$

因此有

$$k = \bar{k}P \tag{7-36}$$

对原受控系统直接采用状态反馈阵 k,可获得于式(7-36)相同的特征值,这是因为线性变换后系统特征值不变。

实际求解状态反馈矩阵时,并不一定要进行到可控标准型的变换,只需校验系统可控,计算特征多项式 $|\lambda I-(A-bk)|$(其系数均为 $k_0,\cdots,k_{n-1}$ 的函数)和特征值,并通过与具有希望特征值的特征多项式相比较,便可确定 k 矩阵。一般 k 矩阵元素的值越大,闭环极点离虚轴越远,频带越宽,响应速度越快,但稳态抗干扰能力越差。

状态反馈对系统零点和可观测性的影响,是需要注意的问题。按照可控标准型实施的状态反馈只改变友矩阵 A 的最后一行,即 $a_1,a_2,\cdots,a_n$ 的值,而不会改变矩阵 C 和 b,因此状态反馈系统仍是可控标准型系统。因为非奇异线性变换后传递函数矩阵不变,故原系统的传递函数矩阵为

$$G_1 = \frac{1}{s^n + a_{n-1}s^{n-1} + \cdots + a_1 s + a_0}\begin{bmatrix} \beta_{10} & \cdots & \beta_{1,n-1} \\ \vdots & & \vdots \\ \beta_{q0} & \cdots & \beta_{q,n-1} \end{bmatrix}\begin{bmatrix} 1 \\ s \\ \vdots \\ s^{n-1} \end{bmatrix}$$

而状态反馈系统的传递矩阵为

$$G_2 = \frac{1}{s^n + (a_{n-1} + \bar{k}_{n-1})s^{n-1} + \cdots + (a_1 + \bar{k}_1)s + (a_0 + \bar{k}_0)}\begin{bmatrix} \beta_{10} & \cdots & \beta_{1,n-1} \\ \vdots & & \vdots \\ \beta_{q0} & \cdots & \beta_{q,n-1} \end{bmatrix}\begin{bmatrix} 1 \\ s \\ \vdots \\ s^{n-1} \end{bmatrix}$$

$$\tag{7-37}$$

显然,G_1 和 G_2 的分子相同,即引入状态反馈前、后系统闭环零点不变。因此,当状态反馈系统存在极点与零点对消时,系统的可观测性将会发生改变,原来可观测的系统可能变为不可观测的,原来不可观测的系统则可能变为可观测的。只有当状态反馈系统的极点中不含原系统的闭环零点时,状态反馈才能保持原有的可观测性。这个结论仅适用于单输入系统,对多输入系统不适用。根据经典控制理论,闭环零点对系统动态性能是有影响的,故在极点配置时,须予以考虑。

【例 7-8】 设系统传递函数为 $\dfrac{Y(s)}{U(s)} = \dfrac{10}{s(s+1)(s+2)} = \dfrac{10}{s^3 + 3s^2 + 2s}$,试用状态反馈使闭环极点配置在 $-2, -1 \pm j$。

解:单输入-单输出系统传递函数无零极点对消,故可控可观测。其可控标准型实现为

$$\dot{x} = \begin{bmatrix} 0 & 1 & 0 \\ 0 & 0 & 1 \\ 0 & -2 & -3 \end{bmatrix} x + \begin{bmatrix} 0 \\ 0 \\ 1 \end{bmatrix} u, \quad y = \begin{bmatrix} 10 & 0 & 0 \end{bmatrix} x$$

状态反馈矩阵为 $k = \begin{bmatrix} k_0 & k_1 & k_2 \end{bmatrix}$

状态反馈系统特征方程为

$$|\lambda - (A - bk)| = \lambda^3 + (3 + k_2)\lambda^2 + (2 + k_1)\lambda + k_0 = 0$$

期望闭环极点对应的系统特征方程为

$$(\lambda + 2)(\lambda + 1 - j)(\lambda + 1 + j) = \lambda^3 + 4\lambda^2 + 6\lambda + 4 = 0$$

由两特征方程同幂项系数应相同,可得 $k_0 = 4, k_1 = 4, k_2 = 1$,即系统反馈阵 $k = \begin{bmatrix} 4 & 4 & 1 \end{bmatrix}$,将系统闭环极点配置在 $-2, -1 \pm j$。

【例 7-9】 设受控系统状态方程为 $\begin{bmatrix} \dot{x}_1 \\ \dot{x}_2 \end{bmatrix} = \begin{bmatrix} 0 & 0 \\ 0 & 1 \end{bmatrix} \begin{bmatrix} x_1 \\ x_2 \end{bmatrix} + \begin{bmatrix} 1 \\ 1 \end{bmatrix} u$,试用状态反馈使闭环极点配置在 -1。

解: 由系统矩阵为对角阵,显见系统可控,但不稳定。设反馈控制律为 $k = \begin{bmatrix} k_1 & k_2 \end{bmatrix}$,$u = v - kx$,则

$$\begin{bmatrix} \dot{x}_1 \\ \dot{x}_2 \end{bmatrix} = \begin{bmatrix} -k_1 & -k_2 \\ -k_1 & -k_2 + 1 \end{bmatrix} \begin{bmatrix} x_1 \\ x_2 \end{bmatrix} + \begin{bmatrix} 1 \\ 1 \end{bmatrix} v$$

闭环特征多项式为

$$\begin{vmatrix} \lambda + k_1 & k_2 \\ k_1 & \lambda + k_2 - 1 \end{vmatrix} = \lambda^2 + (k_1 + k_2 - 1)\lambda - k_1 = \lambda^2 + 2\lambda + 1$$

因此,$k = \begin{bmatrix} k_1 & k_2 \end{bmatrix} = \begin{bmatrix} -1 & 4 \end{bmatrix}$。

最后,闭环系统的状态方程为

$$\begin{bmatrix} \dot{x}_1 \\ \dot{x}_2 \end{bmatrix} = \begin{bmatrix} 1 & -4 \\ 1 & -3 \end{bmatrix} \begin{bmatrix} x_1 \\ x_2 \end{bmatrix} + \begin{bmatrix} 1 \\ 1 \end{bmatrix} v$$

7.4.2 输出反馈与极点配置

同状态反馈类似,输出反馈也有两种基本形式:一种是将输出量反馈至控制输入处(图7-9);另一种是将输出量反馈至状态微分处(图7-10)。由于输出量一般是可测量的,因此输出反馈工程上容易实现。下面以多输入-单输出系统为例来讨论,原因是对于单输入-单输出系统,将输出通过常数矩阵反馈至控制输入处不能任意配置高阶系统的闭环极点。

输出反馈至状态微分处的系统动态方程为

$$\dot{x} = Ax + Bu - hy, y = Cx \qquad (7-38)$$

即

$$\dot{x} = (A - BhC)x + Bu, y = Cx \qquad (7-39)$$

式中,h 为 $n \times 1$ 输出反馈矩阵。

定理 2: 用输出至状态微分的反馈任意配置闭环极点的充分必要条件是系统可观测,且极点配置后系统的可观测性不变。

为根据期望闭环极点位置来设计输出反馈矩阵 h 的参数,只需将期望系统的特征多项式与该输出反馈系统特征多项式 $|\lambda I - (A - hC)|$ 相比较即可。

图 7-9 输出量反馈至控制输入处

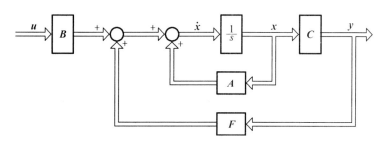

图 7-10 输出量反馈至状态微分处

输出量反馈至参考输入的输出反馈系统的状态方程为

$$\dot{x} = (A - BFC)x + Bv, \quad y = Cx \tag{7-40}$$

被控对象的总输入为

$$u = v - Fy \tag{7-41}$$

式中,输出反馈矩阵 F 为 $p \times 1$ 维,若令 $FC=k$,该输出反馈便等于状态反馈。由结构图变换原理可知,比例的状态反馈变换为输出反馈时,输出反馈中必含有输出量的各阶导数,于是 F 矩阵不是常数矩阵,这会给物理实现带来困难,因此其应用受限。如果 $P=n$,适当选择 F 矩阵,可使特征值任意配置;可推论,当 F 是常数矩阵时,对高于 p 阶的系统,便不能任意配置极点。输出至输入的反馈不会改变原系统的可控性和可观测性。

7.4.3 状态重构与状态观测器设计

在极点配置时,状态反馈明显优于输出反馈,但须用传感器对所有的状态变量进行测量,工程上不一定可实现;输出量一般是可测量的,然而输出反馈至状态微分处,在工程上同样也难以实现,但是如果反馈至控制输入处,往往又不能任意配置系统的闭环极点。将这两种反馈方案结合起来,扬长避短,于是就提出了利用系统的输出,通过状态观测器重构系统的状态,然后将状态估计值(计算机内存变量)反馈至控制输入处来配置系统极点的方案。当重构状态向量的维数与系统状态的维数相同时,观测器称为全维状态观测器,否则称为降维观测器。显然,状态观测器可以使状态反馈真正得以实现。

1. 全维状态观刚器及其状态反馈系统组成结构

设系统动态方程为

$$\dot{x}(t) = Ax + Bu$$
$$y(t) = Cx$$

可构造一个结构与之相同,但由计算机模拟的系统为

$$\dot{\hat{x}}(t) = A\hat{x} + Bu$$
$$\hat{y}(t) = C\hat{x}$$

式中,$\hat{x}$、$\hat{y}$分别为模拟系统的状态向量及输出向量。

当模拟系统与受控对象的初始状态相同时,有$\hat{x}=x$,于是可用$\hat{x}$作为状态反馈信息。但是,受控对象的初始状态一般不可能知道,模拟系统的状态初值只是预估值,因而两个系统的初始状态总有差异,即使两个系统的A、B、C矩阵完全一样,估计状态与实际状态也必然存在误差,用$\hat{x}$代替x,难以实现真正的状态反馈。但是$\hat{x}=x$的存在必导致$\hat{y}-y$的存在。如果利用$\hat{y}-y$,并负反馈至$\dot{\hat{x}}$处,控制$\hat{y}-y$尽快衰减至零,从而使$\hat{x}=x$也尽快衰减至零,便可以利用$\hat{x}$来形成状态反馈。按以上原理构成的状态观测器并实现状态反馈的方案,如图7-11所示。状态观测器有两个输入即u和y,其输出为$\hat{x}$,含n个积分器并对全部状态变量做出估计。H为观测器输出反馈矩阵,它是前面介绍过的一种输出反馈,目的是配置观测器极点,提高其动态性能,使$\hat{x}-x$尽快逼近于零。

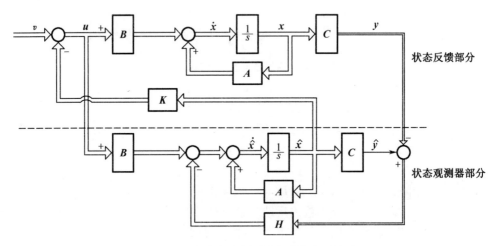

图7-11 用全维状态观测器实现状态反馈原理

2. 全维状态观测器分析设计

由图7-11,得全维状态观测器动态方程为

$$\dot{\hat{x}}(t) = A\hat{x} + Bu - H(\hat{y} - y) , \quad \hat{y} = C\hat{x} \tag{7-42}$$

故有

$$\dot{\hat{x}}(t) = A\hat{x} + Bu - HC(\hat{x} - x) , \quad \hat{y} = C\hat{x}$$
$$= (A - HC)\hat{x} + Bu + Hy \tag{7-43}$$

式中,$(A-HC)$称为观测器系统矩阵,H为$n \times q$维矩阵。为了保证状态反馈系统正常工作,重构的状态在任何$\hat{x}(t_0)$与$x(t_0)$的初始条件下,都必须满足

$$\lim_{t \to \infty}(\hat{x} - x) = 0 \tag{7-44}$$

状态误差向量$\hat{x}$的状态方程为

$$\dot{x} - \dot{\hat{x}} = (A - HC)(x - \hat{x}) \tag{7-45}$$

其解为

$$x - \hat{x} = e^{(A-HC)(t-t_0)}[x(t_0) - \hat{x}(t_0)] \tag{7-46}$$

当 $\hat{x}(t_0) = x(t_0)$ 时,恒有 $\hat{x}(t) = x(t)$,输出反馈不起作用;当 $\hat{x}(t) \neq x(t)$ 时,有 $\hat{x}(t) \neq x(t)$,输出反馈便起作用,这时只要观测器的极点具有负实部,状态误差向量总会按指数衰减,衰减速率取决于观测器的极点配置。由输出反馈,有

定理3:若系统 $S(A, B, C)$ 可观测,则可用动态方程为

$$\dot{x} = A\hat{x} + Bu - HC(\hat{x} - x) = (A - HC)\hat{x} + Bu - Hy \qquad (7-47)$$

的全维观测器来给出状态估值,矩阵 H 可按极点配置的需要来设计,以决定状态估计误差衰减的速率。

实际选择 H 矩阵参数时,既要防止状态反馈失真,又要防止数值过大导致饱和效应和噪声加剧等。通常希望观测器的响应速度比状态反馈系统的响应速度快 3~10 倍为好。

【例7-10】 设受控对象传递函数为 $\dfrac{Y(s)}{U(s)} = \dfrac{2}{(s+1)(s+2)}$,试设计全维状态观测器,将其极点配置在 $-10, -10$。

解:该单输入-单输出系统传递函数无零极点对消,故系统可控可观测。若写出其可控标准型实现,则有

$$A = \begin{bmatrix} 0 & 1 \\ -2 & -3 \end{bmatrix}, \quad B = \begin{bmatrix} 0 \\ 1 \end{bmatrix}, \quad C = \begin{bmatrix} 2 & 0 \end{bmatrix}$$

由于 $n = 2, q = 1$ 输出反馈 H 为 (2×1) 矩阵。全维观测器的系统矩阵为

$$A - HC = \begin{bmatrix} 0 & 1 \\ -2 & -3 \end{bmatrix} - \begin{bmatrix} h_0 \\ h_1 \end{bmatrix} \begin{bmatrix} 2 & 0 \end{bmatrix} = \begin{bmatrix} -2h_0 & 1 \\ -2 - 2h_1 & -3 \end{bmatrix}$$

观测器的特征方程为

$$|\lambda I - (A - HC)| = \lambda^2 + (2h_0 + 3)\lambda + (6h_0 + 2h_1 + 2) = 0$$

期望特征方程为

$$(\lambda + 10)^2 = \lambda^2 + 20\lambda + 100 = 0$$

由特征方程同幂系数相等可得

$$h_0 = 8.5, \quad h_1 = 23.5$$

h_0, h_1 分别为由 $(\hat{y} - y)$ 引至 $\dot{\hat{x}}_1, \dot{\hat{x}}_2$ 的反馈系数。一般来说,如果给定的系统模型是传递函数,建议按可观标准型实现较好,这样观测器的极点总可以任意配置,从而达到满意的效果,若用可控标准型实现,则观测器设计往往会失败。

7.4.4 降维状态观测器的概念

当状态观测器的估计状态向量维数小于受控对象的状态向量维数时,状态观测器称为降维状态观测器。降维状态观测器主要在三种情况下使用:一是系统不可观测;二是不可控系统的状态反馈控制设计;三是希望简化观测器的结构或减小状态估计的计算量。这里对降维状态观测器的设计方法不做详细讨论,感兴趣者可参阅其他资料。下面举例简要说明降维状态观测器的设计方法。

【例7-11】 已知 $\begin{bmatrix} \dot{x}_1 \\ \dot{x}_2 \\ \dot{x}_3 \end{bmatrix} = \begin{bmatrix} 1 & 0 & 0 \\ 0 & 1 & 1 \\ 0 & 0 & 1 \end{bmatrix} \begin{bmatrix} x_1 \\ x_2 \\ x_3 \end{bmatrix} + \begin{bmatrix} 1 & 0 \\ 0 & 1 \\ 0 & 1 \end{bmatrix} u$ 和 $y = \begin{bmatrix} 0 & 1 & 0 \end{bmatrix} \begin{bmatrix} x_1 \\ x_2 \\ x_3 \end{bmatrix}$,试设计特征值为 -2 的降维状态观测器。

解：

(1) 检查受控系统可观测性

$$\text{rank}\begin{bmatrix} \boldsymbol{C}^{\mathrm{T}} & \boldsymbol{A}^{\mathrm{T}}\boldsymbol{C}^{\mathrm{T}} & (\boldsymbol{A}^{\mathrm{T}})^2\boldsymbol{C}^{\mathrm{T}} \end{bmatrix} = \text{rank}\begin{bmatrix} 0 & 0 & 0 \\ 1 & 1 & 1 \\ 0 & 1 & 2 \end{bmatrix} = 2$$

系统不可观测，实际上正是 $\boldsymbol{x}_1$ 不可观测。

(2) 考虑到 $\boldsymbol{x}_2 = \boldsymbol{y}$ 可通过测量得到，故设计一维状态观测器。

(3) 将 $z = \dot{y} - y = \dot{x}_2 - x_2 = x_3$ 作为观测量，得到降维观测器动态方程为

$$\begin{cases} \dot{\hat{x}} = \hat{x}_3 + u_2 \\ z = \hat{x}_3 \end{cases}$$

(4) 由观测器特征方程 $|\lambda - (1-h)| = \lambda + 2 = 0$，得到 $h = 3$。

故降维观测器动态方程最后为

$$\begin{cases} \dot{\hat{x}} = -2\hat{x}_3 + u_2 \\ z = \hat{x}_3 \end{cases}$$

(5) 如果要进行状态反馈，则可用 $\hat{x} = \begin{bmatrix} 0 \\ \hat{x}_2 \\ \hat{x}_3 \end{bmatrix}$ 作原系统状态反馈的状态信息。即

$$\boldsymbol{u} = \boldsymbol{v} - \begin{bmatrix} k_1 & k_2 \end{bmatrix}\begin{bmatrix} \hat{x}_2 \\ \hat{x}_3 \end{bmatrix}$$

注意：在本题中，可观测子系统的观测值不是由传感器直接测量得到，而是根据传感器的测量值计算出来的。请读者自己考虑闭环状态反馈系统的控制器设计问题。

习　　题

1. 有电路如图 7-12 所示。以电压 $u(t)$ 为输入量，求以电感中的电流和电容上的电压作为状态变量的状态方程，和以电阻 R_2 上的电压作为输出量的输出方程。

图 7-12

2. 系统的动态特性由下列微分方程描述：

$$\dddot{y} + 5\ddot{y} + 7\dot{y} + 3y = \ddot{u} + 3\dot{u} + 2u$$

列写其相应的状态空间表达式，并画出相应的模拟结构图。

3. 用三种方法计算以下矩阵指数函数 e^{At}。

$$A = \begin{pmatrix} 1 & 1 \\ 4 & 1 \end{pmatrix}$$

4. 下列矩阵是否满足状态转移矩阵的条件,如果满足,试求与之对应的 A 阵。

$(1)\ \boldsymbol{\Phi}(t) = \begin{bmatrix} 2e^{-t}-e^{-2t} & 2e^{-2t}-2e^{-t} \\ e^{-t}-e^{-2t} & 2e^{-2t}-e^{-t} \end{bmatrix}$

$(2)\ \boldsymbol{\Phi}(t) = \begin{bmatrix} \dfrac{1}{2}(e^{-t}+e^{3t}) & \dfrac{1}{4}(-e^{-t}+e^{3t}) \\ \\ -e^{-t}+e^{3t} & \dfrac{1}{2}(e^{-t}+e^{3t}) \end{bmatrix}$

5. 线性系统状态方程如下:

$$\dot{x} = \begin{bmatrix} -3 & 1 \\ 1 & -3 \end{bmatrix} x + \begin{bmatrix} 1 & 1 \\ 1 & 1 \end{bmatrix} u$$

$$y = \begin{bmatrix} 1 & 1 \\ 1 & -1 \end{bmatrix} x$$

试判别其能控性和能观性。

6. 给定下列状态空间方程,试判别其是否变换为能控和能观标准型。

$$\dot{x} = \begin{bmatrix} 0 & 1 & 0 \\ -2 & -3 & 0 \\ -1 & 1 & -3 \end{bmatrix} x + \begin{bmatrix} 0 \\ 1 \\ 2 \end{bmatrix} u$$

$$y = \begin{bmatrix} 0 & 0 & 1 \end{bmatrix} x$$

7. 已知二阶系统的状态方程

$$\dot{x} = \begin{pmatrix} a_{11} & a_{12} \\ a_{21} & a_{22} \end{pmatrix} x$$

试确定系统在平衡状态处大范围渐进稳定的条件。

8. 已知系统状态方程为

$$\dot{x} = \begin{bmatrix} 1 & -1 & 1 \\ 0 & 1 & 1 \\ 1 & 0 & 1 \end{bmatrix} x + \begin{bmatrix} 0 \\ 0 \\ 1 \end{bmatrix} u$$

试设计一状态反馈阵,使闭环系统极点配置为 $-1, -2, -3$。

*第8章 非线性控制系统分析

以上章节中,主要介绍了线性定常系统的分析和设计问题,但在实际问题中,完全的线性系统是不存在的,因为组成控制系统的各个元件都存在不同程度的非线性。在构成控制系统的环节中,如果有一个或一个以上的环节具有非线性特性,则此控制系统就属于非线性控制系统。

当系统中的非线性程度不严重时,我们可以忽略非线性特性的影响,从而将非线性环节近似看成线性环节。但是,对于非线性程度比较严重,且系统工作范围较大的非线性系统,只有使用非线性系统的分析和设计方法,才能得到较为正确的结果。本章涉及的非线性环节是指输入、输出间的静态特性不满足线性关系的环节。由于非线性问题概括了除线性以外的所有数学关系,包含的范围非常广泛,因此,对于非线性控制系统,目前还没有统一、通用的分析设计方法。本章主要介绍工程上常用的相平面分析法和描述函数法。

8.1 非线性控制系统概述

8.1.1 非线性现象的特征

实际控制系统中的非线性特性种类很多。下面列举几种常见的典型非线性特性。

1. 饱和非线性特性

只能在一定的输入范围内保持输出和输入之间的线性关系,当输入超出该范围时,其输出限定为一个常值,这种特性称为饱和非线性特性,如图8-1所示图中,x、y分别为非线性元件的输入、输出信号。

其数学表达式为

$$y(t) = \begin{cases} Kx(t) & (|x(t)| \leq a) \\ Ka\,\mathrm{sgn}\,x(t) & (|x(t)| > a) \end{cases} \quad (8-1)$$

式中,a为线性区宽度,K为线性区的斜率。

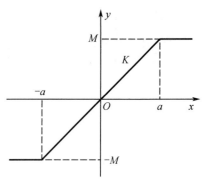

图8-1 饱和非线性

许多元部件的运动范围由于受到能源、功率等条件的限制,都具有饱和特性。有时,工程上还人为引入饱和特性用以限制过载。

2. 死区(不灵敏区)非线性特性

一般的测量元件、执行机构都存在不灵敏区。例如某些检测元件对于小于某值的输入量不敏感;某些执行机构在输入信号比较小时不会动作,只有在输入信号大到一定程度以后才会有输出。这种只有在输入量超过一定值后才有输出的特性称为死区非线性特性,如图8-2所示。

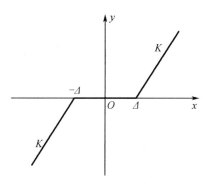

图8-2　死区非线性

其数学表达式为

$$y(t) = \begin{cases} 0 & (\mid x(t) \mid \leqslant \Delta) \\ K[\, x(t) - a\mathrm{sgn}\, x(t)\,] & (\mid x(t) \mid > \Delta) \end{cases} \tag{8-2}$$

式中,Δ 为死区宽度,K 为线性输出的斜率。

3. 继电非线性特性

由于继电器吸合及释放状态下磁路的磁阻不同,吸合与释放电压是不相同的。因此,继电器的特性有一个滞环,输入、输出关系不完全是单值的,这种特性称为具有滞环的三位置继电特性。典型继电特性如图8-3所示。

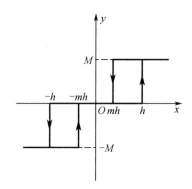

图8-3　具有滞环的三位置继电特性

其数学表达式为

$$y(t) = \begin{cases} 0 & (-mh < x(t) < h, \dot{x}(t) > 0) \\ 0 & (-h < x(t) < mh, \dot{x}(t) < 0) \\ M\mathrm{sgn}\, x(t) & \mid x(t) \geqslant h \mid \\ M & (x(t) \geqslant mh, \dot{x}(t) < 0) \\ -M & (x(t) \leqslant -mh, \dot{x}(t) > 0) \end{cases} \tag{8-3}$$

式中,h 为继电器吸合电压,mh 为继电器释放电压,M 为饱和输出。

当 $m = -1$ 时,典型继电特性退化成为纯滞环的两位置继电特性,如图8-4所示。当 $m = 1$ 时,典型继电特性成为具有三位置的死区继电特性,如图8-5所示。当 $h = 0$ 时,典型继电器特性成为理想继电特性,如图8-6所示。

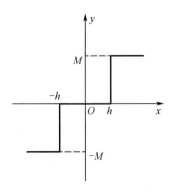

图 8-4　具有纯滞环的两位置　　图 8-5　具有三位置的死区　　图 8-6　理想继电特性
　　　　　继电特性　　　　　　　　　　继电特性

4. 间隙非线性特性

间隙非线性的特点是,当输入量改变方向时,输出量保持不变,一直到输入量的变化超出一定数值(间隙消除)后,输出量才跟着变化。各种传动机构中,由于加工精度和运动部件的动作需要,总会有间隙存在。齿轮传动中的间隙就是典型的例子。间隙非线性特性如图 8-7 所示。

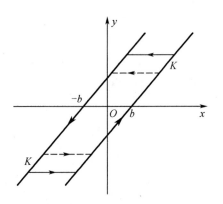

图 8-7　间隙非线性特性

其数学表达式为:

$$y(t) = \begin{cases} K[x(t) - b] & (\dot{x} > 0) \\ K[x(t) + b] & (\dot{x} < 0) \\ b\,\mathrm{sgn}\,x(t) & (\dot{x} = 0) \end{cases} \quad (8-4)$$

式中,$2b$ 为间隙宽度,K 为间隙特性斜率。

8.1.2　非线性控制系统与线性控制系统的区别

非线性控制系统与线性控制系统有着本质的区别,主要表现为以下几点。

1. 不满足叠加原理

对于线性系统,如果系统对输入 x_1 的响应为 y_1,对输入 x_2 的响应为 y_2,则在信号 $x = Ax_1 + Ax_2$ 的作用下,系统的输出为 $y = Ay_1 + Ay_2$。这便是叠加原理。但在非线性系统中,这种关系不成立。

在线性系统中,一般可采用传递函数、频率特性、根轨迹等概念。同时,由于线性系统的运动特征与输入的幅值、系统的初始状态无关,故通常是在典型输入函数和零初始条件下进行研究的。然而,在非线性系统中,由于叠加原理不成立,不能应用上述方法。

线性系统各串联环节的位置可以相互交换,但在非线性系统中,非线性环节之间、非线性环节与线性环节之间的位置一般不能交换,否则会导致错误的结论。

2. 稳定性

线性系统的稳定性仅取决于系统自身的结构与参数,与外作用的大小、形式以及初始条件无关。线性系统若稳定,则无论受到多大的扰动,扰动消失后一定会回到唯一的平衡点(原点)。

非线性系统的稳定性除了与系统自身的结构与参数有关外,还与外作用以及初始条件有关。非线性系统的平衡点可能不止一个,所以非线性系统的稳定性只能针对确定的平衡点来讨论。一个非线性系统在某些平衡点可能是稳定的,在另外一些平衡点却可能是不稳定的;在小扰动时可能稳定,大扰动时却可能不稳定。

3. 正弦响应

线性系统在正弦信号作用下,系统的稳态输出一定是与输入同频率的正弦信号,仅在幅值和相角上与输入不同。输入信号振幅的变化,仅使输出响应的振幅成比例变化,利用这一特性,可以引入频率特性的概念来描述系统的动态特性。

非线性系统的正弦响应比较复杂。在某一正弦信号作用下,其稳态输出的波形不仅与系统自身的结构与参数有关,还与输入信号的幅值大小密切相关,而且输出信号中常含有输入信号所没有的频率分量。因此,频域分析法不再适合于非线性系统。

4. 自持振荡

描述线性系统的微分方程可能有一个周期运动解,但这一周期运动实际上不能稳定地持续下去。例如,二阶零阻尼系统的自由运动解是 $y(t) = A\sin(\omega t + \phi)$。这里 ω 取决于系统的结构、参数,而振幅 A 和相位 ϕ 则取决于初始状态。一旦系统受到扰动,A 和 ϕ 的值都会改变,因此,这种周期运动是不稳定的。非线性系统,即使在没有输入作用的情况下,也有可能产生一定频率和振幅的周期运动,并且受到扰动作用后,运动仍能保持原来的频率和振幅不变。亦即这种周期运动具有稳定性。非线性系统出现的这种稳定周期运动称为自持振荡,简称自振。自振是非线性系统特有的运动现象,是非线性控制理论研究的重要问题之一。

8.1.3 非线性控制系统与线性控制系统的区别

系统分析和设计的目的是通过求取系统的运动形式,以解决稳定性问题为中心,对系统实施有效的控制。由于非线性系统形式多样,而且受到数学工具的限制,一般情况下难以求得非线性微分方程的解析解,只能采用工程上适用的近似方法。本章重点介绍两种方法。

1. 相平面法

相平面分析法是一种用图解法求解二阶非线性常微分方程的方法。相平面上的轨迹曲线描述了系统状态的变化过程,因此可以在相平面图上分析平衡状态的稳定性和系统的时间响应特性。

2. 描述函数法

描述函数法又称为谐波线性化法,它是一种工程近似方法。描述函数法可以用于研究一类非线性控制系统的稳定性和自振问题,给出自振过程的基本特性(如振幅、频率)与系统参数(如放大系数、时间常数等)的关系,为系统的初步设计提供一个思考方向。

8.2 相平面法

相平面法是庞加莱于 1885 年首先提出来的,该方法通过图解法将一阶和二阶系统的运动过程转化为位置和速度平面上的相轨迹,从而比较直观准确地反映系统的稳定性、平衡状态和稳态精度,以及初始条件和参数对系统运动的影响。相轨迹的绘制方法步骤简单、计算量小,用 MATLAB 方法绘制特别方便,适用于分析常见的非线性特性和一阶、二阶线性环节组合而成的非线性系统。

8.2.1 相平面的基本概念

设一个二阶系统可以用常微分方程来描述,如式(8-5)所示。

$$\ddot{x} = f(x, \dot{x}) \tag{8-5}$$

式中,$f(x, \dot{x})$ 是 $x(t)$ 和 $\dot{x}(t)$ 的线性或非线性函数。该方程的解可以用 $x(t)$ 的时间函数曲线表示,也可以用 $\dot{x}(t)$ 和 $x(t)$ 的关系曲线表示,而 t 为参变量。

$\dot{x}(t)$ 和 $x(t)$ 称为系统运动的相变量(状态变量),以 $x(t)$ 为横坐标,$\dot{x}(t)$ 为纵坐标构成的直角坐标平面称为相平面。相变量从初始时刻 t_0 对应的状态点 $(x_0, \dot{x})$ 起,随着时间 t 的推移,在相平面上运动形成的曲线称为相轨迹,如图 8-8 所示。其中,图 8-8(a)(b)分别为 x 和 $\dot{x}$ 的时间响应曲线,根据任一时间点的 $x(t)$ 和 $\dot{x}(t)$ 的值,得到相轨迹上对应的点,并由此得到一条相轨迹,即图 8-8(c)。

图 8-8 间隙非线性特性

相平面和相轨迹曲线簇构成相平面图。相平面图清楚地表示了系统在各种初始条件或输入作用下的运动过程,可以用来对系统进行分析和研究。

8.2.2　相轨迹的性质

1. 相轨迹的斜率

相轨迹在相平面上任意一点$(x,\dot{x})$处的斜率为

$$\frac{\mathrm{d}\dot{x}}{\mathrm{d}x} = \frac{\mathrm{d}\dot{x}/\mathrm{d}t}{\mathrm{d}x/\mathrm{d}t} = \frac{-f(x,\dot{x})}{\dot{x}} \tag{8-6}$$

只要在点$(x,\dot{x})$处不同时满足$\dot{x}=0$和$f(x,\dot{x})=0$,则相轨迹的斜率就是一个确定的值。这样,通过该点的相轨迹不可能多于一条,相轨迹不会在该点相交。这些点是相平面上的普通点。

2. 相轨迹的奇点

相平面上同时满足$\dot{x}=0$和$f(x,\dot{x})=0$的点处,相轨迹的斜率为

$$\frac{\mathrm{d}\dot{x}}{\mathrm{d}x} = \frac{-f(x,\dot{x})}{\dot{x}} = \frac{0}{0} \tag{8-7}$$

即相轨迹的斜率不确定,通过该点的相轨迹有一条以上。这些点是相轨迹的交点,称为奇点。显然,奇点只分布在相平面的x轴上。由于在奇点处,$\ddot{x}=\dot{x}=0$,故奇点也称为平衡点。

3. 相轨迹的运动方向

相平面的上半平面中,$\dot{x}>0$,相迹点沿相轨迹向x轴正方向移动,所以上半部分相轨迹箭头向右;同理,下半相平面$\dot{x}<0$,相轨迹箭头向左。总之,相迹点在相轨迹上总是按顺时针方向运动的。

4. 相轨迹通过x轴的方向

相轨迹总是以垂直方向穿过x轴的。因为在二轴上的所有点均满足$\dot{x}=0$,所以除去其中$f(x,\dot{x})=0$的奇点外,在其他点上的斜率$\mathrm{d}\dot{x}/\mathrm{d}x\rightarrow\infty$。这表示相轨迹与相平面的$x$轴是正交的。

8.2.3　相轨迹的绘制

绘制相轨迹是用相平面法分析系统的基础。相轨迹的绘制方法有解析法和图解法两种。解析法通过求解系统微分方程找出x和$\dot{x}$的解析关系,从而在相平面上绘制相轨迹,一般来说适用于描述系统的微分方程比较简单的情况。图解法则通过作图方法间接绘制出相轨迹,绘制相轨迹的图解法有很多种,其中等倾斜线法简单实用,在实际中应用广泛。

1. 解析法

描述系统的微分方程比较简单时,适合于用解析法绘制相轨迹。由于相平面法只适用于三阶以下的非线性系统的研究,因此,在此以二阶线性系统为例来进行相轨迹的分析。

设二阶线性系统的微分方程式为

$$\ddot{x} + 2\zeta\omega_n\dot{x} + \omega_n^2 x = 0 \tag{8-8}$$

描述的二阶线性系统在一组非全零初始条件下的运动。

当取阻尼比为零时,式(8-8)变为

$$\ddot{x} + \omega_n^2 x = 0$$

因为

$$\ddot{x} = \frac{d\dot{x}}{dt} = \frac{d\dot{x}}{dx}\frac{dx}{dt} = \dot{x}\frac{d\dot{x}}{dx} = -\omega_n^2 x = 0$$

用分离变量法进行积分,有

$$\dot{x}d\dot{x} = -\omega_n^2 x dx$$

$$\int_{\dot{x}_0}^{\dot{x}}\dot{x}d\dot{x} = -\omega_n^2\int_{x_0}^{x} x dx$$

$$x^2 + \frac{\dot{x}^2}{\omega_n^2} = A^2 \tag{8-9}$$

式中,$A = \sqrt{x_0^2 + \frac{\dot{x}_0^2}{\omega_n^2}}$,是由初始条件$(x, \dot{x})$决定的常数。

式(8-9)表示相平面上以原点为圆心的椭圆。当初始条件不同时,相轨迹是以$(x, \dot{x})$为起始点的椭圆族。系统的相平面图如图8-9所示,表明系统的响应是等幅周期运动。图中箭头表示时间t增大的方向。

二阶线性系统无阻尼运动时,系统内部没有损耗,因此在受到扰动之后,系统的输出将是简谐运动,简谐运动的振幅取决于扰动(起始状态),这种系统称为保守系统。

同理可得,二阶线性系统欠阻尼运动时的相轨迹是螺旋线,由于初始条件不同,故系统欠阻尼运动的相迹为一族绕在相平面原点上的螺旋线。二阶线性系统欠阻尼运动时的相迹经过衰减后,最终趋于平衡状态。此时的相平面坐标原点是一个奇点,这种奇点叫

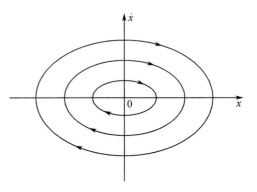

图 8-9 间隙非线性特性

作稳定焦点,应当指出,稳定焦点是各条螺旋状相迹的最终聚会点,表明二阶线性系统欠阻尼运动时,当系统的状态受外力扰动而偏离这一平衡点(稳定焦点)时,随时间的增加,系统的状态终将会回到稳定焦点。

二阶线性系统过阻尼运动时,系统的相轨迹是由直线与抛物线组成的。二阶线性系统过阻尼运动时的相迹经过衰减后,最终趋于平衡状态。此时的相平面坐标原点是一个奇点,这种奇点叫作稳定节点。稳定节点是直线相轨迹与抛物线相轨迹的最终聚会点。表明二阶线性系统过阻尼运动时,当系统的状态受外力扰动而偏离这一平衡点(稳定节点)时,随时间的增加,系统的状态终将会回到稳定节点。

以上欠阻尼和过阻尼两种情况如图8-10所示。

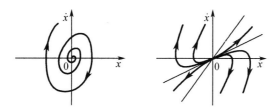

图 8-10　欠阻尼和过阻尼相轨迹图

2. 等倾斜线法

等倾斜线法是一种通过图解方法求相轨迹的方法。由式(8-6)可求得相平面上某点处的相轨迹斜率为

$$\frac{\mathrm{d}\dot{x}}{\mathrm{d}x} = \frac{-f(x,\dot{x})}{\dot{x}}$$

若取斜率 α 为常数,则上式可改写成

$$\alpha = \frac{-f(x,\dot{x})}{\dot{x}} \tag{8-10}$$

式(8-10)称为等倾斜线方程。很明显,在相平面中,经过等倾斜线上各点的相轨迹斜率都等于 α。给定不同的 α 值,可在相平面上绘出相应的等倾斜线。在各等倾斜线上作出斜率为 α 的短线段,就可以得到相轨迹切线的方向场。沿方向场画连续曲线就可以绘制出相平面图。以下举例说明。

【例8-1】 线性二阶系统的运动方程为

$$\ddot{x} + \dot{x} + x = 0$$

试用等倾线法绘制系统的相轨迹。

解:

系统的微分方程可以化为

$$\ddot{x} = -(x+\dot{x})$$

$$\dot{x}\frac{\mathrm{d}\dot{x}}{\mathrm{d}x} = -(x+\dot{x})$$

设

$$\frac{\mathrm{d}\dot{x}}{\mathrm{d}x} = \alpha$$

为定值,可得等倾斜线方程为

$$\dot{x} = \frac{-x}{1+\alpha} \tag{8-11}$$

式(8-11)是直线方程。等倾斜线的斜率为 $-1/(1+\alpha)$。给定不同的 α,便可以得出对应的等倾斜线斜率。

图 8-10 绘出了 α 取不同值时的等倾斜线,并在其上画出了代表相轨迹切线方向的短线段。根据这些短线段表示的方向场,很容易绘制出从某一点起始的特定的相轨迹。例如,从图 8-10 中的 A 点出发,顺着短线段的方向可以逐渐过渡到 B 点、C 点……从而绘出

一条相应的相轨迹。由此可以得到系统的相平面图,如图 8-11 所示。

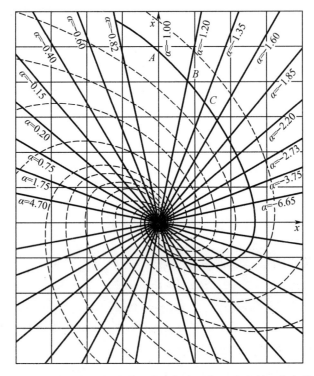

图 8-11 确定相轨迹切线方向的方向场及相平面上的一条相轨迹

8.3 描述函数法

描述函数法是达尼尔在 1940 年首先提出的。描述函数法主要用来分析在没有输入信号作用时,一类非线性系统的稳定性和自振问题。这种方法不受系统阶次的限制,但有一定的近似性。另外,描述函数法只能用于研究系统的频率响应特性,不能给出时间响应的确切信息。

8.3.1 描述函数的基本概念

设非线性环节的输入、输出特性为

$$y = f(x)$$

在正弦信号 $x = A\sin \omega t$ 作用下,其输出 $y(t)$ 一般都是非正弦周期信号。把 $y(t)$ 展开为傅里叶级数,即

$$y(t) = A_0 + \sum_{n=1}^{\infty} (A_n \cos n\omega t + B_n \sin n\omega t) = A_0 + \sum_{n=1}^{\infty} Y_n \sin(n\omega t + \phi_n)$$

式中

$$A_n = \frac{1}{\pi} \int_0^{2\pi} y(t) \cos n\omega t \, \mathrm{d}(\omega t)$$

$$B_n = \frac{1}{\pi}\int_0^{2\pi} y(t)\sin n\omega t \mathrm{d}(\omega t)$$

$$Y_n = \sqrt{A_n^2 + B_n^2}$$

$$\varphi_n = \arctan\frac{A_n}{B_n}$$

若非线性特性是中心对称的,则 $y(t)$ 具有奇次对称性, $A_0 = 0$。输出 $y(t)$ 中的基波分量为
$$y_1(t) = A_1\cos\omega t + B_1\sin\omega t = Y_1\sin(\omega t + \varphi_1) \tag{8-12}$$

描述函数定义为非线性环节稳态正弦响应中的基波分量与输入正弦信号的复数比(幅值比,相角差),即

$$N(A) = \frac{Y_1}{A}\mathrm{e}^{\mathrm{j}\varphi_1} = \frac{\sqrt{A_1^2 + B_1^2}}{A}\mathrm{e}^{\mathrm{j}\arctan(A_1/B_1)} = \frac{B_1}{A} + \mathrm{j}\frac{A_1}{A} \tag{8-13}$$

式中　Y_1——非线性环节输出信号中基波分量的振幅;

　　　A——输入正弦信号的振幅;

　　　φ_1——非线性环节输出信号中基波分量与输入正弦信号的相位差。

很明显,非线性特性的描述函数是线性系统频率特性概念的推广。利用描述函数的概念,在一定条件下可以借用线性系统频域分析方法来分析非线性系统的稳定性和自振运动。

描述函数的定义中,只考虑了非线性环节输出中的基波分量来描述其特性,而忽略了高次谐波的影响,这种方法称为谐波线性化。

应当注意,谐波线性化本质上不同于小扰动线性化,线性环节的频率特性与输入正弦信号的幅值无关,而描述函数则是输入正弦信号振幅的函数。因此,描述函数只是形式上借用了线性系统频率响应的概念,而本质上则保留了非线性的基本特征。

8.3.2　典型非线性特性的描述函数

1. 饱和特性的描述函数

图 8-12 表示了饱和特性及其在正弦信号 $x = A\sin\omega t$ 作用下的输出波形。输出 $y(t)$ 的数学表达式为

$$y = \begin{cases} KA\sin\omega t & (0 \leqslant \omega t \leqslant \varphi_1) \\ Ka & (\varphi_1 \leqslant \omega t \leqslant \dfrac{\pi}{2}) \end{cases}$$

式中,K 为线性部分的斜率,a 为线性范围,$\varphi_1 = \arcsin\dfrac{a}{A}$。

由于饱和特性是单值奇对称的,$y(t)$ 是奇函数,所以 $A_1 = 0$,$\varphi_1 = 0$。因 $y(t)$ 具有半波和 1/4 波对称的性质,故 B_1 可按下式计算:

$$\begin{aligned}
B_1 &= \frac{1}{\pi}\int_0^{2\pi} y(t)\sin\omega t \mathrm{d}(\omega t) \\
&= \frac{4}{\pi}\int_0^{\varphi_1} KA\sin^2\omega t \mathrm{d}(\omega t) + \frac{4}{\pi}\int_{\varphi_1}^{\frac{\pi}{2}} Ka\sin\omega t \mathrm{d}(\omega t) \\
&= \frac{2KA}{\pi}\left[\arcsin\frac{a}{A} + \frac{a}{A}\sqrt{1 - \left(\frac{a}{A}\right)^2}\right]
\end{aligned}$$

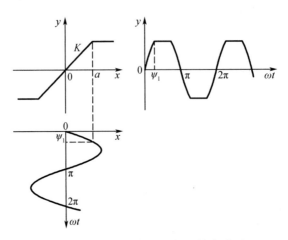

图 8-12　饱和特性及其输入、输出波形

由式(8-13)可得饱和特性的描述函数

$$N(A) = \frac{B_1}{A} = \frac{2K}{\pi}\left[\arcsin\frac{a}{A} + \frac{a}{A}\sqrt{1 - \left(\frac{a}{A}\right)^2}\right] \quad (A \geqslant a) \tag{8-14}$$

由式(8-14)可见,饱和特性的描述函数是一个与输入信号幅值 A 有关的实函数。

2. 死区特性的描述函数

图 8-13 表示死区特性及其在正弦信号 $x = A\sin\omega t$ 作用下的输出波形。

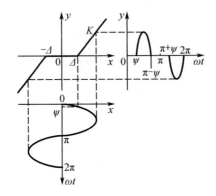

图 8-13　死区特性及其输入、输出波形

输出 $y(t)$ 的数学表达式为

$$y = \begin{cases} 0 & (0 \leqslant \omega t \leqslant \phi) \\ K(A\sin\omega t - \phi) & (\phi \leqslant \omega t \leqslant \pi - \phi) \\ 0 & (\pi - \phi \leqslant \omega t \leqslant \pi) \end{cases}$$

式中, K 为线性部分的斜率; $\varphi = \arcsin\dfrac{\Delta}{A}$, Δ 为死区宽度。死区特性是单值奇对称的, $y(t)$ 是奇函数,所以 $A_0 = A_1 = 0$ 。

$$B_1 = \frac{1}{\pi}\int_0^{2\pi} y(t)\sin\omega t \mathrm{d}(\omega t)$$

$$= \frac{4}{\pi} \int_0^{\frac{\pi}{2}} \sin \omega t \mathrm{d}(\omega t)$$

$$= \frac{4}{\pi} \int_{\varphi}^{\frac{\pi}{2}} KA \sin(\omega t - \phi) \sin \omega t \mathrm{d}(\omega t)$$

$$= \frac{2KA}{\pi} \left[\frac{\pi}{2} - \arcsin \frac{\Delta}{A} + \frac{\Delta}{A} \sqrt{1 - \left(\frac{\Delta}{A}\right)^2} \right]$$

由式(8-13)可得死区特性的描述函数

$$N(A) = \frac{B_1}{A} = \frac{2K}{\pi} \left[\frac{\pi}{2} - \arcsin \frac{\Delta}{A} + \frac{\Delta}{A} \sqrt{1 - \left(\frac{\Delta}{A}\right)^2} \right] \quad (A \geqslant \Delta) \qquad (8\text{-}15)$$

可见,死区特性的描述函数也是输入信号幅值 A 的实函数。

3. 继电特性的描述函数

图 8-14 表示了具有滞环和死区的继电特性及其在正弦信号 $x = A \sin \omega t$ 作用下的输出波形。

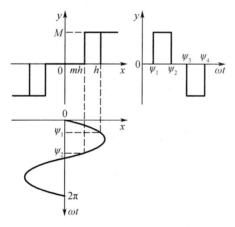

图 8-14　继电特性及其输入、输出波形

输出 $y(t)$ 的数学表达式为

$$y = \begin{cases} 0 & (0 \leqslant \omega t \leqslant \varphi_1) \\ M & (\varphi_1 \leqslant \omega t \leqslant \varphi_2) \\ 0 & (\varphi_2 \leqslant \omega t \leqslant \pi) \end{cases}$$

式中,M 为继电元件的输出值;$\varphi_1 = \arcsin \dfrac{h}{A}$;$\varphi_2 = \pi - \arcsin \dfrac{mh}{A}$。

由于继电特性是非单值函数,在正弦信号作用下的输出波形既非奇函数也非偶函数,故须分别求 A_1 和 B_1,A_1 和 B_1 的计算式分别为

$$A_1 = \frac{1}{\pi} \int_0^{2\pi} y(t) \cos \omega t \mathrm{d}(\omega t) = \frac{2}{\pi} \int_{\varphi_1}^{\varphi_2} M \cos \omega t \mathrm{d}(\omega t) = \frac{2Mh}{\pi A}(m - 1)$$

$$B_1 = \frac{1}{\pi} \int_0^{2\pi} y(t) \sin \omega t \mathrm{d}(\omega t) = \frac{2}{\pi} \int_{\varphi_1}^{\varphi_2} M \sin \omega t \mathrm{d}(\omega t)$$

$$= \frac{2M}{\pi} \left[\sqrt{1 - \left(\frac{mh}{A}\right)^2} + \sqrt{1 - \left(\frac{h}{A}\right)^2} \right]$$

由式(8-13)可得继电特性的描述函数为

$$N(A) = \frac{B_1}{A} + \mathrm{j}\frac{A_1}{A} = \frac{2M}{\pi A}\left[\sqrt{1-\left(\frac{mh}{A}\right)^2} + \sqrt{1-\left(\frac{h}{A}\right)^2}\right] + \mathrm{j}\frac{2Mh}{\pi A^2} \quad (A \geqslant h) \quad (8\text{-}16)$$

在式(8-16)中,令 $h=0$,就得到理想继电特性的描述函数,令 $m=1$,就得到三位置死区继电特性的描述函数,令 $m=-1$,就得到具有滞环的两位置继电特性的描述函数。

4. 典型非线性环节的串、并联等效

描述函数法适用于形式上只有一个非线性环节的控制系统,当有多个非线性环节串联或并联的情况时,需要等效成一个非线性特性来处理。

(1)串联等效。非线性环节串联时,环节之间的位置不能相互交换,也不能采用将各环节描述函数相乘的方法。

整个串联通路的输入、应该按信号流动的顺序,依次分析前面环节对后面环节的影响,推导出输出关系。

(2)并联等效。根据描述函数的定义可以证明,非线性环节并联时,总的描述函数等于各非线性环节描述函数的代数和。

将常见非线性特性的描述函数列于表8-1中。由表可以看出,非线性特性的描述函数有以下特性:单值非线性特性的描述函数是实函数;非单值非线性特性的描述函数是复函数。

表 8-1　常见非线性特性的描述函数及负倒描述函数曲线

类型	非线性特性	描述函数 $N(A)$	负倒描述函数曲线 $-1/N(A)$
饱和特性		$\frac{2K}{\pi}\left[\arcsin\frac{a}{A} + \frac{a}{A}\sqrt{1-\left(\frac{a}{A}\right)^2}\right]$ $(A \geqslant a)$	
死区特性		$\frac{2K}{\pi}\left[\frac{\pi}{2} - \arcsin\frac{\Delta}{A} + \frac{\Delta}{A}\sqrt{1-\left(\frac{\Delta}{A}\right)^2}\right]$ $(A \geqslant \Delta)$	
理想继电特性		$\frac{4M}{\pi A}$	
死区继电特性		$\frac{4M}{\pi A}\sqrt{1-\left(\frac{h}{A}\right)^2}$ $(A \geqslant h)$	

表 8-1(续)

类型	非线性特性	描述函数 $N(A)$	负倒描述函数曲线 $-1/N(A)$
滞环继电特性	(图)	$\dfrac{4M}{\pi A}\sqrt{1-\left(\dfrac{h}{A}\right)^2}-\mathrm{j}\,\dfrac{4Mh}{\pi A^2}\quad(A\geqslant h)$	(图)
死区加滞环继电特性	(图)	$\dfrac{2M}{\pi A}\sqrt{1-\left(\dfrac{mh}{A}\right)^2}+\sqrt{1-\left(\dfrac{h}{A}\right)^2}+$ $\mathrm{j}\,\dfrac{2Mh}{\pi A^2}(m-1)\quad(A\geqslant h)$	(图)
间隙特性	(图)	$\dfrac{K}{\pi}\left[\dfrac{\pi}{2}+\arcsin\left(1-\dfrac{2b}{A}\right)+\right.$ $\left.2\left(1-\dfrac{2b}{A}\right)\sqrt{\dfrac{b}{A}\left(1-\dfrac{b}{A}\right)}\right]+$ $\mathrm{j}\,\dfrac{4Kb}{\pi A}\left(\dfrac{b}{A}-1\right)\quad(A\geqslant b)$	(图)
死区加饱和特性	(图)	$\dfrac{2K}{\pi}\left[\arcsin\dfrac{a}{A}-\arcsin\dfrac{\Delta}{A}+\right.$ $\dfrac{a}{A}\sqrt{\left(1-\dfrac{a}{A}\right)^2}-\dfrac{\Delta}{A}\sqrt{\left(1-\dfrac{\Delta}{A}\right)^2}\left.\right]$ $(A\geqslant a)$	(图)

8.3.3 用描述函数法分析非线性系统

1. 运用描述函数法的基本假设

应用描述函数法分析非线性系统时,要求系统满足以下条件:

(1)非线性系统的结构图可以简化成只有一个非线性环节 $N(A)$ 和一个线性部分 $G(s)$ 相串联的典型形式,如图 8-15 所示。

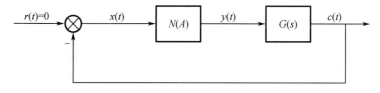

图 8-15 非线性系统典型结构图

(2)非线性环节的输入、输出特性是奇对称的,即 $y(-x)=-y(x)$,保证非线性特性在正弦信号作用下的输出不包含常值分量,而且 $y(t)$ 中基波分量幅值占优。

（3）线性部分具有较好的低通滤波性能。这样，当非线性环节输入正弦信号时，输出中的高次谐波分量将被大大削弱，因此闭环通道内近似只有基波信号流通。线性部分的阶次越高，低通滤波性能越好，用描述函数法所得的分析结果的准确性也越高。

以上条件满足时，可以将非线性环节近似当作线性环节来处理，用其描述函数当作其"频率特性"，借用线性系统频域法中的奈奎斯特判据分析非线性系统的稳定性。

2. 非线性系统的稳定性分析

设非线性系统满足上述三个条件，其结构图如图 8-15 所示。图中，$G(s)$ 的极点均在左半 s 平面，则闭环系统的"频率特性"为

$$\Phi(j\omega) = \frac{C(j\omega)}{R(j\omega)} = \frac{N(A)G(j\omega)}{1 + N(A)G(j\omega)}$$

闭环系统的特征方程为

$$1 + N(A)G(j\omega) = 0$$

或

$$G(j\omega) = -\frac{1}{N(A)} \qquad (8-17)$$

式中，$-1/N(A)$ 叫作非线性特性的负倒描述函数。这里，我们将它理解为广义的 $(-1, j0)$ 点。由奈奎斯特判据 $Z = P - 2N$ 可知，当 $G(s)$ 在右半 s 平面没有极点时，$P = 0$，要使系统稳定，要求 $Z = 0$，意味着 $G(j\omega)$ 曲线不能包围 $-1/N(A)$ 曲线，否则系统不稳定。由此可以得出判定非线性系统稳定性的推广奈奎斯特判据，其内容如下：

若 $G(j\omega)$ 线不包围 $-1/N(A)$ 曲线，则非线性系统稳定；若 $G(j\omega)$ 曲线包围 $-1/N(A)$ 曲线，则非线性系统不稳定；若 $G(j\omega)$ 曲线与 $-1/N(A)$ 曲线有交点，则在交点处必然满足式（8-16），对应非线性系统的等幅周期运动；如果这种等幅运动能够稳定地持续下去，便是系统的自振。

3. $-1/N(A)$ 曲线的绘制及其特点

下面以理想继电特性为例说明曲线的绘制。理想继电特性的描述函数为

$$N(A) = \frac{4M}{\pi A}$$

负倒描述函数为

$$-\frac{1}{N(A)} = \frac{-\pi A}{4M}$$

当 $A = 0 \to \infty$ 变化时，$-1/N(A)$ 在复平面中对应描出从原点沿负实轴趋于 $-\infty$ 的直线，如图 8-16 所示，称之为负倒描述函数曲线。

可见，$-1/N(A)$ 不是像点 $(-1, j0)$ 那样是在负实轴上的固定点，而是随非线性系统运动状态变化的"动点"，当 A 改变时，该点沿负倒描述函数曲线移动。

依据非线性特性的描述函数 $N(A)$，写出 $-1/N(A)$ 表达式，令 A 从小到大取值，并在复平面上描点，就可以绘出对应的负倒描述函数曲线。表 8-1 中给出了常见

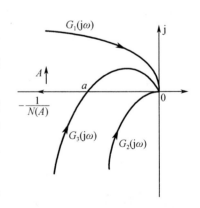

图 8-16 非线性系统稳定性分析

非线性特性对应的负倒描述函数曲线,供分析时查用。

8.4 改善非线性系统性能的措施

非线性因素的存在,往往会给系统带来不利的影响,如静差增大、响应迟钝或发生自振等。一方面,消除或减小非线性因素的影响,是非线性系统研究中一个有实际意义的课题,另一方面,恰当地利用非线性特性,常常又可以非常有效地改善系统的性能。非线性特性类型很多,在系统中接入的方式也各不相同,没有通用的解决办法,只能根据具体问题灵活采取适宜的校正补偿措施。

8.4.1 调整线性部分的结构参数

1. 改变参数

信号流图由节点和支路组成。

2. 利用反馈校正方法

为了消除系统自身固有的自振,可在线性部分加入局部反馈。适当选取反馈系数,可以改变线性环节幅相特性曲线的形状,使校正后的曲线不再与负倒描述函数曲线相交,故自振不复存在,从而保证了系统的稳定性。但是,加入局部反馈后,系统由原来的型别会降低,将带来稳态速度误差,这是不利的一面。

8.4.2 改变非线性特性

系统部件中固有的非线性特性一般是不易改变的,要消除或减小其对系统的影响,可以引入新的非线性特性。举一个例子说明:设 N_1 为饱和特性,若选择 N_2 为死区特性,并使死区范围 Δ 等于饱和特性的线性段范围,且保持二者线性段斜率相同,则并联后总的输入、输出特性为线性特性如图 8-17 所示。

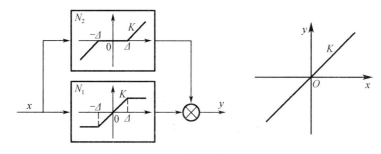

图 8-17 死区特性和饱和特性并联

8.4.3 非线性特性的利用

非线性特性可以给系统的控制性能带来许多不利的影响,但是如果运用得当,有可能获得线性系统所无法实现的理想效果。

在线性控制中,常用速度反馈来增加系统的阻尼,改善动态响应的平稳性。但是这种校正在减小超调的同时,往往会降低响应速度,影响系统的稳态精度。采用非线性校正,在速度反馈通道中串入死区特性,当系统输出量较小,小于死区 ε_0 时,没有速度反馈,系统处于弱阻尼状态,响应较快;而当输出量增大,超过死区 ε_0 时,速度反馈被接入,系统阻尼增大,从而抑止了超调量,使输出快速、平稳地跟踪输入指令。

图 8-18 中,曲线 1,2,3 所示为系统分别在无速度反馈、采用线性速度反馈和采用非线性速度反馈三种情况下的阶跃响应曲线。由图可见,采用非线性速度反馈时,系统的动态过程(曲线 3)既快又稳,具有良好的动态性能。

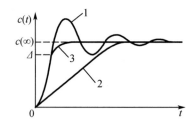

图 8-18　非线性阻尼下的阶跃响应

第9章　MATLAB 在控制理论中的应用

9.1　MATLAB 简介

MATLAB 是美国 MathWorks 公司出品的商业数学软件开发、数据可视化、数据分析以及数值计算的高级技术计算语言和交互式环境，主要包括 MATLAB 和 Simulink 两大部分。MATLAB 的主要优势特点如下。

（1）高效的数值计算及符号计算功能，能使用户从繁杂的数学运算分析中解脱出来；

（2）具有完备的图形处理功能，实现计算结果和编程的可视化；

（3）友好的用户界面及接近数学表达式的自然化语言，使学者易于学习和掌握；

（4）功能丰富的应用工具箱（如控制系统工具箱、信号处理工具箱、通信工具箱、图像处理工具箱等），为用户提供了大量方便实用的处理工具。

MATLAB 使工程技术人员在系统分析和设计时感到更加直观、清晰、系统，减少了复杂的计算过程。工程技术人员能在缺乏实验设备的情况下，运用 MATLAB 对实际系统进行软件仿真，获得相关实验数据。

这里主要介绍 MATLAB 在控制器设计、仿真和分析方面的功能，即控制系统工具箱。在 MATLAB 工具箱中，常用的控制类的工具箱有 6 个。

（1）系统辨识工具箱（system identification toolbox）；

（2）控制系统工具箱（control system toolbox）；

（3）鲁棒控制工具箱（robust control toolbox）；

（4）模型预测工具箱（model predictive control toolbox）；

（5）模糊逻辑工具箱（fuzzy logic toolbox）；

（6）非线性控制设计模块（nonlinear control design blocket）。

其中前五个工具箱是 MATLAB 工具箱，第六个是 Simulink 模块的形式。

本书主要使用 MATLAB 控制系统工具箱，MATLAB 控制系统工具箱主要处理以传递函数为主要特征的经典控制和以状态空间为主要特征的现代控制中的主要问题，尤其是为线性时不变系统的建模、分析和设计提供了一个完整的解决方案。MATLAB 控制系统工具箱的主要功能如下。

1. 系统建模

MATLAB 控制系统工具箱能够建立连续或离散系统的状态空间、传递函数、零极点增益模型，并可实现任意两者之间的转换；可通过串联、并联、反馈连接及更一般的框图连接建立复杂系统的模型；可通过多种方式实现连续时间系统的离散化、离散时间系统的连续化及重采样。

2. 系统分析

MATLAB 控制系统工具箱在时域分析方面，可对系统的单脉冲响应、单位阶跃响应、零输入响应及其更一般的任意输入响应进行仿真。在频域分析方面,可对系统的 Bode 图、Nichols 图、Nyquist 图进行计算和绘制。另外,该工具箱还提供了一个框图式操作界面工具——LTI 观测器,其支持对 10 种不同类型的系统进行响应分析,大大简化了系统分析和图形绘制过程。

3. 系统设计

MATLAB 控制系统工具箱可计算系统的各种特性,如系统的可控和可观性矩阵、传递零极点、Lyapunov 方程、稳定裕度、阻尼系数以及根轨迹的增益选择等;支持系统的可控/可观标准型实现、最小实现、均衡实现、降阶实现等设计;可对系统进行极点配置、观测器设计以及最优控制等。该工具箱还提供了另一个框图式操作界面工具——SISO 系统设计工具,可用于单输入单输出反馈控制系统的补偿器校正设计。

9.2　MATLAB 运算基础

MATLAB 在科学计算中应用非常广泛,很多数值运算问题都可以通过 MATLAB 得到解决。这一节组主要介绍 MATLAB 的一些运算基础,这些运算基础主要包含矩阵运算、符号运算、关系运算和逻辑运算。

9.2.1　矩阵运算

MATLAB 软件的最大特色是强大的矩阵计算功能,在 MATLAB 软件中,所有的运算都是以矩阵为基本单元进行的。

1. 矩阵的建立

矩阵是以"["为开始,以"]"为结束的,矩阵同一行之间以空格或者逗号分隔,行和行之间以分号或者回车符分隔。建立矩阵的方法有直接输入矩阵的元素,在现有矩阵中添加或者删除元素,采用现有的矩阵组合、矩阵转向、矩阵移位及直接通过函数建立矩阵等。

【例 9-1】　建立 1×4 和 4×4 的矩阵。

\>> a=[1 2 3 4]

运行结果:

a =

　1　　2　　3　　4

\>> b=[1 2 3 4;5 6 7 8;9 10 11 12]

运行结果:

b =

　1　　2　　3　　4

　5　　6　　7　　8

　9　　10　　11　　12

在 MATLAB 中有一个特殊的矩阵空矩阵,用"[ ]"表示,它的大小为零,变量名称和维数存在于工作空间。

2. 矩阵的函数建立

（1）单位矩阵

单位矩阵可以用函数"eye(m,n)"实现,其中:m 是要生成的矩阵的行数,n 是要生成的矩阵的列数。

【**例9-2**】　生成一个4×4 的单位矩阵。

\>\> a＝eye(4,4)

运行结果:

a＝

1	0	0	0
0	1	0	0
0	0	1	0
0	0	0	1

（2）全为 1 的矩阵

全部元素为1 的矩阵可以用函数"ones(m,n)"来生成,其中:m 是要生成的矩阵的行数,n 是要生成的矩阵的列数。

【**例9-3**】　生成一个4×4 的全 1 矩阵。

\>\> a＝ones(4,4)

运行结果:

a＝

1	1	1	1
1	1	1	1
1	1	1	1
1	1	1	1

（3）全为 0 的矩阵

元素全部为0 的矩阵可以用函数"zeros(m,n)"来生成,其中:m 是要生成的矩阵的行数,n 是要生成的矩阵的列数。

【**例9-4**】　生成一个4×4 的全 0 矩阵。

\>\> a＝zeros(4,4)

运行结果:

a＝

0	0	0	0
0	0	0	0
0	0	0	0
0	0	0	0

（4）魔方矩阵

魔方矩阵可以用函数"magic(m)"来生成,其中:m 是要生成的矩阵的维数。

【**例9-5**】　生成一个4 维的魔方矩阵。

\>\> a＝magic(4)

运行结果:

a =

16	2	3	13
5	11	10	8
9	7	6	12
4	14	15	1

（5）随机矩阵

随机矩阵可由函数"rand(m,n)"或者"randn(m,n)"来实现,它们分别表示生成的元素服从 0~1 间的均匀分布的随机矩阵,元素服从均值为 0 和方差为 1 的正态分布的随机矩阵。

【例 9-6】 生成一个 4×3 的随机矩阵。

>> a = rand(4,3)

运行结果:

a =

0.9501	0.8913	0.8214
0.2311	0.7621	0.4447
0.6068	0.4565	0.6154
0.4860	0.0185	0.7919

3. 矩阵的基本运算

矩阵之间可以进行加"+"、减"-"、乘"*"、除"/""\"、幂"^"、对数"logm"、和指数"expm"运算。在进行左除"/"和右除"\"时,两个矩阵的维数必须相同。

【例 9-7】 矩阵的基本运算示例。

>> a = [1 2;3 4];
>> b = [5 6;7 8];
add = a+b
sub = a-b
mul = a*b
div1 = a/b
div2 = a\b
squ = a^2
log = logm(b)
e = expm(a)

运行结果:

add =

| 6 | 8 |
| 10 | 12 |

sub =

| -4 | -4 |
| -4 | -4 |

mul =

| 19 | 22 |

43　　50

div1 =

3. 0000　　−2. 0000

2. 0000　　−1. 0000

div2 =

−3. 0000　　−4. 0000

　4. 0000　　　5. 0000

squ =

7　　10

15　　22

log =

−0. 1563 + 1. 9250i　　2. 0114 − 1. 4168i

　2. 3466 − 1. 6530i　　0. 8494 + 1. 2166i

e =

51. 9690　　74. 7366

112. 1048　　164. 0738

4. 矩阵的函数运算

（1）矩阵的行列式和转置

矩阵的行列式的值可以用函数"det(　)"来计算；转置矩阵是矩阵元素的转换，可用函数"rot90""fliplr"等来实现。

【例9-8】 求下列矩阵的行列式及其转置。

\>\> a＝[1 3 5; 2 4 6;3 5 7]

b＝det(a)

c＝a′

d＝rot90(a)

运行结果：

b =

　0

c =

　1　　2　　3

　3　　4　　5

　5　　6　　7

d =

　5　　6　　7

　3　　4　　5

　1　　2　　3

（2）矩阵的特征值和特征向量

矩阵的特征值和特征向量的运算可用函数"eig(　)"或者"eigs(　)"来实现。

其调用格式如下：

b＝eig(a)　　　　　　　　%b 为矩阵 a 的特征值向量

[c,d]=eig(a)　　　　　　%c、d 为矩阵 a 的特征向量和特征值矩阵

【例 9-9】 求矩阵的特征值和特征向量。

\>> a=[1 3 5; 2 4 6;3 5 7]

\>> b=eig(a)

\>> [c,d]=eig(a)

运行结果:

b =

　　12. 9282

　　-0. 9282

　　-0. 0000

c =

　　-0. 4356　　-0. 8658　　　0. 4082

　　-0. 5673　　-0. 2046　　-0. 8165

　　-0. 6989　　　0. 4566　　　0. 4082

d =

　　12. 9282　　　　　　0　　　　　　　0

　　　　　　0　　-0. 9282　　　　　　　0

　　　　　　0　　　　　　0　　　-0. 0000

(3)矩阵的秩和迹

矩阵的秩可用函数"rank( )"来实现,矩阵的迹可用函数"trace( )"来实现。

【例 9-10】 求矩阵的秩和迹。

\>> a=[1 3 5; 2 4 6;3 5 7]

\>> b=rank(a)

\>> c=trace(a)

b =

　　2

c =

　　12

9.2.2　符号运算

MATLAB 不仅具有强大的数值运算功能,还具有强大的符号运算功能。MATLAB 的符号运算是通过符号数学工具箱来实现的。应用符号数学工具箱,可完成几乎所有的数学运算功能,这些数学运算在控制理论中也常常用到。

1. 符号对象的创建和使用

在 MATLAB 的数值计算中,数值表达式所引用的变量必须事先被赋值,否则无法进行计算,因此,其运算变量都是被赋值的数值变量。而在 MATLAB 的符号运算中,运算变量则是符号变量,所出现的数字也会被作为符号处理。

当进行符号运算时,首先要创建基本的符号对象,它可以是常数、变量和表达式。然后利用这些基本符号构成新的表达式,进而完成所需的符号运算。

符号对象的创建可由函数"sym( )"和"syms( )"完成,其调用格式如下:

s=sym(a)　　　　　%将数值 a 转换成符号对象 s,a 是数字、数值矩阵或数值表达式

s=sym(´x´)　　　　%将字符串 x 转换成符号对象 s

syms　a b c …　　　%将字符串 a、b、c 等转化为符号对象 a、b、c 等

【例 9-11】　创建符号变量和符号表达式示例。

\>> y=sym(´x´)

\>> f=sym(´x^2+3*x+9´)

运行结果:

y=

x

f=

x^2+3*x+9

【例 9-12】　字符表达式转换为符号变量示例。

\>> y=sym(´2*sin(x)*cos(x)´)

运行结果:

y=

2*sin(x)*cos(x)

\>> y=simple(y)　　　%将已有的 y 符号表达式化成最简形式

运行结果:

y=

sin(2*x)

2. 符号表达式的操作

MATLAB 符号表达式的操作涉及符号运算中的因式分解、展开、化简等,它们在符号运算中非常重要,其相关的一些函数操作命令及功能如表 9-1 所示。

表 9-1　符号表达式的函数操作命令

调用格式	功能	说明
collect(E,v)	同类项合并	将符号表达式 E 中的 v 的同幂项系数合并
expand(E)	表达式展开	对 E 进行多项式、三角函数、指数函数及对数函数等展开
factor(E)	因式分解	对 E 进行因式分解
[N,D]=numden(E)	表达式通分	将 E 通分,返回 E 通分后的分子 N 和分母 M
simplify(E)	表达式化简	运用多种恒等变换对 E 进行综合化简
simple(E)		运用包括 simplify 在内的各种简化算法,把 E 转换成最简短形式
subs(E,old,new)	符号变量替换	将 E 中的符号变量 old 替换为 new,new 可以是符号变量、符号常数、双精度数值与数值数组等

下面通过一些例子来说明 MATLAB 符号表达式的函数操作命令的具体使用方法。

1. 同类项合并

【例 9-13】　已知数学表达式 $y=(x^2y+y^2x)(x+y)$,对其进行同类项和并。

```
>> syms x y
>> y1=sym((x^2*y+y^2*x)*(x+y))
>> y2=collect(y1)
```

运行结果：

```
y1=
(x^2*y+y^2*x)*(x+y)
y2=
x^3*y+2*y^2*x^2+y^3*x        %默认按照 x 同幂系数合并
```

2. 表达式展开

【例 9-14】 已知数学表达式 $y(x)=\cos(2\arccos(x))$，将其展开。

```
>> syms x
>> y1=cos(2*acos(x))
>> y2=expand(y1)
```

运行结果：

```
y1=
cos(2*acos(x))
y2=
2*x^2-1
```

3. 因式分解

【例 9-15】 已知数学表达式 $y(x)=x^3+6x^2+11x+6$，将其因式分解。

```
>> sym x
>> y=x^3+6*x^2+11*x+6;
>> y1=factor(y)
```

运行结果：

```
y1=
(x+3)*(x+2)*(x+1)
```

4. 表达式通分

【例 9-16】 已知数学表达式，$y(x)=\dfrac{3x+1}{x^2+1}+\dfrac{1}{x+2}$ 对其进行通分。

```
>> sym x
>> y=(3*x+1)/(x^2+1)+1/(x+2);
>> [n,d]=numden(y)
```

运行结果：

```
n=
4*x^2+7*x+3
d=
(x^2+1)*(x+2)
```

即 $y(x)=\dfrac{4x^2+7x+3}{(x^2+1)(x+2)}$

5. 表达式化简

【例 9–17】　已知数学表达式,$y(x)=\sin^2 x+2\cos^2 x$ 对其进行化简。

\>\> sym x

\>\> y = sin(x)^2+2 * cos(x)^2;

\>\> y1 = simplify(y)

运行结果:

y1 =

cos(x)^2+1

6. 符号替换

【例 9–18】　已知数学表达式 $y(x)=\sin^2 x+2\cos^2 x$,按要求对其进行符号替换:$x=m*n$。

\>\> syms　x m n

\>\> y = sin(x)^2+2 * cos(x)^2;

\>\> y1 = subs(y,x,m * n)

运行结果:

y1 =

sin(m * n)^2+2 * cos(m * n)^2

9.2.3　关系运算和逻辑运算

MATLAB 软件把所有的非零数值当作真,把零当作假,所有的关系和逻辑表达式,如果为真就返回逻辑数组 1,如果为假,则返回逻辑数组 0。MATLAB 支持关系和逻辑运算,它的一个重要用途就是根据真假问题的结果来控制它的程序列的执行流程或者是它的执行顺序。

在 MATLAB 中,关系运算和逻辑运算有其规定的关系运算符号和逻辑运算符号,其符号和功能分别如表 9–2 和表 9–3 所示。

表 9–2　关系运算符

符号	功能	符号	功能
<	小于	>=	大于等于
<=	小于等于	= =	等于
>	大于	~ =	不等于

表 9–3　逻辑运算符

符号	功能
&	逻辑与
|	逻辑或
~	逻辑非

此外 MATLAB 还提供了几个关系和逻辑函数,这些函数有:

xor(x,y),该函数表示逻辑异或,如果 x 或者 y 中的任意一个不为零,而另一个为零,就返回 true,如果 x 和 y 同时为零或者同时不为零,就返回 false。

any(x),该函数表示如果向量 x 的任意一个元素不为零,就返回 true,对于数组 x 的每一列,如果任何一个元素不为零,该列返回 true。

all(x),该函数表示如果向量 x 中的所有元素都不为零,则返回 true,对于数组 x 的每一列,如果所有的元素都不为零,该列返回 true。

下面通过一些例子来说明 MATLAB 关系运算和逻辑运算的具体使用方法。

【例 9-19】 进行如下关系运算。

\>\> a=[1 2 3; 4 5 6;7 8 9]

a =

   1   2   3

   4   5   6

   7   8   9

\>\>b=[1 1 1;4 4 4;7 7 7]

b =

   1   1   1

   4   4   4

   7   7   7

\>\> a>=b   % a 元素大于等于 b 元素,相应位置为 1,否则为 0。

ans =

   1   1   1

   1   1   1

   1   1   1

\>\> a==b   % a 元素等于 b 元素,相应位置为 1,否则为 0。

ans =

   1   0   0

   1   0   0

   1   0   0

\>\> a~=b   % a 元素不等于 b 元素,相应位置为 1,否则为 0。

ans =

   0   1   1

   0   1   1

   0   1   1

【例 9-20】 进行如下逻辑运算。

\>\> a=[1 2 3; 4 5 6;7 8 9]

a =

   1   2   3

   4   5   6

   7   8   9

\>\>b=[0 2 3; 0 5 6; 0 8 9]

b =

   0   2   3

   0   5   6

   0   8   9

\>\> a&b   % a 元素与 b 元素,相应位置有 0,则为 0,都不为 0,才为 1。

ans =

```
      0      1      1
      0      1      1
      0      1      1
>> a|b        % a 元素与 b 元素,相应位置有一个非 0,则为 1,相应位置都为 0,才为 0。
ans =
      1      1      1
      1      1      1
      1      1      1
>> ~b                   % b 元素,相应位置为 0,则为 1,相应位置非零,则为 0。
ans =
      1      0      0
      1      0      0
      1      0      0
>> xor(a,b)             %如果 a 或者 b 中的任意一个不为零,而另一个为零,就返回
                          1,如果 a 和 b 同时为零或者同时不为零,就返回 0。
ans =
      1      0      0
      1      0      0
      1      0      0
>> any(a)         %对于数组 a 的每一列,如果任何一个元素不为零,该列返回 1。
ans =
      1      1      1
>> any(b)               %对于数组 b 的每一列,如果任何一个元素为零,该列返回 0。
ans =
      0      1      1
```

和其他高级语言一样,对于不同的运算,MATLAB 设定了运算符的优先级。以下同一优先级,程序遵循先左后右,优先级不同时,程序遵循先高级后低级执行。以下是优先级的高低顺序。

(1)括号( )。

(2)数组转置(´),数组幂(^),共轭转置(´),矩阵乘方(^)。

(3)一元加(+),一元减(−),非(~)。

(4)点乘(*),右点除(/),左点除(\),矩阵乘(*),矩阵右除(\),矩阵左除(/)。

(5)加减(+,−)。

(6)冒号运算(:)。

(7)小于(<)。

(8)与(&)。

(9)或(|)。

(10)先决与(&&)。

(11)先决或(||)。

9.3 MATLAB 控制系统工具箱及数学建模应用

9.3.1 MATLAB 控制系统工具箱简介

MATLAB 包括各种工具箱(toolbox),这些功能丰富的工具箱将不同领域、不同方向的研究者吸引到 MATLAB 的编程环境中来,使他们成为 MATLAB 的忠实使用者。MATLAB 众多的工具箱大致分为两类:功能型工具箱和领域型工具箱。功能型工具箱主要用来扩充 MATLAB 的符号计算功能、图形建模仿真功能、文字处理功能及与硬件交互功能,能用于多种学科。而领域工具箱专业性较强,专门应用于特定的领域,例如控制系统工具箱(Control System Toolbox)。

控制系统工具箱出现之初就以其简单清晰的界面与强大的功能得到设计人员的青睐,这也是 MATLAB 在控制界得以迅速流行的重要原因。控制系统工具箱主要侧重于控制系统的计算机辅助分析及设计,其中包括了很多经典的设计方案,如极点配置法、线性二次型最优控制、根轨迹设计方法、伯德图设计方法。由于其中包含了大量的控制系统分析与设计的基本函数,所以很多其他控制箱都要求控制系统工具箱的支持。可以说掌握控制系统工具箱是掌握 MATLAB 工具箱的基础。

MATLAB 控制工具箱的主要功能如下。

(1)为求解控制问题提供强有力的数学工具。

(2)为描述、建立多种形式的系统模型提供简单的函数调用。

(3)提供系统时域和频域的分析函数。

(4)通过对标准控制系统设计函数的引用完成系统设计。

(5)丰富的格式化输入/输出函数及特定曲线绘制函数。

9.3.2 MATLAB 控制系统工具箱在数学建模中的应用

前面主要介绍了线性定常系统的数学模型主要有微分方程、传递函数、结构框图等,下面介绍如何利用 MATLAB 建立上述数学模型及和数学模型相关的一些知识。

1. 微分方程求解

微分方程求解函数的调用格式为

dsolve("方程 1","方程 2",…)

函数格式说明:

(1)"方程 1","方程 2"为符号方程表达式,最多可进行 12 个微分方程的求解。

(2)默认自变量为"t",并可任意指定自变量"x""u"等,设置为最后一个表达式。

(3)微分方程的各阶导数项以大写字母"D"作为标识,后接数字阶数,再接变量名。例如 Dy、D2C 分别表示$\dfrac{\mathrm{d}y}{\mathrm{d}t}$、$\dfrac{\mathrm{d}^2y}{\mathrm{d}t^2}$等。

(4)初始条件以符号代数方程给出,例如"y(a)=b"、"Dy(a)=b"等,其中 a、b 为常数。

【例 9-21】 已知微分方程为$\dfrac{\mathrm{d}^2y}{\mathrm{d}t^2}+2\dfrac{\mathrm{d}y}{\mathrm{d}t}+2y=0$,初始条件为$y(0)=1$,$\dfrac{\mathrm{d}y(0)}{\mathrm{d}t}=0$,求该方

程的解。

解:在 MATLAB 命令窗口里面输入

>> y1 = dsolve($'$D2y+2 $*$ Dy+2 $*$ y=0 $'$, $'$y(0)=1 $'$, $'$Dy(0)=0 $'$)

运行结果为

y1 =

exp(−t) $*$ sin(t)+exp(−t) $*$ cos(t)

2. 连续系统的参数模型

(1)传递函数模型(Transfer Function, TF)

连续系统的传递函数如下:

$$G(s) = \frac{Y(s)}{R(s)} = \frac{b_0 s^m + b_1 s^{m-1} + \cdots + b_{m-1} s + b_m}{a_0 s^n + a_1 s^{n-1} + \cdots + a_{n-1} s + a_n}$$

对线性定常系统,式中 s 的系数均为常数,且 a_0 不等于零,这时系统在 MATLAB 中可以方便地由分子和分母系数构成的两个向量唯一地确定出来,这两个向量分别用 num 和 den 表示。

num = $[b_0, b_1, \cdots b_{m-1}, b_m]$;

den = $[a_0, a_1, \cdots a_{n-1}, a_n]$;

sys = tf(num, den)用于创建多项式模型。其中 num 表示分子多项式的系数,den 表示分母多项式的系数。

【**例 9-22**】 在 MATLAB 中表示

$$G(s) = \frac{s^4 + 2s^2 + 5s + 6}{3s^5 + 3s^4 + s^3 + 7s^2 + 6s + 6}$$

解:在 MATLAB 命令窗口里面输入

>> num = $[1\ 0\ 2\ 5\ 6]$;

>> den = $[3\ 3\ 1\ 7\ 6\ 6]$;

>> sys = tf(num, den)

运行结果为

Transfer function:

    s^4 + 2 s^2 + 5 s + 6

————————————————————

3 s^5 + 3 s^4 + s^3 + 7 s^2 + 6 s + 6

【**例 9-23**】 系统的传递函数为

$$G(s) = \frac{10s(s + 2)}{(s + 3)(s^2 + 6s + 6)}$$

写出系统的 TF 模型。

解:在 MATLAB 命令窗口里面输入

>> num = conv($[10\ 0]$, $[1, 2]$);

>> den = conv($[1\ 3]$, $[1\ 6\ 6]$);

>> sys = tf(num, den)

运行结果为

Transfer function:

$$10\ s^2 + 20\ s$$

$$s^3 + 9\ s^2 + 24\ s + 18$$

其中,conv( )用于计算多项式的乘积,结果为多项式系数的降幂排列。

(2)零点极点增益模型(Zero/Pole/Gain, ZPK)

线性定常系统的传递函数 G(s)还可以表示成零点极点的形式为

$$G(s) = \frac{Y(s)}{R(s)} = \frac{b_0 s^m + b_1 s^{m-1} + \cdots + b_{m-1}s + b_m}{a_0 s^n + a_1 s^{n-1} + \cdots + a_{n-1}s + a_n} = K\frac{(s - z_1)(s - z_2)\cdots(s - z_m)}{(s - p_1)(s - p_2)\cdots(s - p_n)}$$

其中,K 为系统增益,z_i 为零点,$i = 1,2,\cdots,m$,p_j 为极点,$j = 1,2,\cdots,n$。

在 MATLAB 中零点极点增益模型用[z,p,K]矢量组表示。

$z = [z_1,z_2,\cdots z_{m-1},z_m]$

$p = [p_1,p_2,\cdots p_{n-1},p_n]$

$K = [k]$

sys = zpk(z,p,k)用于创建零点极点增益模型。

【例 9-24】 系统的传递函数为

$$G(s) = \frac{4s(s + 2)}{(s + 3)(s + 6)(s + 8)}$$

写出其 ZPK 模型。

解:在 MATLAB 命令窗口里面输入

>> z = [0 -2];

>> p = [-3 -6 -8];

>> k = 4;

>> sys = zpk(z,p,k)

运行结果为

Zero/pole/gain:

$$4\ s\ (s+2)$$

$$(s+3)(s+6)(s+8)$$

函数 tf2zp( )可以把传递函数模型转化为零点极点增益模型。

函数调用格式为:[z,p,k] = tf2zp(num,den)

【例 9-25】 求【例 9-22】传递函数的零点、极点和增益。

$$G(s) = \frac{s^4 + 2s^2 + 5s + 6}{3s^5 + 3s^4 + s^3 + 7s^2 + 6s + 6}$$

解:在 MATLAB 命令窗口里面输入

>> num = [1 0 2 5 6];

>> den = [3 3 1 7 6 6];

>> [z,p,k] = tf2zp(num,den)

运行结果为

z =

0.9445 + 1.7932i

$$0.9445 - 1.7932i$$
$$-0.9445 + 0.7541i$$
$$-0.9445 - 0.7541i$$
$$p =$$
$$-1.5580$$
$$0.7200 + 1.1014i$$
$$0.7200 - 1.1014i$$
$$-0.4411 + 0.7395i$$
$$-0.4411 - 0.7395i$$
$$k =$$
$$0.3333$$

函数 zp2tf( ) 可以用来把零点极点增益模型转化为传递函数模型

函数调用格式为：$[num, den] = zp2tf(z, p, k)$

【例 9-26】 把【例 9-24】的零点极点增益模型转化为传递函数模型。

解： 在 MATLAB 命令窗口里面输入

```
>> z = [0 -2]';
>> p = [-3 -6 -8]';
>> k = 4;
>> [num, den] = zp2tf(z, p, k);
>> sys = tf(num, den)
```

运行结果为

Transfer function：

$$\frac{4 s^2 + 8 s}{s^3 + 17 s^2 + 90 s + 144}$$

3. 系统模型的连接

可用函数 sys = series(sys1, sys2) 来实现如图 9-1 所示系统（或者环节）的串联，求得其传递函数。

可用函数 sys = parallel(sys1, sys2) 来实现如图 9-2 所示系统（或者环节）的并联，求得其传递函数。

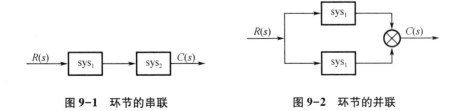

图 9-1　环节的串联　　　　　　图 9-2　环节的并联

可用函数 sys = feedback(sys1, sys2, sign) 来实现如图 9-3 所示系统（或者环节）的反馈连接形式，求得其传递函数。其中 sign 用来定义反馈的形式，如果为正反馈，则 sign = +1，如果为负反馈 sign = -1。默认值为负反馈。

可用函数 sys=cloop(sys1,sign)来实现单位反馈。

【例9-27】 求如图9-4所示系统的传递函数。

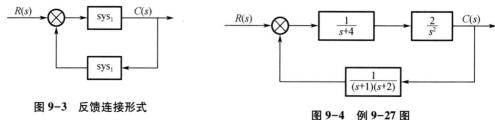

图9-3 反馈连接形式

图9-4 例9-27图

解：在 MATLAB 命令窗口里面输入

```
>> n1 = 1;
>> d1 = [1 4];
>> n2 = 2;
>> d2 = [1 0 0];
>> n3 = 1;
>> d3 = conv([1 1],[1 2]);
>> sys1 = tf(n1,d1);
>> sys2 = tf(n2,d2);
>> syso = series(sys1,sys2);
>> sys3 = tf(n3,d3);
>> sys = feedback(syso,sys3)
```

运行结果为

Transfer function：

$$\frac{2\ s^2 + 6\ s + 4}{s^5 + 7\ s^4 + 14\ s^3 + 8\ s^2 + 2}$$

9.4 MATLAB 在时域分析中的应用

9.4.1 使用 MATLAB 进行时域分析

MATLAB 提供了线性定常系统的各种时间响应函数和各种动态性能分析函数，如表9-4所示。下面对表9-4部分函数进行详细介绍。

表9-4 时域分析函数及功能

函数名称	功能
step	计算并绘制线性定常系统阶跃响应
stepplot	绘制系统的阶跃响应并返回句柄图形
impulse	计算并绘制连续时间系统脉冲响应

表 9-4(续)

函数名称	功能
impulseplot	绘制系统的脉冲响应并返回句柄图形
initial	计算并绘制连续时间系统零输入响应
initialplot	绘制系统的零输入响应并返回句柄图形
lsim	仿真线性定常连续模型对任意输入的响应
gensig	产生输入信号
lsimplot	绘制系统对任意输入的响应并返回句柄图形

1. 函数 step( )

功能:求线性定常系统(单输入单输出或多输入多输出)的单位阶跃响应(多输入多输出系统需要对每一个输入通道施加独立的阶跃输入指令)。

表 9-5　函数 step( )格式

函数名称	功能
step(sys)	%绘制系统 sys 的单位阶跃响应曲线
step(sys, T)	%时间量 T 由用户指定
step(sys1, sys2, …, sysN)	%在一个图形窗口中同时绘制 N 个 sys1, sys2, …, sys N 的单位阶跃响应曲线
step(sys1, sys2, …, sysN,T)	%时间量 T 由用户指定
[y,t] = step(sys)	%求系统 sys 单位阶跃响应的数据值,包括输出向量 y 及相应时间向量 t
[y,t,x] = step(sys)	%求系统 sys 单位阶跃响应的数据值,包括输出向量 y、状态向量 x 及相应时间向量 t

其中:线性定常系统 sys1, sys2,…, sysN 可以为连续时间传递函数、零极点增益及状态空间等模型形式。

【**例 9-28**】 已知典型二阶系统的传递函数为 $\phi(s) = \dfrac{\omega_n^2}{s^2 + 2\zeta\omega_n s + \omega_n^2}$,绘制阻尼比 $\zeta =$ 0.1,0.2,0.707,1.0,2.0 时系统的单位阶跃响应曲线。

解:在 MATLAB 命令窗口中输入

```
>>wn = 6 ;
kosi = [ 0.1,0.2,0.707,1.0,2.0 ];
hold on;
for kos = kosi
num = wn.^2 ;
den = [ 1,2 * kos * wn,wn.^2 ];
```

step(num,den)

end

运行后得到系统的单位阶跃响应曲线如图 9-5 所示。

图 9-5　系统的单位阶跃响应曲线

也可以应用下述 MATLAB 命令绘制阶跃响应曲线:

>>step(tf(num,den))

运行后同样可得到如图 9-5 所示的曲线。

2. 函数 impulse( )

功能:求线性定常系统的单位脉冲响应。

表 9-6　函数 impulse( )格式

函数名称	功能
impulse(sys)	%绘制系统的脉冲响应曲线
impulse(sys,T)	%响应时间 T 由用户指定
impulse(sys1,sys2,···,sysN)	%在同一个图形窗口中绘制 N 个系统 sys1,sys2,···,sysN 的单位脉冲响应曲线
impulse(sys1,sys2,···,sysN,T)	%响应时间 T 由用户指定
[y,t]=impulse(sys)	%求系统 sys 单位脉冲响应的数据值,包括输出向量 y 及相应时间向量 t
[y,t,x]=impulse(sys)	%求状态空间模型 sys 单位脉冲响应的数据值,包括输出向量 y、状态向量 x 及相应时间向量 t

其中:线性定常系统 sys1，sys2，…，sysn 可以为传递函数、零极点增益及状态空间等模型形式。

【例 9-29】　已知两个线性定常连续系统的传递函数分别为 $G_1(s) = \dfrac{s^2+2s+4}{s^3+10s^2+5s+4}$ 和 $G_2(s) = \dfrac{3s+2}{2s^2+7s+2}$。绘制它们的冲激响应曲线。

解:在 MATLAB 命令窗口中输入

>>G1 = tf([1 2 4],[1 10 5 4]);

G2 = tf([3 2],[2 7 2]);

impulse(G1,G2)

运行后得到的单位冲激响应曲线如图 9-6 所示。

图 9-6　单位冲激响应曲线

3. 函数 gensig( )

功能:产生用于函数 lism( )的试验输入信号

表 9-7　函数 gensig( )格式

函数名称	功能
[u，t] = gensig（type，tau）	%产生以 tau（单位为秒）为周期并由 type 确定形式的标量信号 u;t 为由采样周期组成的矢量;矢量 u 为这些采用周期点的信号值
[u，t] = gensig（type，tau，Tf，Ts）	%Tf 指定信号的持续时间,Ts 为采样周期 t 之间的间隔

其中:由 type 定义的信号形式包括"sin"正弦波、"square"方波、"pulse"周期性脉冲。

【**例 9-30**】 用函数 gensig( )产生周期为 5 s,持续时间为 30 s,每 0.1 s 采样一次的正弦波。

解:在 MATLAB 命令窗口中输入

\>\>[u,t] = gensig('sin',5,30,0.1);

plot(t,u);

axis([0 30 −2 2])

运行后得到的波形如图 9-7 所示。

图 9-7　正弦波信号

4. 函数 lsim( )

功能:求线性定常系统在任意输入信号作用下的时间响应。

表 9-8　函数 lsim( )格式

函数名称	功能
lsim(sys,u,t)	%绘制系统 sys 的时间响应曲线,输入信号由 u 和 t 定义,其含义见函数 gensig( )返回值
lsim(sys,u,t,x0)	%绘制系统在给定输入信号和初始条件 x0 同时作用下的响应曲线
lsim(sys1,sys2,…, sysN, u, t)	%绘制 N 个系统的时间响应曲线
lsim(sys1,sys2,…, sysN, u, t, x0)	%绘制 N 个系统在给定信号和初始条件 x0 同时作用下的响应曲线
[y,t,x] = lsim(sys,u,t,x0)	%y,t,x 的含义同函数 step( )

其中:u 和 t 由函数 gensig( )产生,用来描述输入信号特性,t 为时间区间,u 为输入向量,其行数应与输入信号个数相等。

【例 9-31】 已知线性定常系统的传递函数分别为 $G_1(s) = \dfrac{2s^2+5s+1}{s^2+2s+3}$ 和 $G_2(s) = \dfrac{s-1}{s^2+s+5}$。求其在指定方波信号作用下的响应。

解: 在 MATLAB 命令窗口中输入

```
>>[u,t] = gensig('square',4,10,0.1);
G1 = tf([2 5 1],[1 2 3]);
G2 = tf([1 -1],[1 1 5]);
lsim(G1,G2,'-.',,u,t)
```

运行后得到的响应曲线如图 9-8 所示。

图 9-8　指定方波信号作用下的响应曲线

【例 9-32】 已知系统的闭环传递函数 $\phi(s) = \dfrac{16}{s^2+8\zeta s+16}$,其中 $\zeta = 0.707$,求二阶系统的单位脉冲响应,单位阶跃响应和单位斜坡响应。

解: 在 MATLAB 命令窗口中输入

```
zeta = 0.707;
num = [16];
den = [1 8 * zeta 16];
sys = tf(num, den);
p = roots(den);
t = 0:0.01:3;
figure(1)
```

impulse(sys，t)；grid

xlabel('t')；ylabel('c(t)')；title('impulse response')；

figure(2)

step(sys,t)；grid

xlabel('t')；ylabel('c(t)')；title('step response')；

figure(3)

u = t；

lsim(sys,u,t,0)；grid

xlabel('t')；ylabel('c(t)')；title('ramp response')；

在 MATLAB 中运行上述文本后,得系统特征根为−2.8280±j2.8289,系统稳定。系统的单位脉冲响应、单位阶跃响应、单位斜坡响应分别如图 9−9、图 9−10 和图 9−11 所示。在 MATLAB 运行得到的图 9−10 中,点击鼠标右键可得系统超调量为 $\sigma\% = 4.33\%$,上升时间 $t_r = 0.537$,调节时间 $t_s = 1.49(\Delta = 2\%)$ 。

图 9-9　单位脉冲响应

9.4.2　用时域分析法判断系统稳定性

线性定常系统稳定性的充分必要条件是,系统的特征根全都具有负实部,或者说闭环传递函数的极点全部分布在复平面的左半部。由此可知,判断系统稳定的最基本方法,就是求取系统的特征根,根据特征根在复平面的分布情况来判定是否稳定。

在 MATLAB 中,可以使用函数 roots( )来求闭环特征方程的根来确定系统的极点,也可以使用函数 zpkdata( )求出系统传递函数的零点和极点,还可以使用函数 pzmap( )绘制系统的零极点图,从而判断系统的稳定性。下面举例分别说明一下这三个函数的用法。

图 9-10　单位阶跃响应

图 9-11　单位斜坡响应

【例 9-33】　系统的闭环传递函数为

$$G(s)\frac{s^4+2s^3+5s^2+4s+6}{s^5+3s^4+4s^3+2s^2+6s+2}$$

试确定系统的稳定性。

方法 1: 使用函数 roots( ) 来求闭环特征方程的根来确定系统的极点,程序如下:

```
>den=[1 3 4 2 6 2];          %写出系统特征方程的系数
```

roots(den)   %求特征方程的根

运行程序,输出结果为

ans =

   $-1.7118 + 1.2316i$

   $-1.7118 - 1.2316i$

    $0.3879 + 1.0611i$

    $0.3879 - 1.0611i$

  $-0.3524 + 0.0000i$

从结果中可以看出,系统的特征根中有正实部的根,因此可以判定系统是不稳定的。

方法2: 使用函数 zpkdata( )求出系统传递函数的零点和极点,程序如下:

num = [1 2 5 4 6];   %分子多项式系数

den = [1 3 4 2 6 2];   %分母多项式系数

sys = tf(num,den);   %建立系统的传递函数

[z,p,k] = zpkdata(sys)   %求系统的零点、极点和增益

运行程序,输出结果为

z = $-1.0000+1.4142i$

  $-1.0000+1.4142i$

    $0.0000+1.4142i$

    $0.0000+1.4142i$

p = $-1.7118 + 1.2316i$

  $-1.7118 - 1.2316i$

   $0.3879 + 1.0611i$

   $0.3879 - 1.0611i$

  $-0.3524 + 0.0000i$

k = 1

结果中 p 表示闭环系统的极点,也就是特征根。可以看出,p 中有正实部的根,因此可以判定系统是不稳定的。

方法3: 使用函数 pzmap( )绘制系统的零极点图,程序如下:

num = [1 2 5 4 6];   %分子多项式系数

den = [1 3 4 2 6 2];   %分母多项式系数

sys = tf(num,den);   %建立系统的传递函数

pzmap(sys)   %画出系统的零极点图

grid   %加网格

运行程序,输出结果如图 9-12 所示。

图 9-12　系统的零极点图

零极点图中,x 表示极点,o 表示零点。由系统的零极点图可以看出,系统有两个极点在 s 平面的右半平面,也就是两个正实部的极点,因此系统是不稳定的。

在系统的时域分析中,求系统的单位阶跃响应曲线是很常见的,而一个系统的单位阶跃响应曲线除了可以反映系统的各项动态性能指标以外,还可以反映系统的稳定性。其主要依据是:若闭环系统的单位阶跃响应曲线是收敛的,则系统稳定;若闭环系统的单位阶跃响应曲线是发散,则系统不稳定;若闭环系统的单位阶跃响应曲线是等幅振荡,则系统临界稳定。

【例 9-34】　设某单位负反馈系统的开环传递函数为

$$G(s)\ \frac{K}{s(s+1)(0.5s+1)}$$

试确定当 K 分别等于 1,3,5 时系统的稳定性。

解:

(1)当 $K=1$ 时,程序如下:

```
clear all
num=[1];                         %分子多项式系数 K=1
den=conv([1 1 0],[0.5 1]);        %分母多项式系数
s1=tf(num,den);                   %求系统的开环传递函数
sys=feedback(s1,1);               %求系统的闭环传递函数
step(sys)                         %画出系统的单位阶跃响应曲线
```

程序运行,结果如图 9-13 所示。

由图 9-13 所示,当 $K=1$ 时,系统的单位阶跃响应曲线是收敛的,因此系统稳定。

图9-13　K=1时系统的单位阶跃响应曲线

（2）当K=3时，程序如下：

```
clear all
num=[3];                          %分子多项式系数 K=3
den=conv([1 1 0],[0.5 1]);        %分母多项式系数
s1=tf(num,den);                   %求系统的开环传递函数
sys=feedback(s1,1);               %求系统的闭环传递函数
step(sys)                         %画出系统的单位阶跃响应曲线
```

程序运行，结果如图9-14所示。

由图9-14所示，当K=3时，系统的单位阶跃响应曲线是等幅振荡，因此系统为临界稳定，即不稳定。

（3）当K=5时，程序如下：

```
clear all
num=[5];                          %分子多项式系数 K=5
den=conv([1 1 0],[0.5 1]);        %分母多项式系数
s1=tf(num,den);                   %求系统的开环传递函数
sys=feedback(s1,1);               %求系统的闭环传递函数
step(sys)                         %画出系统的单位阶跃响应曲线
```

程序运行，结果如图9-15所示。

由图9-15所示，当K=5时，系统的单位阶跃响应曲线是发散的，因此系统不稳定。

图 9-14　$K=3$ 时系统的单位阶跃响应曲线

图 9-15　$K=5$ 时系统的单位阶跃响应曲线

9.5　MATLAB 在根轨迹法中的应用

传统的根轨迹法是不直接求解征方程的,它创造了一套很有效的方法——图解加计算的手工绘图法。但是,手绘根轨迹的步骤较为烦琐,而且所画根轨迹也仅为近似曲线,并不能够非常精确。而在 MATLAB 软件中,根轨迹的绘制变得很容易,而且可以得到精确的曲线。

计算机绘制根轨迹大多采用直接求解特征方程的方法,也就是每改变一次增益 K,就求解一次特征方程。让 K 从零开始等间隔增大,只要 K 的取值足够多、足够密,相应解特征方程的根就在 s 平面上绘出根轨迹。

在 MATLAB 中,有 3 个与根轨迹相关的函数:pzmap( )、rlocus( )和 rlocfind( )。

1. pzmap( )函数

此函数是用来绘制系统的零极点图。其调用格式为

pzmap(sys)%绘制系统 sys 的零极点图

[p,z]=pzmap(sys)%不绘制零极点图,而直接返回系统 sys 的零极点

【例 9-35】　设一个单位负反馈系统的传递函数为

$$G(s) = \frac{s^3 + 5s^2 + 3s + 10}{s^4 + 3s^3 + s^2 + 4s + 5}$$

试绘制系统的零极点图,并返回零极点。

解: 程序代码如下:

```
clear all
num=[1,5,3,10];
den=[1,3,1,4,5];
sys=tf(num,den);
pzmap(sys)
grid
```

运行程序,得到系统的零极点图,如图 9-16 所示。

零极点的返回值为

```
p=
    -2.9259 + 0.0000i
     0.4629 + 1.2225i
     0.4629 - 1.2225i
    -1.0000 + 0.0000i
z=
    -4.8086 + 0.0000i
    -0.0957 + 1.4389i
    -0.0957 - 1.4389i
```

图9-16 系统零极点图

2. rlocus( )函数

该函数的功能是绘制系统的根轨迹图,其调用格式为

rlocus(sys)　　　　　　%绘制系统 sys 的根轨迹(增益 K 由 0 取至无穷)

rlocus(sys,K)　　　　　%取系统的增益为 K,并绘制其根的分布(零极点分布)

[R,K]=rlocus(sys)　　%不绘制图形,返回系统 sys 增益 K 由 0 取至无穷时的极点

R=rlocus(sys,K)　　　%不绘制图形,返回系统 sys 增益取 K 时所对应的极点

【例9-36】 已经一单位负反馈系统的开环传递函数为

$$G(s) = \frac{K}{s(0.5s + 3)(3s + 2)}$$

试绘制系统的根轨迹,计算增益 $K=2$ 时系统的极点。

解: 程序代码如下:

```
clear all
num = 1;
den = conv([1,0],conv([0.5,3],[3,2]));
sys = tf(num,den);
rlocus(sys)
R = rlocus(sys,K)
```

运行程序,得到系统的根轨迹如图9-17所示。

当 $K=2$ 时,返回值为

R =

　　−6.0411 + 0.0000i

　　−0.3128 + 0.3505i

　　−0.3128 − 0.3505i

图 9-17　系统的根轨迹图

3. rlocfind( )函数

该函数的功能是在给定一组根的情况下,找出增益的大小。其调用格式为

[K,POLES] = rlocfind(sys)　　　　%计算给定极点 POLES 所对应的增益 K

[K,POLES] = rlocfind(SYS,P)　　　%对指定根计算对应的增益 K 和根矢量 P

【例 9-37】　例 9-36 中系统,绘制根轨迹后,在根轨迹图上任选一点,计算该点的增益 K,以及所有极点的位置。

解:程序代码如下:

```
>> clear all
>> num = 1;
>> den = conv([1,0],conv([0.5,3],[3,2]));
>> sys = tf(num,den);
>> rlocus(sys)
>> [k,poles] = rlocfind(sys)
```

运行程序,可得到图 8-17 所示的根轨迹图。

根据 MATLAB 的窗口提示:

Select a point in the graphics window

用鼠标在图上随意点击一下左键,选择一个点,可得以下结果:

selected_point =

　　2.3578 + 7.4068i

k =

　　1.0417e+03

poles =

　　-11.5374 + 0.0000i

2.4354 + 7.3664i

2.4354 - 7.3664i

由结果可知,所选的点为2.3578 + 7.4068i,对应增益为$K=1.0417e+03$,三个极点为-11.5374 + 0.0000i、2.4354 + 7.3664i、2.4354 - 7.3664i。

【例 9-38】 例9-36中系统,计算指定根为2.4354 - 7.3664i的增益和极点。

解:程序代码如下:

```
>> clear all
>> num = 1;
>> den = conv([1,0],conv([0.5,3],[3,2]));
>> sys = tf(num,den);
>> [k,poles] = rlocfind(sys, 2.4354 - 7.3664i)
```

运行程序,得到如下结果:

```
k =
    1.0417e+03
poles =
    -11.5374 + 0.0000i
     2.4354 + 7.3664i
     2.4354 - 7.3664i
```

函数 rlocfind() 还有一个重要的功能,就是允许用户求取根轨迹上指定点的开环根轨迹增益值,并将该增益下所有的闭环极点显示出来。因此,可以通过所求取的闭环极点即可判断系统的稳定性。

【例 9-39】 设某单位负反馈系统的开环传递函数为

$$G(s)\frac{K}{s(1.2s+1)(0.8s+1)}$$

试绘制系统的常规根轨迹图,并判断系统的稳定性。

解:程序代码如下:

```
clearall
num = [1];
den = conv([1 1.2 0],[0.8 1]);
sys = tf(num,den);
rlocus(sys);
[k,poles] = rlocfind(sys)
```

运行程序,得到系统的根轨迹如图9-18所示。

程序执行后,可在根轨迹图中见到十字形光标,当选择根轨迹上的某一点(即十字形光标指向根轨迹上该点)时,其相应的增益由变量 K 记录,与此增益相关的所有极点记录在变量 poles 中。当十字光标指向根轨迹与纵坐标的交点时,对应的开环增益与极点可知。

当参数 K 在 0 到 3 之间变动时,根轨迹均在 s 平面的左半平面上,对应的系统是闭环稳定的;一旦 $K>3$,根轨迹会穿越纵坐标到达其右侧,则系统闭环不稳定。

需要说明的是,只要交点指在根轨迹负实轴上的任一位置,则系统全部闭环极点的实部都为负值,即闭环系统是稳定的。

图 9-18　系统根轨迹图

9.6　MATLAB 在频域分析中的应用

频域分析在自动控制系统设计当中的地位是非常重要的,在 MATLAB 工具箱中,可以通过几个有用的函数来绘制系统的频域图形,并得到系统的频域指标。较为常用的函数如下。

nyquist( ):绘制奈奎斯特曲线;

bode( ):绘制伯德图曲线;

margin( ):绘制伯德图曲线,同时给出系统的频域指标。

下面分别介绍一下这几个函数的应用。

9.6.1　nyquist 曲线的绘制

在 MATLAB 控制系统工具箱中提供了一个函数 nyquist( ),该函数的功能是绘制系统的奈奎斯特曲线,并可以根据曲线分析包括相角裕量、增益裕量及稳定性等系统特性,有两种调用格式。

1. nyquist(sys)

此调用格式的功能是直接绘制系统 sys 的奈奎斯特曲线。

2. [re,im,w] = nyquist(sys)

此调用格式的功能并不是直接绘制曲线,而是返回系统频率响应的实部(re)、虚部(im)以及对应的角频率 ω。

【例 9-40】　已知系统的开环传递函数为

$$G(s) = \frac{25}{s^2 + 5s + 25}$$

画出系统的奈奎斯特曲线。

解:程序代码如下:

```
clear all
num = 25;
den = [1,5,25];
sys = tf(num,den);
nyquist(sys)
```

运行程序,可以得出系统的奈奎斯特曲线,如图9-19所示。

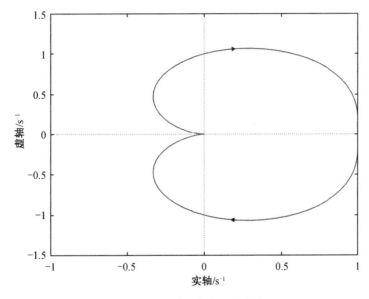

图9-19 系统的奈奎斯特曲线

得到曲线后,可以用鼠标在图中选点,以得到所选择点的坐标值,进而可以确定一些性能指标。

9.6.2 伯德图的绘制

MATLAB提供了一个直接求解和绘制系统伯德图的函数bode( )和一个直接求解系统幅值稳定裕度和相位稳定裕度的函数margin( )。

1. bode( )函数

此函数的调用格式有:

(1)bode(sys)

此格式调用后,直接计算并绘制系统的伯德图。

(2)bode(sys,w)

此格式调用后,也是直接计算并绘制系统的伯德图,但是可以用w来定义绘制伯德图时的频率范围或者频率点。如果 w 为频率范围,则必须为[wmin,wmax]格式;如果 w 为频率点,则必须是需要频率点构成的向量。

(3)[mag,phase,w] = bode(sys)

此格式调用后,并不绘制曲线,而只是计算出系统伯德图的输出数据,其中 mag 为系统的幅值,phase 为伯德图的相位,w 为所对应的频率。

【例 9-41】 已知某系统开环传递函数为

$$G(s) = \frac{5}{s(0.1s + 1)(0.025s + 1)}$$

画出系统的伯德图。

解:程序代码如下:

```
clear all
num = 5;
den = conv([1,0],conv([0.1,1],[0.025,1]));
sys = tf(num,den);
bode(sys)
```

运行程序,可以得出系统的伯德图,如图 9-20 所示。

图 9-20　系统伯德图

【例 9-42】 某系统的开环传递函数为

$$G(s) = \frac{10}{s(s + 1)(0.5s + 1)}$$

画出频率范围 w 从 0.01 至 10 000 的伯德图。

解:代码如下:

```
clear all
num = 10;
```

```
den = conv([1,0],conv([1,1],[0.5,1]));
sys = tf(num,den);
w = 0.01:0.01:10000;
bode(sys,w)
```

运行程序,得到图 9-21 所示的图形。

图 9-21　w 从 0.01 至 10 000 的伯德图

2. margin( )函数

此函数的调用格式为

(1) margin(sys)

此调用格式可在当前图形窗口中绘制出带有稳定裕量的伯德图。

(2) margin(mag,phase,w)

此格式可以在当前窗口中绘制出带有系统幅值裕量和相角裕量的伯德图,其中,mag、phase 和 w 分别为由 bode 或 dbode 求出的幅值裕量、相角裕量及对应的角频率。

(3) [Gm,Pm,Wcg,Wcp] = margin(sys)

此调用格式不绘制图形,只返回稳定裕量的 4 个值,分别为幅值裕量、相角裕量、相位穿越频率、剪切频率。

(4) [Gm,Pm,Wcg,Wcp] = margin(mag,phase,w)

与第 2 种格式相似,只是不绘制图形,而返回稳定裕量的 4 个值。

【例 9-43】　某自动药物传送系统的开环传递函数为

$$G(s) = \frac{Ke^{-10s}}{(35s + 1)}$$

选择一个合适的 K 值,使系统较为稳定。

解:程序代码如下:

```
clear all
```

```
for K = 1:10;
num = [K];
den = [35,1];
sys = tf(num,den);
[np,dp] = pade(10,2);          %使用 Pade 逼近的方法,得到延迟环节的参数
sys1 = tf(np,dp);              %建立延迟环节传递函数
sys2 = sys * sys1;
figure(K)
margin(sys2);
hold on
end
```

运行程序,可以得到 K 分别取由 1 到 10 十个值的 10 幅 Bode,这里不一一给出,只给出 $K=4$ 时的伯德图,如图 9-22 所示。

图 9-22 $K=4$ 时系统的伯德图

可以看出,当 $K=4$ 时,系统接近稳定,可以再由其他手段来进一步精确计算 K 的取值。

9.6.3 用频率法判定系统稳定性

控制系统的频域分析中,有 Nyquist 稳定判据和对数频率特性稳定判据两种对系统稳定性的判定方法,分别可以称为 Nyquist 曲线法和伯德图法。

1. Nyquist 曲线法

前面章节中介绍过了 MATLAB 中画系统 Nyquist 图的函数 nyquist( ),下面就通过两个例子来详细地介绍通过 Nyquist 曲线判断系统稳定性的方法。

【例 9-44】 已知某单位负反馈系统的开环传递函数为

$$G(s) = \frac{600}{0.0005s^3 + 0.3s^2 + 15s + 200}$$

试用 Nyquist 稳定判据判断闭环系统的稳定性。

解:首先,计算系统开环特征方程的根,实现代码如下:

```
clear all
den = [0.0005 0.3 15 200];          %分母多项式系数
roots(den)                          %求根
```

运行程序,结果如下:

```
ans =
    1.0e+02  *
   -5.4644 + 0.0000i
   -0.2678 + 0.0385i
   -0.2678 - 0.0385i
```

由结果可以看出,3 个根均有负实部,因此系统为开环稳定的,即系统开环特征方程的不稳定根的个数 p = 0。

程序代码如下:

```
clear all
num = [600];                        %分子多项式系数
den = [0.0005 0.3 15 200];          %分母多项式系数
sys = tf(num, den);                 %求系统的开环传递函数
nyquist(sys)                        %画出系统的 Nyquist 图
```

运行程序,绘制出系统的开环 Nyquist 曲线,如图 9-23 所示。

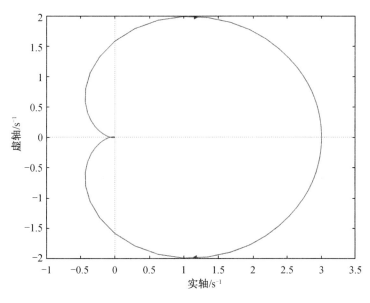

图 9-23 系统 Nyquist 曲线

由 Nyquist 图可见,曲线不包围 $(-1,j0)$ 点,而系统开环特征方程的不稳定根的个数 $p = 0$,根据 Nyquist 稳定判据,其闭环系统是稳定的。

【例 9-45】 已知某单位负反馈系统的开环传递函数为

$$G(s) = \frac{10\,000}{s^3 + 5s^2 + 100s}$$

试用 Nyquist 稳定判据判断闭环系统的稳定性。

解:

(1)计算系统开环特征方程的根,程序代码如下:

```
K=[1 5 100 0];          %系统开环特征方程系数
roots(K)                %求系统开环特征方程的根
```

运行程序,结果如下:

```
ans =
    0.0000 + 0.0000i
   -2.5000 + 9.6825i
   -2.5000 - 9.6825i
```

从求得的结果可以看出,系统开环特征根一个为零根,两个具有负实部,根据控制原理,零根要当作稳定根来处理,因此系统开环稳定。所以,系统开环特征方程不存在不稳定根,即 $p = 0$。

(2)绘制系统的开环 Nyquist 曲线,程序代码如下:

```
num=10000;              %分子多项式系数
den=[1 5 100 0];        %分母多项多系数
G=tf(num,den);          %求系统的开环传递函数
nyquist(G)              %绘制系统的开环 Nyquist 图
```

运行程序,得到系统的开环 Nyquist 曲线,如图 9-24 所示。

图 9-24 系统的开环 Nyquist 曲线

根据系统的开环 Nyquist 曲线可以看出,曲线顺时针包围 $(-1,j0)$ 点一圈,而由上面已知,$p=0$,根据 Nyquist 稳定判据,其闭环系统是不稳定的。

2. Bode 图法

系统的伯德图可以很好地反映系统的频域性能指标,而且也可以通过伯德图分析出系统的稳定性。主要的依据是系统的相角裕量,若计算得出相角裕量 $\gamma>0$ 时,则系统闭环稳定,否则不稳定。

根据系统的伯德图求取系统的幅值裕量和相角裕量,可以使用函数 margin( ) 来实现,这个函数的功能是,既可以画出系统的伯德图,又能够计算出系统的频域性能指标。下面通过两个例子来说明。

【例 9-46】 已知两个单位负反馈系统的开环传递函数为

$$G_1(s) = \frac{100}{(0.1s+1)(s+5)} \qquad G_2(s) = \frac{10}{s(s-1)(2s+3)}$$

试用伯德图法确定系统的稳定性。

解:

(1)对 $G_1(s)$ 来说,程序代码如下:

```
num = 100;                          %分子多项式系数
den = conv([0.1 1],[1 5]);          %分母多项式系数
g = tf(num,den);                    %建立系统的开环传递函数
margin(g)                           %画出开环伯德图并计算频域性能指标
```

运行程序,结果如图 9-25 所示。

图 9-25 $G_1(s)$ 的开环伯德图

从图中可以看出,Gm = Inf dB(at Inf rad/s),表示幅值裕量为无穷大,对应的相位穿越频率为无穷大;Pm = 27.4 deg(at 30.6 rad/s),表示相角裕量为 27.4°,对应的剪切频率为 30.6

rad/s。以上指标可以说明，系统是闭环稳定的，而且具有一定的稳定裕量。

（2）对 $G_2(s)$ 来说，程序代码如下：

```
num = 10;                                    %分子多项式
den = conv(conv([1 0],[1 -1]),[2 3]);        %分母多项式
g = tf(num,den);                             %建立系统的开环传递函数
margin(g)                                    %画出开环伯德图并计算频域性能指标
```

运行程序，结果如图 9-26 所示。

图 9-26 $G_2(s)$ 的开环伯德图

由图中可以看出，Pm = -78.6 deg，也就是说系统的相角裕量为 -78.6°，因此系统闭环不稳定。

9.7　MATLAB 在系统设计与校正中的应用

控制系统的校正是自动控制系统设计的重要组成部分，在处理系统校正问题时，应该仔细分析系统要求达到的性能指标和原始系统的具体情况，以便引入简单有效的校正装置，满足设计需求。

人工计算是比较原始的处理方式，实理起来效率不高，而应用 MATLAB 软件能够有效、快速地实现系统的校正与仿真，上述章节中介绍的超前、滞后、滞后-超前以及 PID 校正，都可以使用 MATLAB 进行设计与仿真。因此，MATLAB 应用在系统的设计与校正之中能够发挥巨大的作用。

下面介绍几种应用 MATLAB 进行校正的方法。

9.7.1　使用 MATLAB 进行超前校正

超前校正环节的传递函数见第 6 章式（6-1），超前校正环节的两个转折频率应分别设

在系统剪切频率的两侧。由于超前校正环节相频特性曲线具有正的相角,幅频特性曲线具有正的斜率,所以校正后系统伯德图的低频段不变,而其剪切频率和相角裕量比原系统的大,这说明校正后系统的快速性和稳定性得到了提高。

使用 MATLAB 对系统进行超前校正的设计步骤与 6.2 节所述的超前校正设计步骤完全一致,所不同的是要将各步骤用 MATLAB 语句实现出来,下面举例说明。

【例 9-47】 已知某位置控制系统,其功能是实现负载位置与输入位置协调,其开环传递函数为 $\dfrac{K}{s(s+1)}$,现已明确其控制精度达不到设计要求,要求设计校正装置 $G_c(s)$ 并调整 K 的值,使得系统在单位斜坡信号作用下,要求系统在单位斜坡输入时,位置输出稳态误差 $e_{ss} \leqslant 0.1$,开环系统截止频率 $\omega_c' \geqslant 4.4$ rad/s,相角裕量 $\gamma' \geqslant 45°$,幅值裕量 $K_g' \geqslant 10$ dB。试设计串联无源超前网络。

解: 设计步骤如下:

(1)根据稳态误差的要求调整 K 的值。

由于系统在 $r(t)=t$ 的作用下,根据稳态误差的计算方法(见第 3 章),可知,若要求 $e_{ss} \leqslant 0.1$,则需满足 $K \geqslant \dfrac{1}{e_{ss}}=10$,因此,取 $K=10$。

(2)画出未校正系统的伯德图,检验性能指标是否满足要求。

代码如下:

```
clear all              %清除所有变量
G=tf(10,[1,1,0]);      %输入未校正系统的开环传递函数
margin(G)              %画出未校正系统的伯德图,并标出频域指标
```

运行程序,可得到未校正系统的伯德图如图 9-27 所示。

图 9-27 未校正系统的伯德图

由图 9-27 可知,未校正系统的剪切频率 $\omega_c = 3.08$ rad/s,相角裕量 $\gamma = 18°$,均不满足要求。

(3)求超前校正装置的传递函数,程序代码如下:

```
>> alf1 = 45-18+5;                 %需要增加的相角
>> alf2 = alf1 * pi/180;            %弧度值转为角度值
>> a = (1+sin(alf2))/(1-sin(alf2)); %求参数 a
>> wm = 40;                         %取最大超前相位角对应频率为要求的剪切频率
>> T = 1/(wc1 * sqrt(a));           %求取参数 T
>> Gc = tf([a * T,1],[T,1])         %求取校正环节传递函数
>> margin(G * Gc)                   %画出校正后系统的伯德图,并标出频域指标
```

运行程序,可以得到校正环节的传递函数

Gc =

$$\frac{0.04308\ s\ +\ 1}{0.01324\ s\ +\ 1}$$

并得到系统校正后的伯德图,如图 9-28 所示。

图 9-28 超前校正后系统的伯德图

由图 9-28 可以看出,校正后系统的剪切频率和相角裕量均满足了设计的要求。

9.7.2 使用 MATLAB 进行滞后校正

滞后校正装置的传递函数见第 6 章式(6-11)。当采用滞后校正时,将校正环节的两个转折频率设置在远离校正后系统剪切频率的低频段,主要目的是利用滞后网络的高频幅值衰减特性,使校正后系统中频段的幅频将衰减 $|20\lg b|$ dB,而其相频可认为不衰减,因此校

正后系统的剪切频率将减小,而在新的剪切频率处将获得较大的相角裕量。这样系统的快速性将变差,稳定性和抑制高频干扰的能力将增强。

使用 MATLAB 进行滞后校正的步骤与 6.3 节所述步骤大体相同,下面通过一个例子具体说明。

【例9-48】 设单位反馈系统的开环传递函数为 $\dfrac{K}{s(0.1s+1)}$,要求稳态误差 $e_{ss} \leqslant 0.01$,相角裕量 $\gamma \geqslant 45°$,试用滞后校正设计系统。

解:

(1)根据稳态误差的要求调整 K 的值。

由于系统在 $r(t)=t$ 的作用下,根据稳态误差的计算方法(见第 3 章),可知,若要求 $e_{ss} \leqslant 0.01$,则需满足 $K \geqslant \dfrac{1}{e_{ss}} = 100$,因此,取 $K=100$。

(2)画出未校正系统的伯德图,检验性能指标是否满足要求。

代码如下:

```
>> clear all                %清除所有变量
>> G=tf(100,[0.1 1 0]);     %输入未校正系统的开环传递函数
>> margin(G)                %画出未校正系统的伯德图,并标出频域指标
```

运行程序,可得到未校正系统的伯德图如图 9-29 所示。

图9-29 未校正系统的伯德图

在此基础上,滞后校正装置设计的程序代码如下:

```
>> gama0=45;                %要求相角裕量大于等于 45°,取 45
>> gama1=gama0+5;           %需要补偿的相角 5°
>>wc1=(tan(180-gama1))/0.1; 
>>L=bode(G,wc1);
```

```
>> b = 10^(L/-20);              %由公式(6-18)求参数 b 的值
>> T = 10/(b * wc1);            %参数 T 的值
>> Gc = tf([b * T, 1], [T, 1])  %滞后校正环节传递函数
>> margin(G * Gc)               %画出校正后系统的伯德图,并标出频域指标
```

运行程序,可得校正装置的传递函数为

Gc =

   1.235 s + 1

  11.85 s + 1

校正后系统的伯德图如图 9-30 所示。

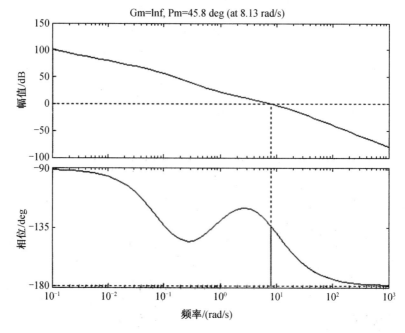

图 9-30　滞后校正后系统伯德图

由图 9-30 可知,滞后校正之后,系统的相角裕度是满足要求的。

9.8　MATLAB 在现代控制理论中的应用

9.8.1　状态空间模型

在 MATLAB 中,使用 ss( )函数来建立或转换控制系统的状态空间模型。

功能:生成线性定常连续的状态空间模型,或者将传递函数模型或零极点增益模型转换为状态空间模型。

其主要调用格式如下:

sys = ss(a, b, c, d)　%生成线性定常连续系统的状态空间模型 sys。a, b, c, d 分别对应

系统系数矩阵。

【例9-49】 线性定常系统的状态空间表达式为

$$\begin{bmatrix} \dot{x}_1 \\ \dot{x}_2 \end{bmatrix} = \begin{bmatrix} -2 & -1 \\ 1 & -1 \end{bmatrix} \begin{bmatrix} x_1 \\ x_2 \end{bmatrix} + \begin{bmatrix} 1 & 1 \\ 2 & -1 \end{bmatrix} u$$

$$y = \begin{bmatrix} 1 & 0 \end{bmatrix} \begin{bmatrix} x_1 \\ x_2 \end{bmatrix}$$

应用 MATLAB 建立其状态空间模型。

解:程序代码如下:

```
clear all
a=[-2,-1;1,-1];
b=[1,1;2,-1];
c=[1,0];
d=0;
sys=ss(a,b,c,d)
```

运行结果如下:

```
sys =

  A =
        x1   x2
   x1   -2   -1
   x2    1   -1

  B =
        u1   u2
   x1    1    1
   x2    2   -1

  C =
        x1   x2
   y1    1    0

  D =
        u1   u2
   y1    0    0
```

9.8.2 线性系统的可控性和可观测性

1. 可控性

系统的完全可控性只取决于状态方程中的(A,B)矩阵,因此对于完全可控的系统,经常称之为(A,B)完全可控。可以构造一个系统的可控性判别阵 S,对其求秩并判断可控性。

可控性判别阵 S 可以由控制系统工具箱中提供的 ctrb( )函和自动生成,其调用格式为

$$S = ctrb(A, B)$$

【例 9-50】 系统的状态方程模型为

$$\dot{x} = \begin{bmatrix} 0 & 1 & 0 & 0 \\ 0 & 0 & -1 & 0 \\ 0 & 0 & 0 & 1 \\ 0 & 0 & 5 & 0 \end{bmatrix} x + \begin{bmatrix} 0 \\ 1 \\ 0 \\ -2 \end{bmatrix} u$$

$$y = \begin{bmatrix} 1 & 0 & 0 & 0 \end{bmatrix} x$$

分析系统的可控性。

解:

程序代码如下:

```
clear all
A=[0,1,0,0;0,0,-1,0;0,0,0,1;0,0,5,0];
B=[0;1;0;-2];
C=[1,0,0,0;];
D=0;
S=ctrb(A,B);
rank(S)
```

运行结果如下:

ans =

4

由结果可知,系统可控性判别阵 S 的秩为 4,与系统的阶次相等,因此系统是完全可控的。

2. 可观测性

系统的完全可观测性只取决于状态方程中的(A,C)矩阵,因此对于完全可观测的系统,经常称之为(A,C)完全可观测。可以构造一个系统的可观测性判别阵 V,对其求秩并判断可观测性。

可观测性判别阵 V 可以由控制系统工具箱中提供的 obsv( )函和自动生成,其调用格式为

$$V = ctrb(A, C)$$

【例 9-51】 判断【例 9-50】中系统的可观测性。

解:

程序代码如下:

```
clear all
A=[0,1,0,0;0,0,-1,0;0,0,0,1;0,0,5,0];
B=[0;1;0;-2];
C=[1,0,0,0;];
D=0;
```

$V = \text{obsv}(A, C)$;

$\text{rank}(V)$

运行结果如下：

ans =

4

由结果可知,系统可观测性判别阵 V 的秩为 4,与系统的阶次相等,因此系统是完全可观测的。

9.8.3 线性系统的状态反馈与极点配置

状态反馈是将系统的内部状态变量乘以一个反馈系统,然后反馈到系统输入端与系统的参考输入综合,综合而成的信号作为系统的输入对系统实施控制。

输出反馈是将系统的输出变量按照一定的比例关系反馈到系统的输入端或 $\dot{x}$ 端。

由于状态变量不一定具有物理意义,所以状态反馈往往不易实现,而输出变量则具有明显的物理意义,因此输出反馈比较容易实现。

所谓极点配置问题,就是通过反馈矩阵的选择,使闭环系统的极点,即闭环特征方程的特征值恰好处于所希望的一组极点位置上。由于希望的极点具有一定的任意性,因此极点的配置也具有一定的任意性。

状态反馈和输出反馈都能够对系统进行极点配置,且一般认为用简单的比例反馈就能使问题得到解决。极点配置是通过选择一个状态反馈矩阵,使闭环系统的极点处于期望的位置上。在状态空间中,极点任意配置的充分必要条件是系统必须是完全状态可控的。

1. 单输入单输出系统的极点配置

(1)确定系统完全可控,如不完全可控,则不能进行极点配置,并确定系统开环特征多项式 $\det(sI-A)$ 。
$$\det(sI-A) = s^n + a_{n-1}s^{n-1} + \cdots + a_1 s + a_0$$
(2)由希望的闭环极点 $\det(sI-A)$ 计算闭环期望的特征多项式。
$$\det[sI-(A+BK)] = (s-p_1)(s-p_2)\cdots(s-p_n) = s^n + a'_{n-1}s^{n-1} + \cdots + a'_1 s + a'_0$$
(3)计算
$$\bar{K} = KP = [a'_0 - a_0 \quad a'_1 - a_1 \quad \cdots \quad a'_{n-1} - a_{n-1}]$$
(4)计算变换矩阵 $\boldsymbol{P}$ 及其逆阵 $\boldsymbol{P}^{-1}$ 。
$$\boldsymbol{P} = (A^{n-1}b \quad \cdots \quad Ab \quad b) \begin{pmatrix} 1 & 0 & \cdots & 0 \\ a_{n-1} & & & \vdots \\ \vdots & \vdots & & 0 \\ a_1 & \cdots & a_{n-1} & 1 \end{pmatrix}$$
(5)将所求出的状态反馈增益转换成实际实施的 $K, K = \bar{K}P^{-1}$ 。

MATLAB 提供了进行极点配置的函数 acker( )和 place( ),它们的调用格式如下：

K = arker(A,B,P)%其中 A,B 为系统系数矩阵,P 为配置的极点,K 为反馈增益矩阵

K = place(A,B,P)%其中 A,B 为系统系数矩阵,P 为配置的极点,K 为反馈增益矩阵

[K,prec,message] = place(A,B,P)%prec 为特征值,message 为配置时的报错信息

命令 acker 其于爱克曼公式,只适用于单输入系统,希望的极点可以包括多重极点(位于同一位置的多个极点)。

【例9-52】 已知系统的方程为

$$\dot{x} = \begin{bmatrix} 0 & 1 & 0 \\ 0 & 0 & 1 \\ -1 & -5 & -6 \end{bmatrix} x + \begin{bmatrix} 0 \\ 0 \\ 1 \end{bmatrix} u$$

采用状态反馈 $u = -Kx$,希望的闭环极点为 $p_{1,2} = -2 \pm j4, p_3 = -10$,试用 MATLAB 确定状态反馈增益矩阵,并计算当系统初始条件为 $x_0 = (1,0,1)$ 时的响应。

解:程序代码如下:

```
clear all
A = [0,1,0;0,0,1;-1,-5,-6];
B = [0;0;1];
P = [-2+j*4,-2-j*4,-10];
K = acker(A,B,P)
sys_new = ss(A-B*K,eye(3),eye(3),eye(3));
t = 0:0.1:4;
x = initial(sys_new,[1;0;0],t);
x1 = [1,0,0]*x';
x2 = [0,1,0]*x';
x3 = [0,0,1]*x';
subplot(3,1,1);
plot(t,x1,'r:')
grid on
title('零输入响应')
ylable('状态变量*1')
subplot(3,1,2)
plot(t,x2,'m')
grid on
ylable('状态变量*2')
subplot(3,1,3)
plot(t,x3,'c*')
grid on
xlable('时间/秒')
ylable('状态变量*3')
```

程序运行结果如下:

K =

    199   55   8

由输出结果可知,所求状态反馈增益矩阵 $K = [199 \quad 55 \quad 8]$。

其响应曲线如图 9-31 所示。

图 9-31　零输入条件下系统的状态响应曲线

2. 多输入多输出系统的极点配置

对于多输入多输出系统的极点配置,有多种算法可以确定状态反馈增益矩阵,但与单输入单输出系统相比,则要复杂得多。在多变量系统中,状态反馈增益矩阵 K 不是唯一的,如果要确定唯一的极点,则必须附加其他条件,但是从工程应用角度来说,希望 K 的各个元素尽可能小。

多输入多输出系统 $\sum (A,B)$ 极点配置方法设计步骤如下:

(1)将可控矩阵$\{A,B\}$对转化成某种规范。

(2)将给定的期望闭环极点$\{p_1,p_2,\cdots,p_n\}$按规范型 $\bar{A}$ 计算它们的特征多项式。

(3)求取规范型的状态反馈增益矩阵 K。

附录 A　拉普拉斯变换

在自动控制系统的分析、设计与仿真中离不开数学知识，本附录主要介绍了和自动控制系统相关的一种重要的积分变换：拉普拉斯变换（简称"拉氏变换"）、拉普拉斯逆变换（简称"拉氏逆变换"）以及拉氏变换的一些性质，还介绍了利用自动控制系统的分析与设计工具 MATLAB 计算拉氏变换的知识。

一、拉氏变换

在高等数学中，为了把复杂的计算转化为较简单的计算，往往采用变换的方法，拉氏变换就是其中的一种。拉氏变换可以把线性时不变系统的时域模型（常系数线性微分方程）简便地进行变换，经求解再还原为时间函数。拉氏变换是分析和求解常系数线性微分方程的常用方法。用拉氏变换分析线性系统的运动过程，在工程上有着广泛的应用。拉氏变换的优点表现在：

（1）求解步骤得到简化，同时可以给出微分方程的特解和齐次解，而且初始条件自动包含在变换式里。

（2）拉氏变换分别将"微分"与"积分"运算转换为"乘法"和"除法"运算，也就是把积分、微分方程转换为代数方程。这种变换与数学中的对数变换很相似，在那里，乘、除法运算被转换为加、减法运算。不同的是对数变换所处理的是数，拉氏变换所处理的是函数。

（3）指数函数、超越函数以及有不连续的函数经拉氏变换可转换为简单的初等函数。

（4）拉氏变换是把时域中两函数的卷积运算转换为变换域中两函数的乘法运算。

1. 拉氏变换的定义

一个定义在区间 $[0, \infty)$ 区间的函数 $f(t)$，它的拉氏变换式 $F(s)$ 定义为

$$F(s) = \int_{0_-}^{\infty} f(t) e^{-st} dt \qquad (A-1)$$

$F(s)$ 称为 $f(t)$ 的象函数，$f(t)$ 称为 $F(s)$ 的原函数。由式（A-1）可知拉氏变换是一种积分变换。还可以看出 $f(t)$ 的拉氏变换存在的条件是该式右边的积分为有限值，因此 e^{-st} 称为收敛因子。收敛因子中的 $s = \sigma + j\omega$ 是一个复数形式的频率，其实部恒为正，虚部既可为正、为负，也可为零。对于一个函数 $f(t)$，如果存在正的有限常数 M 和 c，使得对于所有的 t 满足条件 $|f(t)| \leq M e^{ct}$，则 $f(t)$ 的拉氏变换 $F(s)$ 总存在，因此可以找到一个合适的 s 值，使得式（A-1）中的积分为有限值。

从式（A-1）可以分析出把原函数 $f(t)$ 与 e^{-st} 的乘积从 0_- 到 ∞ 对 t 进行积分，则此积分结果不再是 t 的函数，而是复变量 s 的函数。所以拉氏变换是把一个时间域的函数 $f(t)$ 变换到 s 域内的复变函数 $F(s)$，变量 s 称为复频率。

通常可用符号 $L[\ ]$ 表示对方括号里的时域函数作拉氏变换，记作 $F(s) = L[f(t)]$。

【例1】　求单位阶跃函数 $f(t) = 1(t)$、单位冲激函数 $f(t) = \delta(t)$、指数函数 $f(t) = e^{\alpha t}$ 的象函数。

解：

$$f(t) = 1(t)$$

$$F(s) = L[f(t)] = \int_{0_-}^{\infty} f(t)e^{-st}dt = \int_{0_-}^{\infty} e^{-st}dt = -\frac{1}{s}e^{-st}\Big|_{0_-}^{\infty} = \frac{1}{s}$$

$$f(t) = \delta(t)$$

$$F(s) = L[f(t)] = \int_{0_-}^{\infty} f(t)e^{-st}dt = \int_{0_-}^{\infty} \delta(t)e^{-st}dt = \int_{0_-}^{0_+} \delta(t)e^{-st}dt = e^{-s(0)} = 1$$

$$f(t) = e^{\alpha t}$$

$$F(s) = L[f(t)] = \int_{0_-}^{\infty} f(t)e^{-st}dt = \int_{0_-}^{\infty} e^{\alpha t}e^{-st}dt = -\frac{e^{-(s-\alpha)t}}{s-\alpha}\Big|_{0_-}^{\infty} = \frac{1}{s-\alpha}$$

2. 拉氏变换的性质

拉氏变换有许多重要的性质,利用这些性质可以很方便地求得一些较为复杂的函数的象函数,同时也可以把线性常系数微分方程变换为复频域中的代数方程。

(1)线性性质

设函数 $f_1(t)$ 和函数 $f_2(t)$ 的象函数分别为 $F_1(s)$ 和 $F_2(s)$,A_1 和 A_2 是两个任意的实数,则

$$L[A_1 f_1(t) + A_2 f_2(t)] = A_1 L[f_1(t)] + A_2 L[f_2(t)]$$
$$= A_1 F_1(s) + A_2 F_2(s)$$

【例2】 求下列函数的象函数。

① $f(t) = \cos \omega t$

② $f(t) = k(1 - e^{-\alpha t})$

解: ①根据欧拉公式: $e^{j\omega t} = \cos \omega t + j\sin \omega t$,可得

$$\cos \omega t = \frac{e^{j\omega t} + e^{-j\omega t}}{2}$$

由【例2-1】 $L[e^{\alpha t}] = \frac{1}{s-\alpha}$ 可知

$$L[\cos \omega t] = \frac{1}{2}\left(\frac{1}{s-j\omega} + \frac{1}{s+j\omega}\right) = \frac{s}{s^2 + \omega^2}$$

② $L[k(1 - e^{-\alpha t})] = L[k] - L[ke^{-\alpha t}] = \frac{k}{s} - \frac{k}{s+\alpha}$

由此可见,根据拉氏变换的线性性质,求函数乘以常数的象函数以及求几个函数相加减的结果的象函数时,可以先求各函数的象函数再进行计算。

(2)微分性质

函数 $f(t)$ 的象函数与其导数 $f'(t) = \dfrac{df(t)}{dt}$ 的象函数之间有如下关系:

若

$$L[f(t)] = F(s)$$

则

$$L[f'(t)] = sF(s) - f(0_-)$$

导数性质表明拉氏变换把原函数求导数的运算转换成象函数乘以 s 后减初值的代数运

算。如果 $f(0_-) = 0$，则有 $L[f'(t)] = sF(s)$。

同理可得

$$L[f''(t)] = s[sF(s) - f(0_-)] - f'(0) = s^2F(s) - sf(0_-) - f'(0)$$

【例3】 利用导数性质求下列函数的象函数：

①$f(t) = \sin \omega t$

②$f(t) = \delta(t)$

解：①由于 $\dfrac{d\cos \omega t}{dt} = -\omega \sin \omega t$，所以 $\sin \omega t = -\dfrac{1}{\omega}\dfrac{d\cos \omega t}{dt}$

由【例2】可知

$$L[\cos \omega t] = \frac{s}{s^2 + \omega^2}$$

所以

$$L[\sin \omega t] = L\left[-\frac{1}{\omega}\frac{d\cos \omega t}{dt}\right] = -\frac{1}{\omega}L\left[\frac{d\cos \omega t}{dt}\right] = -\frac{1}{\omega}\left[s\frac{s}{s^2+\omega^2} - 1\right] = \frac{\omega}{s^2 + \omega^2}$$

②由于 $\delta(t) = \dfrac{d}{dt}1(t)$，而 $L[1(t)] = \dfrac{1}{s}$，所以 $L[\delta(t)] = L\left[\dfrac{d}{dt}1(t)\right] = s \cdot \dfrac{1}{s} - 0 = 1$

（3）积分性质

函数 $f(t)$ 的象函数与其积分 $\int_{0_-}^{t} f(\xi)d\xi$ 的象函数之间满足如下关系：

若

$$L[f(t)] = F(s)$$

则

$$L\left[\int_{0_-}^{t} f(\xi)d\xi\right] = \frac{F(s)}{s}$$

【例4】 利用积分性质求下列函数的象函数：

①$f(t) = t$

②$f(t) = \dfrac{1}{2}t^2$

解：①由于 $f(t) = t = \int_{0}^{t} 1(\xi)d\xi$，所以

$$L[f(t)] = \frac{1}{s} \cdot \frac{1}{s} = \frac{1}{s^2}$$

②由于 $f(t) = \dfrac{1}{2}t^2 = \int_{0}^{t} \xi d\xi$，所以

$$L[f(t)] = \frac{1}{s} \cdot \frac{1}{s^2} = \frac{1}{s^3}$$

（4）延迟性质

函数 $f(t)$ 的象函数与其延迟函数 $f(t-t_0)$ 的象函数之间有如下关系：

若

$$L[f(t)] = F(s)$$

则

$$L[f(t-t_0)] = e^{-st_0}F(s)$$

其中,当 $t<t_0$ 时,$f(t-t_0)=0$。

【例5】 求图 A-1 所示矩形脉冲的象函数。

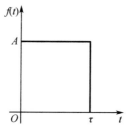

图 A-1 矩形脉冲

解: 图 A-1 的矩形脉冲可以用解析式表示为

$$f(t)=A[1(t)-1(t-\tau)]$$

因为 $L[1(t)]=\dfrac{1}{s}$,根据延迟性质

$$L[1(t-\tau)]=\frac{1}{s}\cdot e^{-s\tau}$$

又根据拉式变换的线性性质,得

$$L[f(t)]=AL[1(t)-1(t-\tau)]=A\left[\frac{1}{s}-\frac{1}{s}\cdot e^{-s\tau}\right]=\frac{A}{s}(1-e^{-s\tau})$$

(5)终值定理

若函数 $f(t)$ 及其一阶导数都是可拉氏变换的,则 $f(t)$ 的终值为

$$\lim_{t\to\infty}f(t)=\lim_{s\to0}sF(s)$$

因此,利用终值定理可以从像函数 $F(s)$ 直接求出原函数 $f(t)$ 在 $t\to\infty$ 时的稳态值。

【例6】 已知 $F(s)=\dfrac{5}{s(s^2+s+2)}$,求原函数 $f(t)$ 在 $t\to\infty$ 时的稳态值。

解:

$$f(\infty)=\lim_{t\to\infty}f(t)=\lim_{s\to0}sF(s)=\frac{5}{2}$$

(6)初值定理

若函数 $f(t)$ 及其一阶导数都是可拉氏变换的,则 $f(t)$ 的初值为

$$f(0_+)=\lim_{t\to0_+}f(t)=\lim_{s\to\infty}sF(s)$$

【例7】 已知 $F(s)=\dfrac{5}{s(s^2+s+2)}$,求原函数 $f(t)$ 在 $t\to0$ 时的初值。

解:

$$f(0_+)=\lim_{t\to0_+}f(t)=\lim_{s\to\infty}sF(s)=\lim_{s\to\infty}\frac{5s}{s(s^2+s+2)}$$

(7)卷积性质

卷积的定义为:若 $f_1(t)$、$f_2(t)$ 可以进行拉氏变换,称积分 $\int_0^t f_1(\tau)f_2(t-\tau)\mathrm{d}\tau$ 为 $f_1(t)$、

$f_2(t)$ 的卷积, 记为 $f_1(t) * f_2(t)$, 即

$$f_1(t) * f_2(t) = \int_0^t f_1(\tau) f_2(t - \tau) \mathrm{d}\tau$$

卷积定理为: 若 $L[f_1(t)] = F_1(s)$, $L[f_2(t)] = F_2(s)$, 则 $L[f_1(t) * f_2(t)] = F_1(s) \cdot F_2(s)$

可见, 两个原函数的卷积的拉氏变换等于两个象函数的乘积。一般若

$$L[f_k(t)] = F_k(s), (k = 1, 2, \cdots, n)$$

则

$$L[f_1(t) * f_2(t) * \cdots * f_n(t)] = F_1(s) \cdot F_2(s) \cdots F_n(s)$$

卷积性质在求解拉氏反变换的时候, 起着十分重要的作用。

二、拉普拉斯逆变换

用拉氏变换求解线性时不变系统的时域响应时, 需要把求解的响应的拉氏变换式逆变换为时间函数, 即复频域函数 $F(s)$ 已知, 要求出与它对应的时域原函数 $f(t)$, 就要用到拉普拉斯逆变换。

1. 拉普拉斯逆的定义

拉普拉斯逆变换的定义如下:

$$f(t) = \frac{1}{2\pi \mathrm{j}} \int_{\sigma - \mathrm{j}\infty}^{\sigma + \mathrm{j}\infty} F(s) \mathrm{e}^{st} \mathrm{d}s \tag{A-2}$$

式中, σ 为正的有限常数。

通常可用符号 $L^{-1}[\ ]$ 表示对方括号里的复变函数做拉氏逆变换, 记作 $f(t) = L^{-1}[F(s)]$。

在拉氏变换中, 一个时域函数 $f(t)$ 唯一地对应一个复频域函数 $F(s)$; 在拉氏逆变换中, 一个复频域函数 $F(s)$ 唯一地对应一个时域函数 $f(t)$, 即不同的原函数和不同的象函数之间有着一一对应的关系, 称为拉氏变换的唯一性。

在拉氏变换或逆变换的过程中, 原函数一律用小写字母表示, 而象函数则一律用相应的大写字母表示。如电压原函数为 $u(t)$, 对应象函数为 $U(s)$。

2. 拉氏逆变换的部分分式展开

拉氏逆变换可以用式(A-2)求得, 但是涉及计算一个复变函数的积分, 计算过程比较复杂。如果象函数比较简单, 往往能从拉氏变换表中查出其原函数。对于不能从表中查出原函数的情况, 如果能设法把象函数分解为若干比较简单的、能从表中查到的项, 就可以查出各项对应的原函数, 而它们之和即为所求的原函数。

自动控制系统的响应的象函数 $F(s)$ 通常可以表示为两个实系数的 s 的多项式之比, 即 s 的一个有理分式:

$$F(s) = \frac{N(s)}{D(s)} = \frac{b_0 s^m + b_1 s^{m-1} + \cdots + b_{m-1} s + b_m}{a_0 s^n + a_1 s^{n-1} + \cdots + a_{n-1} s + a_n} \tag{A-3}$$

式中, m 和 n 为正整数, 且 $n \geq m$。

用部分分式展开有理分式 $F(s)$ 时, 需要把有理式化为真分式, 若 $n > m$, 则 $F(s)$ 为真分式; 若 $n = m$, 则 $F(s) = A + \dfrac{N_0(s)}{D_0(s)}$, 式中 A 是一个常数, 其对应的时间函数为 $A\delta(t)$, 余数项

$\dfrac{N_0(s)}{D_0(s)}$ 是真分式。

把 $F(s)$ 分解成若干简单项之和,需要对分母多项式作因式分解,求出 $D(s)$ 的根。$D(s)$ 的根可以是单根、共轭复根和重根 3 种情况,下面逐一讨论。

(1)$D(s)=0$ 有 n 个单根,设 n 个单根分别为 $p_1,p_2,\cdots,p_n$,于是 $F(s)$ 可以展开为

$$F(s) = \frac{k_1}{s-p_1} + \frac{k_2}{s-p_2} + \cdots + \frac{k_n}{s-p_n} \tag{A-4}$$

式中,$k_1,k_2,\cdots,k_n$ 为待定系数。这些系数可以按下述方法确定,即把上式两边同乘以 $(s-p_1)$,得

$$(s-p_1)F(s) = k_1 + (s-p_1)\left(\frac{k_2}{s-p_2} + \cdots + \frac{k_n}{s-p_n} \right)$$

令 $s=p_1$,等式除右边第一项外其余都变为零,即可求得

$$k_1 = \left[(s-p_1)F(s) \right]_{s=p_1}$$

同理可求得 $k_2,k_3,\cdots,k_n$。所以确定式(A-4)各待定系数的公式为

$$k_i = \left[(s-p_i)F(s) \right]_{s=p_i} \quad i=1,2,3,\cdots,n \tag{A-5}$$

因为 p_i 是 $D(s)=0$ 的一个根,故 k_i 的表达式为 $\dfrac{0}{0}$ 的不定式,可以应用数学中的洛必达法则求其极限,即

$$k_i = \lim_{s \to p_i} \frac{N(s)(s-p_i)}{D(s)} = \lim_{s \to p_i} \frac{(s-p_i)D'(s)+N(s)}{D'(s)} = \frac{N(p_i)}{D'(p_i)}$$

这样确定式(A-4)中各待定系数的另一种公式为

$$k_i = \frac{N(s)}{D'(s)} \bigg|_{s=p_i} \quad i=1,2,3,\cdots,n \tag{A-6}$$

待定系数确定之后,对应的原函数求解公式为

$$f(t) = L^{-1}\left[F(s) \right] = k_1 \mathrm{e}^{p_1 t} + k_2 \mathrm{e}^{p_2 t} + \cdots + k_n \mathrm{e}^{p_n t} \tag{A-7}$$

【例8】 求 $F(s) = \dfrac{4s+5}{s^2+5s+6}$ 的原函数 $f(t)$。

解:$N(s)=4s+5$,$D(s)=s^2+5s+6$,$D'(s)=2s+5$,$D(s)=0$ 的两个根为 $p_1=-2$,$p_2=-3$,代入公式(A-5)得

$$k_1 = \left[(s+2)F(s) \right]_{s=-2} = \left[\frac{4s+5}{s+3} \right]_{s=-2} = -3$$

$$k_2 = \left[(s+3)F(s) \right]_{s=-3} = \left[\frac{4s+5}{s+2} \right]_{s=-3} = 7$$

把 $D(s)=0$ 的两个根 $p_1=-2$,$p_2=-3$,代入公式(A-6)同样可得

$$k_1 = \frac{N(s)}{D'(s)} \bigg|_{s=-2} = \frac{4s+5}{2s+5} = -3$$

$$k_2 = \frac{N(s)}{D'(s)} \bigg|_{s=-3} = \frac{4s+5}{2s+5} = 7$$

得到象函数为

$$F(s) = \frac{-3}{s+2} + \frac{7}{s+3}$$

得到原函数为

$$f(t) = -3\mathrm{e}^{-2t} + 7\mathrm{e}^{-3t}$$

(2) $D(s) = 0$ 具有重根，设 p_1 为 $D(s)$ 的重根，p_i 为其余的单根(i 为 $2 \sim n-1$)，则 $F(s)$ 可以分解为

$$F(s) = \frac{k_{11}}{(s-p_1)^2} + \frac{k_{12}}{s-p_1} + \left(\frac{k_2}{s-p_2} + \cdots + \frac{k_{n-1}}{s-p_{n-1}} \right)$$

对于单根，仍然采用前面的方法计算。要确定 k_{11}、k_{12}，则需要用到下式：

$$(s-p_1)^2 F(s) = k_{11} + (s-p_1)k_{12} + (s-p_1)^2 \left(\frac{k_2}{s-p_2} + \cdots + \frac{k_{n-1}}{s-p_{n-1}} \right) \quad (\text{A-8})$$

由上式把 k_{11} 单独分离出来，可得

$$k_{11} = (s-p_1)^2 F(s) \big|_{s=p_1}$$

再对式(A-8)中的 s 求一阶导数，让 k_{12} 也可以单独分离出来，得

$$k_{12} = \frac{d}{ds} [(s-p_1)^2 F(s)]_{s=p_1}$$

当 $D(s) = 0$ 具有 q 阶重根时，其余为单根时的分解式为

$$F(s) = \frac{k_{11}}{(s-p_1)^q} + \frac{k_{12}}{(s-p_1)^{q-1}} + \cdots + \frac{k_{1q}}{s-p_1} + \left(\frac{k_2}{s-p_2} + \cdots \right)$$

式中

$$k_{11} = (s-p_1)^q F(s) \big|_{s=p_1}$$

$$k_{12} = \frac{d}{ds} [(s-p_1)^q F(s)] \big|_{s=p_1}$$

$$\vdots$$

$$k_{1q} = \frac{1}{(q-1)!} \frac{d^{q-1}}{ds^{q-1}} [(s-p_1)^q F(s)] \big|_{s=p_1}$$

【例9】 求 $F(s) = \dfrac{2s^2+3s+1}{s^3+2s^2}$ 的原函数 $f(t)$。

解：令 $D(s) = s^3+2s^2$ 有 $p_1 = 0$ 为二重根，$p_2 = -2$ 为单根，

$$F(s) = \frac{2s^2+3s+1}{s^3+2s^2} = \frac{2s^2+3s+1}{s^2(s+2)} = \frac{k_{11}}{s^2} + \frac{k_{12}}{s} + \frac{k_2}{s+2}$$

$$k_{11} = (s-p_1)^q F(s) \big|_{s=p_1} = (s-0)^2 \frac{2s^2+3s+1}{s^3+2s^2} \Big|_{s=0} = \frac{1}{2}$$

$$k_{12} = \frac{d}{ds} [(s-p_1)^q F(s)] \Big|_{s=p_1} = \frac{d}{ds} \left[(s-0)^2 \frac{2s^2+3s+1}{s^3+2s^2} \right]_{s=0} = \frac{d}{ds} \left[\frac{2s^2+3s+1}{s+2} \right] \Big|_{s=0}$$

$$= \frac{(2s^2+3s+1)'(s+2) - (2s^2+3s+1)(s+2)'}{(s+2)^2} \Big|_{s=0} = \frac{5}{4}$$

$$k_2 = [(s+2)F(s)] \big|_{s=-2} = \left[\frac{2s^2+3s+1}{s^2} \right] \Big|_{s=-2} = \frac{3}{4}$$

得到象函数为

$$F(s) = \frac{\frac{1}{2}}{s^2} + \frac{\frac{5}{4}}{s} + \frac{\frac{3}{4}}{s+2}$$

得到原函数为

$$f(t) = \frac{1}{2}t + \frac{5}{4} + \frac{3}{4}e^{-2t}$$

（3）$D(s) = 0$ 有共轭复根

设共轭复根为 $p_1 = \alpha + j\omega$, $p_2 = \alpha - j\omega$, 则

$$k_1 = \left[(s - \alpha - j\omega)F(s)\right]\Big|_{s = \alpha + j\omega} = \frac{N(s)}{D'(s)}\Big|_{s = \alpha + j\omega}$$

$$k_2 = \left[(s - \alpha + j\omega)F(s)\right]\Big|_{s = \alpha - j\omega} = \frac{N(s)}{D'(s)}\Big|_{s = \alpha - j\omega}$$

由于 $F(s)$ 是实系数多项式之比，故 k_1、k_2 为共轭复数。

设 $k_1 = |k_1|e^{j\theta}$, 则 $k_2 = |k_1|e^{-j\theta}$, 有

$$f(t) = k_1 e^{(\alpha + j\omega)t} + k_2 e^{(\alpha - j\omega)t} = |k_1|e^{j\theta}e^{(\alpha + j\omega)t} + |k_1|e^{-j\theta}e^{(\alpha - j\omega)t}$$

$$= |k_1|e^{\alpha t}\left[e^{j(\omega t + \theta)} + e^{-j(\omega t + \theta)}\right] = 2|k_1|e^{\alpha t}\cos(\omega t + \theta) \tag{A-9}$$

【例 10】 求 $F(s) = \dfrac{s+3}{s^2 + 2s + 5}$ 的原函数 $f(t)$。

解：$D(s) = s^2 + 2s + 5$, 有 $p_1 = -1 + 2j$, $p_1 = -1 - 2j$ 互为共轭复根

$$k_1 = \frac{N(s)}{D'(s)}\Big|_{s = p_1} = \frac{s+3}{2s+2}\Big|_{-1+2j} = 0.5 - 0.5j = 0.5\sqrt{2}e^{-j\frac{\pi}{4}}$$

$$k_2 = |k_1|e^{-j\theta} = 0.5\sqrt{2}e^{j\frac{\pi}{4}}$$

由式（A-9）得

$$f(t) = 2|k_1|e^{\alpha t}\cos(\omega t + \theta) = \sqrt{2}e^{-t}\cos\left(2t - \frac{\pi}{4}\right)$$

部分分式展开法求解原函数是一种通用的方法，有时求解待定系数 k_n 比较麻烦，下面介绍一种简单的求解方法：代入法。类似我们初中数学中的解多元一次方程组，我们只需把 k_n 看成未知数，选择合适的 s 值（除去 $D(s) = 0$ 的根），把 s 代入 $F(s)$ 中即可。

【例 11】 用代入法求 $F(s) = \dfrac{2s^2 + 3s + 1}{s^3 + 2s^2}$ 的原函数 $f(t)$。

解：$D(s) = s^3 + 2s^2 = 0$, 有 $p_1 = 0$ 为二重根, $p_2 = -2$ 为单根，部分分式展开 $F(s)$：

$$F(s) = \frac{k_{11}}{s^2} + \frac{k_{12}}{s} + \frac{k_2}{s+2}$$

我们只需代入非 0 和非 -2 的三个 s 值。为了求解简单，令 $s_1 = 1$, $s_2 = -1$, $s_3 = 2$ 代入 $F(s) = \dfrac{k_{11}}{s^2} + \dfrac{k_{12}}{s} + \dfrac{k_2}{s+2}$ 和 $F(s) = \dfrac{2s^2 + 3s + 1}{s^3 + 2s^2}$ 中得

$$\begin{cases} \dfrac{k_{11}}{1} + \dfrac{k_{12}}{1} + \dfrac{k_2}{1+2} = 2 \\ \dfrac{k_{11}}{1} + \dfrac{k_{12}}{-1} + \dfrac{k_2}{-1+2} = 0 \\ \dfrac{k_{11}}{4} + \dfrac{k_{12}}{2} + \dfrac{k_2}{2+2} = \dfrac{15}{16} \end{cases}$$

解得

$$\begin{cases} k_{11} = \dfrac{1}{2} \\ k_{12} = \dfrac{5}{4} \\ k_2 = \dfrac{3}{4} \end{cases}$$

得到象函数为

$$F(s) = \frac{\dfrac{1}{2}}{s^2} + \frac{\dfrac{5}{4}}{s} + \frac{\dfrac{3}{4}}{s+2}$$

得到原函数为

$$f(t) = \frac{1}{2}t + \frac{5}{4} + \frac{3}{4}e^{-2t}$$

三、使用 MATLAB 计算拉氏变换

前面介绍了拉氏变换和逆变换。拉氏变换和逆变换可以用函数 laplace( )和 ilaplace( )求解。

【例 12】 求 $f(t) = \dfrac{3}{2} - 2e^{-t} + \dfrac{1}{2}e^{-2t}$ 的拉氏变换。

解:在 MATLAB 命令窗口里面输入

>> syms t

>> f = 3/2 - 2 * exp(-t) + 1/2 * exp(-2 * t);

>> G = laplace(f)

运行结果为

G =

3/2/s - 2/(1+s) + 1/2/(s+2)

【例 13】 求 $G(s) = \dfrac{3}{2s} - \dfrac{2}{s+1} + \dfrac{1}{2(s+2)}$ 的拉氏逆变换

解:在 MATLAB 命令窗口里面输入

>> syms s t;

>> G = 3/2/s - 2/(s+1) + 1/2/(s+2);

>> f = ilaplace(g)

>> f = ilaplace(G)

运行结果为

f=

$3/2-2*\exp(-t)+1/2*\exp(-2*t)$

四、常用拉氏变换表

序号	时间函数 $f(t)$	拉氏变换 $F(s)$
1	$\delta(t)$	1
2	$\delta_T = \sum_{n=0}^{\infty} \delta(t-nT)$	$\dfrac{1}{1-e^{-Ts}}$
3	$1(t)$	$\dfrac{1}{s}$
4	t	$\dfrac{1}{s^2}$
5	$\dfrac{t^2}{2}$	$\dfrac{1}{s^3}$
6	$\dfrac{t^n}{n!}$	$\dfrac{1}{s^{n+1}}$
7	e^{-at}	$\dfrac{1}{s+a}$
8	te^{-at}	$\dfrac{1}{(s+a)^2}$
9	$1-e^{-at}$	$\dfrac{a}{s(s+a)}$
10	$e^{-at}-e^{-bt}$	$\dfrac{b-a}{(s+a)(s+b)}$
11	$\sin \omega t$	$\dfrac{\omega}{s^2+\omega^2}$
12	$\cos \omega t$	$\dfrac{s}{s^2+\omega^2}$
13	$e^{-at}\sin \omega t$	$\dfrac{\omega}{(s+a)^2+\omega^2}$
14	$e^{-at}\cos \omega t$	$\dfrac{s+a}{(s+a)^2+\omega^2}$
15	$a^{t/T}$	$\dfrac{1}{s-(1/T)\ln a}$

附录 B　控制系统工具箱中的常用 Matlab 命令

序号	命令	说明
1	tf( )	建立传递函数模型
2	zpk( )	建立零极点模型
3	ss( )	建立状态空间模型
4	series( )	系统的串联
5	parallel( )	系统的并联
6	feedback( )	系统的反馈连接
7	tf2zp( )	传递函数模型转为零极点模型
8	tf2ss( )	传递函数模型转为状态空间模型
9	zp2tf( )	零极点模型转为传递函数模型
10	zp2ss( )	零极点模型转为状态空间模型
11	ss2tf( )	状态空间模型转为传递函数模型
12	ss2zp( )	状态空间模型转为零极点模型
13	impulse( )	求系统的单位冲激响应
14	step( )	求系统的单位阶跃响应
15	initial( )	求系统的零输入响应
16	lsim( )	求系统的任意输入响应
17	pzmap( )	绘制系统的零极点图
18	rlocus( )	绘制系统的根轨迹
19	rlocfind( )	计算根轨迹的增益
20	nyquist( )	绘制系统的 Nyquist 曲线
21	bode( )	绘制系统的伯德图
22	nichols( )	绘制系统的 Nichols 图
23	margin( )	求系统的幅值裕量和相角裕量,并绘制伯德图

参 考 文 献

［1］胡寿松. 自动控制原理［M］. 7 版. 北京:科学出版社,2019.

［2］胡寿松. 自动控制原理习题解析［M］. 3 版. 北京:科学出版社,2018.

［3］卢京潮. 自动控制原理［M］. 北京:清华大学出版社,2013.

［4］刘 健. 电路分析［M］. 3 版. 北京:电子工业出版社,2016.

［5］郑君里,应启珩,杨为理. 信号与系统［M］. 3 版. 北京:高等教育出版社,2011.

［6］刘文定. 自动控制原理［M］. 4 版. 北京:电子工业教育出版社,2018.

［7］梅晓榕. 自动控制原理［M］. 4 版. 北京:科学出版社,2017.

［8］田思庆. 自动控制原理与应用［M］. 北京:化学大学出版社,2018.

［9］李冰. 自动控制原理［M］. 北京:人民邮电出版社,2014.

［10］胡晓冬,董辰辉. MATLAB 从入门到精通［M］. 北京:人民邮电出版社,2018.

［11］张聚. 基于 MATLAB 的控制系统仿真及应用［M］. 2 版. 北京:电子工业出版社,2018.

［12］姜增如. 控制系统建模与仿真［M］. 北京:清华大学出版社,2020.

［13］胡寿松. 自动控制原理简明教程［M］. 4 版. 北京:科学出版社,2012.

［14］李国勇. 自动控制原理［M］. 3 版. 北京:电子工业出版社,2017.

［15］孙优贤. 自动控制原理学习辅导［M］. 北京:化学工业出版社,2017.

［16］李国勇. 计算机仿真技术与 CAD——基于 MATLAB 的控制系统［M］. 5 版. 北京:电子
工业出版社,2022.

［17］曹伟. 自动控制原理及应用［M］. 北京:化学工业出版社,2019.

［18］孙炳达. 自动控制原理［M］. 5 版. 北京:机械工业出版社,2022.

［19］黄坚. 自动控制原理及其应用［M］. 4 版. 北京:高等教育出版社,2014.

［20］周军,段朝霞. 自动控制原理［M］. 北京:机械工业出版社,2021.

［21］Gene F. Franklin. Feedback Control of Dynamic System(Eighth Edition)［M］. 北京:电子
工业出版社,2021.

扫码见习题答案